事典
持続可能な社会と教育

日本環境教育学会
日本国際理解教育学会
日本社会教育学会
日本学校教育学会
SDGs市民社会ネットワーク
グローバル・コンパクト・ネットワーク・ジャパン
編

教育出版

はじめに

本事典は，日本環境教育学会の設立30周年記念事業として，日本児童教育振興財団の助成を得て刊行したものである。ただし，日本環境教育学会だけの力で作られたものではない。編集者として列記されている，日本国際理解教育学会，日本社会教育学会，日本学校教育学会，SDGs市民社会ネットワーク，グローバルコンパクト・ネットワーク・ジャパンの５つの学会・団体との連携協力によって作られたものである。

2015年の国連持続可能な開発サミットで採択された持続可能な開発目標（SDGs）の17番目の目標には，「パートナーシップで目標を達成しよう」が掲げられている。持続可能な社会の構築に対して，教育という立場から貢献することを意図した本事典こそ，様々な学会や団体のパートナーシップに基づいて作られるべきと考えて協力を仰ぎ，賛同してもらった次第である。その結果，「持続可能な社会と教育」がカバーする広範なテーマについて，それぞれのテーマの専門家に執筆してもらうことが可能になった。

新学習指導要領が2020年度以降，小学校，中学校，高等学校で順次適用される。その前文には「持続可能な社会の創り手」を育むことが明確に書かれており，そのための教育方法として「主体的・対話的で深い学び」が求められている。特に，高等学校の新学習指導要領では，「持続可能な社会の構築に向けた探究的な学習」が重視されており，高校生自身による課題の解決に向けた主体的・協働的な学習の機会が大幅に増加することになる。本事典は，そのような場でも十分に活用してもらえるよう，読みやすく，わかりやすい記述を心がけた。

探究的な学習では，インターネットを活用した情報収集が中心になる可能性がある。「インターネット全盛時代に紙媒体の事典を作ることに意味があるのか」という声も聞こえてくる。しかし，インターネット上の情報は玉石混交である。ある方向に思考を誘導するために意図的に誤った情報を大量に発信していることも少なくない。雑多な情報の中から質のよい情報を的確に判断して選び出す能力が求められる時代となっているが，信頼度の高い情報が凝縮された紙媒体の事典もますます重要性を増していると信じている。

本事典の作成にあたっては，当初から「通読に耐える」ことを意識した編集を心がけてきた。本事典を通読することで，「持続可能な社会」の全体としてもイメージを明確にし，「持続可能な社会」の構築のために，いま何をする必要があるのかを意識してもらいたいと考えたからである。本事典の通読に，ぜひチャレンジしてほしい。

編集委員一同

執筆者一覧（五十音順）

注…※は編集委員，（非）は非常勤講師，（博）は大学院博士課程，（修）は大学院修士課程

足立 治郎 「環境・持続社会」研究センター
阿部 治 立教大学
荒井 英治郎 信州大学
安藤 聡彦 埼玉大学
安藤 知子 上越教育大学
石川 一喜 拓殖大学
石川 聡子 大坂教育大学
石田 好広 目白大学
石山 雄貴 鳥取大学
伊藤 通子 東京都市大学
今村 光章 岐阜大学
伊与田 昌慶 気候ネットワーク
岩﨑 慎平 福岡女子大学
岩松 真紀 明治大学（非）
元 鍾彬 学習院大学（非）
内田 隆 東京薬科大学
海老原 誠治 三信化工
遠藤 理紗 「環境・持続社会」研究センター
大崎 貢 上越教育大学附属中学校
大島 順子 琉球大学
大塚 啓太 東京大学
大安 喜一 ユネスコ・アジア文化センター
岡 幸江 九州大学
荻野 亮吾 東京大学
※荻原 彰 三重大学
奥田 直久 環境省
小栗 有子 鹿児島大学
小野田 真二 地球環境戦略研究機関
風巻 浩 首都大学東京
加藤 超大 日本環境教育フォーラム
※川嶋 直 日本環境教育フォーラム
※川廷 昌弘 博報堂ＤＹホールディングス
菊地 かおり 筑波大学
北田 佳子 埼玉大学
北村 明子 「環境・持続社会」研究センター
楠美 順理 中京大学
栗原 清 学習院大学
黒田 友紀 日本大学
小嶋 祐伺郎 金沢学院大学
後藤 忍 福島大学
※小玉 敏也 麻布大学
小林 亮 玉川大学
小柳 知代 東京学芸大学
近藤 牧子 早稲田大学（非）
斉藤 雅洋 高知大学
齊藤 由倫 群馬県衛生環境研究所
桜井 良 立命館大学
佐々木 啓 岩手大学（修）
佐々木 剛 東京海洋大学
※諏訪 哲郎 学習院大学
関 正雄 明治大学
関 芽 日本体育大学
※曽我 幸代 名古屋市立大学
高雄 綾子 フェリス女学院大学
高田 研 都留文科大学
高野 孝子 エコプラス
髙橋 宏之 千葉市動物公園
高橋 正弘 大正大学
竹村 英明 市民電力連絡会
多田 孝志 金沢学院大学
田中 謙 日本大学
田中 雅文 日本女子大学
棚橋 乾 多摩市立連光寺小学校
田開 寛太郎 松本大学

丹間　康仁　帝京大学
辻　英之　グリーンウッド自然体験教育センター
冨田　俊幸　立教大学(博)
冨永　貴公　都留文科大学
中口　毅博　芝浦工業大学
長澤　成次　千葉大学名誉教授
長濱　和代　目白大学(非)
※中村　和彦　東京大学
中山　京子　帝京大学
※中山　博夫　目白大学
南雲　勇多　東日本国際大学
西村　仁志　広島修道大学
新田　和宏　近畿大学
二ノ宮リムさち　東海大学
能條　歩　北海道教育大学
野田　恵　東京農工大学(非)
野村　康　名古屋大学
野村　卓　北海道教育大学
橋崎　頼子　奈良教育大学
畑田　彩　京都外国語大学
※秦　範子　都留文科大学(非)
花田　真理子　大阪産業大学
早川　有香　東京工業大学(博)
林　公則　明治学院大学
林　浩二　千葉県立中央博物館
原子　栄一郎　東京学芸大学
原田　信之　名古屋市立大学
伴　英幸　原子力資料情報室
日置　光久　東京大学
比屋根　哲　岩手大学
平井　純子　駿河台大学
福井　智紀　麻布大学
福島　正行　盛岡大学
福本　みちよ　東京学芸大学
藤岡　達也　滋賀大学
藤原　孝章　同志社女子大学
降旗　信一　東京農工大学
古瀬　浩史　帝京科学大学
※星野　智子　環境パートナーシップ会議
堀田　康彦　地球環境戦略研究機関
増田　直広　キープ協会
松井　克行　西九州大学
松倉　紗野香　上尾市立大石中学校
松葉口　玲子　横浜国立大学
松原　弘直　環境エネルギー政策研究所(ISEP)
丸谷　聡子　明石のはらくらぶ
丸山　英樹　上智大学
三木　柚香　東京大学(博)
水山　光春　青山学院大学
元木　理寿　常盤大学
森　朋子　国立環境研究所
森元　真理　東京農業大学
矢櫃　雅樹　「環境・持続社会」研究センター
山中　信幸　川崎医療福祉大学
横井　成美　名古屋市公立小学校教員
吉田　正人　筑波大学
吉富　友恭　東京学芸大学
劉　晨　地球環境戦略研究機関
渡邉　はるか　目白大学
渡辺　理和　甲南大学(非)
渡部　厚志　地球環境戦略研究機関

もくじ

第 1 部

社会の持続可能性をはばむ課題と対応

Ⅰ　持続可能な社会の構築

1　持続可能な社会　Sustainable Society

持続可能な社会と持続可能な開発・発展

「持続可能な社会」(sustainable society)とはどのような社会だろうか。これを考える際には,「持続可能」という用語の来歴をたどることが有益である。特に，この用語が国際政治過程の中で「持続可能な開発」(sustainable development）概念とともに形づくられてきたことを踏まえて，まずはその流れを顧みたい。なお，日本語でdevelopmentの訳としては，「開発」があてられることが多いが，途上国の文脈や市場メカニズムを通じた経済成長を連想させることなどから，持続可能な「発展」という言葉を好む人も少なくない。しかしながら，本稿では便宜的に「持続可能な開発」を使用する。

「持続可能」概念の国際的な展開

持続可能という概念は，19世紀末から20世紀初頭にかけて登場したmaximum sustainable yield(MSY：最大持続可能収穫量）という考え方に端を発している。これは漁業資源など再生可能な生物資源を利用する際に，その再生能力（増加量）を超えない，すなわちそれらが長期的に見ても枯渇しない程度の量を，利用限度とするものである。いわば，環境資源の有限性を念頭に，適切な経済活動を考えるための概念である。

持続可能な開発は，それに社会的公正を加えた，環境・経済・社会の三つのバランスを要求している。その背景には，この概念が学問的な議論ではなく，国際政治の場で，発展途上国の要請を受けながら発展していったという歴史がある。

国際的な舞台で本格的に環境問題が取り上げられるようになったのは1972年の国連人間環境会議（ストックホルム会議）からであるが，この会議では早くも，先進国と途上国の対立が顕在化した。欧米諸国は，1960年代から70年代にかけて展開した新環境運動（エコロジー運動）を背景に，汚染問題等の自らの経験を踏まえて，環境・人口問題の規制を世界的に進めようとした。しかし，そうした取り組みは途上国の経済発展を阻害し，先進国の優越性を強固なものにするものだとする途上国側と意見が対立したのである。

その後，地球規模で環境を議論する際には，環境問題と密接に関わる，途上国の貧困問題・経済開発問題をセットで扱わなければならなくなった。つまり，環境問題の観点から経済活動を抑制したり転換したりするだけでなく，環境問題をつくり出している貧困問題を改善するために，健全な経済発展を実現することが必要だと広く認識されるようになった。

これは，国連環境と開発に関する世界委員会（通称ブルントラント委員会）による，最も知られている持続可能な開発の定義にも表れている。ブルントラント委員会は1987年に出した報告書“Our Common Future”(邦題『地球の未来を守るために』)で，持続可能な開発を「将来世代が自らのニーズを満たす能力を損なうことなく現在の世代のニーズを満たすような開発」(development that meets the needs of the present without compromising the ability of future generations to meet their own needs)と定義した。注意すべき点は，その直後で「ニーズとは世界の貧困層のニーズ」であると強調し，さらに「貧困は，環境問題のもっとも大きな原因と結果の一つである」と明記したことである。つまり，それまでの理念的な環境保全や，地球環境の制約による『成長の限界』論などの科学的主張とは一線を画し，「development」そのものを肯定して，途上国の貧困問題の解決に向けた開発を最優先することが明確に示された。

こうした貧困層への視座は，現世代における格差を是正する，社会的公正（世代内の公正・特に南北間の公正性）を求めるものであるが，この定義が将来世代への公正（世代間の公正）を考慮していることも重要である。なお，「将来世代のニーズを満たすような」という訳もあるが，将来世代のニーズを今の世代が判断するのは適切でない。したがって，将来世代自身がニーズを捉え，満たすことのできる「能力」を損なわないような開発である必要がある。例えば，現在はニーズがない遺伝資源なども，将来的に重要・必須だと判断される可能性があるため，残しておかなければならない。この点は，民主的価値を重視するこの概念の特徴から見ても重要だろう。

曖昧さをとどめながらも，このように形づくられてきた持続可能な開発概念は，1992年にブラジルのリオデジャネイロで開催された「国連環境開発会議」（地球サミット）で大きな注目を浴びる。そして，2002年にはその名を冠した「持続可能な開発に関する世界首脳会議」（ヨハネスブルグ・サミット）が開かれたように，1990年代から2000年代にかけて，持続可能な開発は国家首脳レベルが扱う最重要政策課題となった。

持続可能な開発をめぐる近年の展開

2015年に国連本部にて「持続可能な開発目標」(Sustainable Development Goals: SDGs)が採択され，2030年までに持続可能な開発を達成するために必要な17の目標と169の達成基準（ターゲット）が合意されている。この目標は，貧困や飢餓，保健や福祉，教育，ジェンダー，経済成長，気候変動，平和と公正，生態系保全など多岐にわたっているが，それぞれが独立しているのではなく，連関していることは銘記しなければならない。例えば，貧困問題に注力しても，気候変動対策をおろそかにすればその悪影響で貧困問題が悪化することもありうるし，経済効率の観点から石炭火力エネルギーを増加させるとさらに気候を不安定にさせるだろう。そのため，個別分野の取り組みだけでなく，統合的な視点・取り組み・政策が重要である。

また，こうした国際政策面での関心の高まりに伴い，持続可能な開発の進捗や達成度を示すような指標が数多く開発されてきた。こうした指標は当然ながら，環境・経済・社会の各面をカバーするものである。欧州連合やイギリス政府など，国際機関や各国政府等によるものが知られているが，新たなものとしては，国連大学などが開発した「包括的富指標」(Inclusive Wealth Index: IWI）が関心を集めている。この指標は，国民総生産（GDP）などの短期的な変化・アウトプットを測るフロー指標ではなく，持続可能な開発を達成する上で必要なインプットに用いられるストック（人工資本・人的資本・自然資本）の変化を長期的に測るものである。

教育の観点から見ると，地球サミットで合意された行動計画である「アジェンダ21」の36章において，持続可能な開発に向けた教育の再構成が取り上げられ，同章の担当国連組織となったユネスコが1997年に開催した「環境と社会に関する国際会議：持続可能性のための教育とパブリック・アウェアネス」では，環境教育を「環境と持続可能性のための教育」と表現しても構わないとする「テサロニキ宣言」が採択される。そしてヨハネスブルグ・サミットでは「国連持続可能な開発のための教育の10年」が提案され，追って国連総会で採択された。このように，教育の分野においても持続可能性概念が広がっている。

持続可能性のタイプと思想的特徴

持続可能性はしばしば「強い持続可能性」と「弱い持続可能性」とに分けられる。

強い持続可能性とは，自然環境の劣化は他の要素では代替できないという立場である。

例えば，広く知られるハーマン・デイリー(Daly, H.)の持続可能性三原則はこの立場をとる。すなわち，[i]再生可能資源の利用はその資源の再生速度を超えてはならない（上記MSYを参照），[ii]再生不可能な資源の利用は再生可能な資源で補える範囲を超えてはならない（例えば石油の利用は，再生可能エネルギーで新たに代替できる範囲を超えてはならない），[iii]汚染物質の排出は，環境容量（その環境を損なうことなく受け入れることのできる量）を超えてはならない，という三原則である。これは，自然資本は人工資源では完全に代替できないことを前提としている。

それに対して，弱い持続可能性は，自然環境の劣化は経済・社会の発展（特に技術革新）によって代替できるとする。しかしながら，自然資源の多くは多面的価値を持っており，往々にして代替することは不可能か現実的でないことから，この立場には批判も多い。

例えば熱帯林の木材・薪炭としての機能を代替するような人工物があっても，その地域の社会文化的な価値や生態系・環境維持機能は果たせないだろうし，それらを代替するような技術はなく，仮にあったとしてもコストがかかりすぎたり社会的に問題があったりするだろう。

このように，持続可能な開発概念の特徴は，環境の能力の限界を念頭に置きつつ，環境・経済・社会の三つの側面のつながり・バランスを考慮する点にある。この，世代内や世代間の公正を重視する社会的な視点に表れているように，持続可能な開発概念は，環境思想としては人間中心主義に分類される。つまり，自然環境の価値は人間が利用したり見いだしたりすることで生まれるため，環境そのものに本質的価値があると考える環境（生態系）中心主義的な立場（例えばディープ・エコロジー）とは相容れない。

また，従来の環境思想においては，経済発展に否定的な見方が主流だったが，持続可能な開発においては経済発展が必須のものとして考えられている。（ただしその度合いは，日本国内においては，持続可能な「開発」論者と「発展」論者でも異なるし，貧困層のための成長が優先されるといった配慮や，国際自然保護連合などによる“Caring for the Earth”〈邦題『かけがえのない地球を大切に』〉のように，成長よりも生活の質の向上を強調する議論もある）。そのため，既存の経済システムを抜本的に改革するよりも，修正しながら問題に対処することを志向する言説であることがしばしば指摘されており，環境保全や社会的公正の実現には不十分だという意見も多い。

「持続可能」概念の日本における展開

国際的な政策論議の中で発展してきた持続可能という概念は，日本国内においても概ね上記と同様の理解で受容されてきた。例えば，持続可能性や持続可能な開発の説明にあたっては，ブルントラント委員会の定義が引かれることが多い。

しかしながら，環境保全と経済発展の両立を重視しつつも，社会的公正（特に南北格差的視点）が強調されないことも多い。例えば，最も早い段階でこの概念を「持続的発展」という名で反映した法制度である環境基本法（1993）を見ると，健全な環境を維持しつつ経済発展を図る（４条）とする一方で，現在及び将来世代の人間が環境の恵沢を享受すべきだとして世代間の視点はあるものの（３条），「（貧困層の）ニーズ」の概念や世代内格差については触れられていない。

社会的側面に言及される場合は，グローバルな問題ではなく，国内の地方・地域への配慮が記されるという傾向もある。これはおそらく，「課題先進国」である日本社会の持続に関する懸念が，国際的な持続可能性の議論と重なって扱われるようになったことによるものだろう。例えば2018年の第五次環境基本計画では，過疎化や少子高齢化に伴う地方の自然環境の劣化，地域コミュニティの弱体化，震災などの自然災害といった課題を抱える日本が，「課題解決先進国」になることを目指すことが，持続可能な開発という文脈の中で記されている。

このように考えると，国際的にはMSYやデイリーの三原則のように，環境を持続させることをベースとして持続可能概念が展開し，その延長線上で南北問題や貧困問題といったグローバルな社会的公正が取り上げられてきたが，日本では，経済的側面を重視しつつ国内社会を持続可能にするという視点が強い。こうした日本の傾向に対する懸念はかねてより研究者から示されてきた。例えば訳語に関して，地球環境の「維持可能」性こそがsustainableの本来の意味であるにもかかわらず，人間社会が続くことを示す「持続可能性」という言葉を使うことは不適切だという都留重人の批判もある。

持続可能な開発の本来の意味に照らした場合，日本という先進国の一地域の発展に向けて注力することは，同じ資源を途上国の一地域の発展に向けて資源を投入することよりも正当化されるのだろうか。この問いは突き詰めれば，コミュニティや公共圏の捉え方，つまり（国民という想像の共同体を形成する）ナショナリズムや，シティズンシップといった政治思想とも関連する。いずれにせよ，どの社会・コミュニティの持続が優先されるべきかという問題は複層的であり，「think globally, act locally (and globally)」といったスローガンにもあるように，地域だけでなく国際的な視点を持って，その意味合いを考えることが求められる。

曖昧さを内包する「持続可能な社会」

以上のことから，基本的に「持続可能な社会」とは，経済活動が環境の劣化を引き起こさずに発展し，世代内や世代間の公正が達成されているような社会を指す。関連して，「持続可能性」(sustainability) とは，持続可能である度合いを示す言葉だといえる。

言い換えると，それ以上の詳細な定義は難しい曖昧な概念である。抽象的であるがゆえに，反対論は少なく，協力・支持を得るという観点では優れている。特に，経済発展を肯定的に捉えている概念のため，経済を強くコントロールすることも辞さないような環境思想よりも企業等の経済的主体の参加が容易であり，国際的にも合意を得られやすい。

しかし実際の行動や政策といった現実的な段階になると，実効性のある取り組みを推進することは難しく，市場経済等の既存システムのラディカルな変化が必要だとしても，そこに導く力は弱い。

それでも曖昧なままにとどまる理由の一つは，国・地域・時代によって持続可能な社会が意味すること・その実現のために求められることが異なるからである。したがって持続可能な社会を築くためには，批判的に現状を捉え，それぞれが置かれている文脈で求められていることを考えて，民主的にそれを実行する能力が必須である。

また，前掲のブルントラント委員会の定義の後には，環境・社会・経済の三つの側面の間にトレードオフ関係があることが「通常は勝者と敗者が生まれる」という表現で記されている。そして，誰もが無条件で受け入れられる正しい解はないことから，その意思決定は参加型であるべきだと指摘されている。

したがって，持続可能な社会の実現には批判的に現状を捉え，長期ビジョンに沿って段階的対策を描きつつ（バックキャスティング），多様な意見を尊重して民主的に意思決定できる人を育てることが必須である。このように考えると，持続可能な社会における教育の役割やその意義の大きさが見て取れよう。

（野村康・阿部治）

⇨ 2 SDGs(持続可能な開発目標)，4 国際的な取り組み，5 ESD

〔参考文献〕

都留重人（2001）『21世紀日本への期待―危機的現状からの脱却を』岩波書店.

Daly, H. (1990) Towards Some Operational Principles of Sustainable Development, *Ecological Economics*, 2, 1-6.

2　SDGs（持続可能な開発目標）　Sustainable Development Goals

SDGsの概要

「SDGs」とは“Sustainable Development Goals”の略称であって，一般的に日本語では「持続可能な開発目標」と訳され，「エス・ディー・ジーズ」と発音される。

2015年９月25日～27日，ニューヨーク国連本部にて「国連持続可能な開発サミット」が開催された。ここには150人を超える世界のリーダーたちが集結し，「我々の世界を変革する：持続可能な開発のための2030アジェンダ」という成果文書が全会一致で採択された。これは「前文」「宣言」「持続可能な開発目標とターゲット」「実施手段とグローバルパートナーシップ」「フォローアップとレビュー」という項目で構成されたもので，その「持続可能な開発目標とターゲット」にある17の目標（図１「SDGsのロゴ」参照）と169の具体的なターゲットを指して，“SDGs”と呼んでいる。

2016年１月１日に正式に発効しており，これらすべての目標を2030年までの15年間に達成できるよう，世界各国が同様に不断の努力と行動を促していくことが求められている。

前文には「人間，地球及び繁栄のための行動計画である」とあり，「我々は人類を貧困の恐怖及び欠乏の専制から解き放ち，地球を癒やし安全にすることを決意している。我々は，世界を持続的かつ強靱（レジリエント）な道筋に移行させるために緊急に必要な，大胆かつ変革的な手段をとることに決意している。我々はこの共同の旅路に乗り出すにあたり，誰一人取り残さない」（外務省仮訳）との誓いがなされており，まさにこれから人類が共有し，取り組んでいくべきものとしての強い思いが背景にある。つまり，これは2030年の地球のあるべき姿として描かれるビジョンなのである。

SDGsの経緯

SDGsはMDGs（Millennium Development Goals：ミレニアム開発目標）の後継といわれる。

MDGsは，文字通り，新しい千年紀を迎えるにあたり，国際社会をよりよきものにして

図１　SDGsのロゴ（出典：国際連合広報局）

いこうと掲げた開発分野の目標であり，2001年に策定された。2000年９月開催の国連ミレニアムサミットにおいて採択された「国連ミレニアム宣言」と，地球規模で顕在化してきた課題を解決するために1990年代の国際会議やサミットで採択された開発目標を整理統合したもので，８つの目標，21のターゲット，60の指標からなる（1990年を基準年として数値目標を設定)。主に途上国における貧困削減をねらいとし，2015年までにすべての目標を達成するものとして期限も設定された。潘基文国連事務総長（当時）は『MDGs報告2015』の中で「MDGsは歴史上最も成功した貧困撲滅運動になった」と述べた。しかし，確かに達成できた目標（１日1.25ドル未満で生活する極度の貧困状態にある人々の割合が1990年の47％から2010年には22％と低下したことなど）がある一方で，2015年までに到達し得なかった目標（特に母子保健及び性と生殖に関する健康等）もあり，課題が残される結果となった。また，地域別に見た場合，その達成度合いに大きな開きがあり，相対的にアジアでは改善が図られたものの，サハラ以南に関しては達成が遅れていることや，国内において都市部と農村部で格差が生じていることも問題とされた。加えて，気候変動，人口増大，失業など新たな問題に対応しきれていないとの指摘もあった。

このため，2015年以降に目指すべき目標を改めて設定する必要に迫られることになった。2012年６月に開催された国連持続可能な開発会議(リオ＋20)において，実質的にその議論が始まり，同年７月には潘基文国連事務総長がポスト2015年開発アジェンダに関して議論する諮問グループを立ち上げる運びとなった。

SDGsの特徴

MDGsは基本的には途上国の開発問題解決を想定したものであって，専ら先進国の人たちにとっては関心が湧きづらく，当事者という認識があまり促されなかった。また，国連の専門家主導で，あるいはドナー国の視点でトップダウン的に策定されたため，“取り残された人々”を生むこととなったのである。

そこで後継のSDGsにおいては，およそ３年もの年月をかけ，国連加盟193か国によって何度も議論がなされた上，NGOや民間企業などの市民社会も巻き込み，ボトムアップ形式で準備が進められた。この策定プロセスが象徴するように，「誰一人取り残さない(no one will be left behind)」というメッセージがSDGsの重要な特徴の一つとなっている。私たちが直面している課題は，決して途上国だけの問題ではなく，先進国も含めた世界全体で取り組んでいかなければならない局面にあり，普遍的（universal）かつ包摂的(inclusive）なものであるとの認識である。

また，持続可能な開発は，決して経済的な発展だけを求めているのではなく，社会的な側面や環境的な側面を加えた三つの側面においてバランスをとることで本質的に満たされるとされる。つまり，SDGsにおいても経済，社会，環境の三つの側面の調和を求めてコミットせねばならず，包括的なアプローチを取る必要性も特徴とされる。MDGsが８つのシンプルな目標設定であることに比べ，17もの目標があるSDGsは雑多で煩雑な印象を持たれるが，これらは相互に連関しているものと捉えることに意味がある。現代の私たちが抱える問題は複雑多様化し，表面化している部分だけを解決しようとしても根本的な解決には至らない。問題はその奥で別の問題とも絡みあっており，ループになっている。例えば，目標１の「貧困をなくそう」を達成しようと思うのであれば，狭義に経済的な問題（目標８）として捉えるのではなく，栄養や衛生の問題(目標２･３･６)として捉えることはもちろんのこと，真っ当な教育や居住を与えられていないこと（目標４・11）や格差や差別の解消が必要なこと（目標５・10）と関連させて広義に捉えていかなければならない。逆に，気候変動の問題（目標13）が途上国のような，より貧しい地域でこそ顕在化して起こってくるという視点も同時に併せ持つ必要がある。このような構造全体を理解して，システム思考的に問題解決が図らなければならない。課題は総合的であり，不可分なものである。

また，SDGsを「５つのP」（図２参照）として統合的に捉える見方もある。これらは，すべての「人間（People）」が健康で平和に暮らし，尊厳を持って，その潜在する能力を発揮することができ，自然と調和のとれた経済や社会の中で「豊かさ（Prosperity）」を享受し，現在と将来の世代のニーズを充足できるように「地球（Planet）」の環境を守っていく必要性を表現しており，その具現化は「平和（Peace）」であることが絶対条件としてなくてはならず，あらゆる国，企業，地域，学校などすべての人々の参加による「パートナーシップ（Partnership）」が築かれてはじめて，目標達成に向けたアクションが起こされる。それら観点が統合された上でこそ，SDGsの実現が図られていくのだということを端的に表している。

法的拘束力がないことへの批判もあるが，規制によって制御していくのではなく，まずは自主的な行動を促すことを重視する。従来の国際社会で主流だった「ルールによるガバナンス」ではなく，「目標ベースのガバナンス」をとっている。これはこれまでにない挑戦であり，アジェンダ2030のタイトルが示すとおり，「変革」に向けた野心的な取り組みであることが何よりの特徴である（但し，数値目標に「削減」ではなく，「撲滅」という言葉が使われているなど理想主義的すぎるとの批判もある）。

図２　SDGsの「５つのP」（出典：国際連合広報局）

SDGsの評価・指標

SDGsが野心的であるといわれる所以は，それがフォアキャスティング（forecasting）ではなく，バックキャスティング（backcasting）のアプローチを前提にしているからである。フォアキャスティングは現在を起点とした発想で目標設定をするため，今あるリソースや過去のデータに立脚し，どうしても実現可能な範囲（想定内のビジョン）に収まりがちになる。一方で，バックキャスティングは，まず未来のあるべき姿を想像し，そこから現状とのギャップをどう埋められるか検討して，ビジョンを構築していく。革新的なアイデアが生まれやすく，現状打破が到底困難と思われる状況に創造的破壊をもたらすアプローチといえる。まさに，変革を求めるアジェンダ2030を進めていくには，より効果的なアプローチである。

しかし，理想をベースとしたアプローチは時に楽観的とも受け取られるため，定期的にチェックする機能を仕組みとして組み込む必要がある。SDGs達成に向けては，各国がそれぞれの事情に合わせて取り組んでいいことになっており，その進捗状況を自発的に報告することになっている。その場として，国連経済社会理事会主催で閣僚級レベルの「持続可能な開発のためのハイレベル政治フォーラム（HLPF）」が設けられ，SDGsのレビューとフォローアップが行われる。これは毎年開催されるが，４年に一度は国連総会主催で首脳級のHLPFも開催される。

ただし，各国の基準でその進捗を報告して

も状況を比較することはできないので，客観的な指標が必要とされ，2017年７月の国連総会にて，全232（重複を含めれば244）の指標（「国際的な貧困ラインを下回って生活している人口の割合」や「栄養不足蔓延率」等）が採択された。

また，2016年からはドイツのベルテルスマン財団と持続可能な開発ソリューション・ネットワーク（SDSN）が「SDG Index and Dashboards Report」を毎年発行しており，SDGsの達成状況を国や地域ごとに分析し，報告している。2018年版では，総合スコアでスウェーデン，デンマーク，フィンランドの北欧諸国が上位にランキングされているが，それらの国でさえ，2030年までに全目標を達成するのは困難で，それを可能とする国はないと言及している。

日本の現状

2018年版の同レポートで日本は15位にとどまっており，決して楽観できる状態にはない。詳細に見ていくと，目標への達成度が高い「緑」評価は目標４「教育」のみで，目標５「ジェンダー平等」，目標12「責任ある消費と生産」，目標13「気候変動」，目標14「海の豊かさ」，目標17「パートナーシップ」の５つは大きく改善が要求される「赤」評価であった。とりわけ，目標13「気候変動」はトレンドを見る評価においても「赤」評価で，一人当たりの二酸化炭素排出量増加を理由に悪化傾向にあると見られている。

日本政府は，SDGsを採択した国連サミット（2015年９月）において安倍首相が「国際社会と共にアジェンダ実施に最大限努力すること」を表明し，翌2016年５月には，総理大臣を本部長，全閣僚を構成員とする「SDGs推進本部」を設置して，国内の基盤整備を図った。同年12月には，「普遍性」「包摂性」「参画型」「統合性」「透明性と説明責任」の５つを実施原則とし，８つの優先課題と具体的施策として「①あらゆる人々の活躍の推進」「②健康・長寿の達成」「③成長市場の創出，地域活性化，科学技術イノベーション」「④持続可能で強靭な国土と質の高いインフラ整備」「⑤省エネ・再エネ，気候変動対策，循環型社会」「⑥生物多様性，森林，海洋等の環境の保全」「⑦平和と安全・安心社会の実現」「⑧SDGs実施推進の体制と手段」を挙げ，『SDGs実施指針』として策定した。さらにそれを具体化した『拡大版SDGsアクションプラン2018』では，日本の「SDGsモデル」を提示していき，国際社会でリーダーシップを発揮することが示されている。そこで，官民のベストプラクティスを蓄積・共有し，幅広い取り組みにつなげていくことが見込まれている。例えば，「ジャパンSDGsアワード」といったSDGsの達成に向けて優れた取り組みを表彰する制度を設け，2017年に第１回授賞式が開催された。表彰されている団体には，自治体，企業，教育機関，NGO/NPOが含まれており，まさに多様なアクターのコミットとアクションが期待されていることを象徴している。

特筆すべきは，これまで国連が掲げるものにそれほど積極的ではなかった企業のコミットが強く見られはじめたことである。『SDG Compass』という企業行動指針が示されこともあるが，SDGsに沿った企業活動（グリーンサプライチェーンマネジメント等）でなければ，グローバル市場で敬遠されるリスクが高まってきているからである。

教育分野においては，ESDが学校教育に定着しきれなかった中，さらにSDGsの観点をどのように実践へ埋め込んでいくかが大きな課題であると同時に，新たなチャレンジでもあるといえよう。　（石川一喜）

〔参考文献〕

沖大幹ら（2018）『SDGsの基礎』事業構想大学院大学出版部.
日本学術協力財団（2018）「特集：国際連合「持続可能な開発のためのアジェンダ2030（SDGs）」と学術，科学技術」『学術の動向』23（1），7-15.

3　グローバリゼーション　Globalisation

グローバリゼーションとは

グローバリゼーションとは，〈モノ，ヒト，カネ，コト〉の国境を越えたボーダーレスな広がり，つながりの深化という変化（事象・現象）を捉えた概念である。グローバル化ともいわれる。グローバリゼーションによってもたらされた社会のことをグローバル社会（地球社会）という。その意味で，グローバリゼーションは，単なる変化ではなくそれによってもたらされる社会の変容やそのあり方（変容の光と影），その是非や考え方（価値観やイデオロギー）をも含む広い捉え方もされる。

国境を越えた動きとしてグローバリゼーションが捉えられるのは，それが近代国民国家の成立の後にやってきたからである。グローバリゼーション（グローバル化）とインターナショナリゼーション（国際化）は，よく似た使われ方をされるが，両者はそのパラダイムが大きく異なる。

国際化が，近代国民国家の成立を背景にした18・19世紀的な動きであるのに対して，グローバル化は，近代国民国家の要素ともいうべき「領域・国民・主権」を越え，再構築を目指す20世紀後半・21世紀における再帰的近代の動きであるといえる。そしてこのような動きの最大の原動力は，世界資本主義の拡大浸透とそれに相即した科学技術の発達である。

グローバリゼーションはいつ始まったかという議論には諸説ある。地球規模のヒトやモノ，カネの移動からすれば，いわゆる大航海時代以後ともいえるし，国境を越える軍事兵器や宇宙開発からすれば第二次世界大戦後ともいえる。通信技術や情報，企業の全地球化を考慮すれば，冷戦崩壊以後ともいえる。しかし，そもそも人類が誕生して地球規模に居住空間を拡大し，人としての文明をつくってきた数百万年の歴史そのものがグローバリゼーションともいえよう。

グローバリゼーションと国民国家

グローバリゼーションがもたらす大きな変化は国民国家におけるものである。国民国家の三要素は，領域・国民・主権とされる。このいずれもが変容を迫られている。

①領域：国境として現象する領域は，核兵器や生物化学兵器，軍事偵察衛星，宇宙開発，24時間の金融マーケットと膨大なバーチャルマネーの取引，SNSをはじめとするインターネット空間や通信網の地球規模での拡大によって，実質的に無化されている。ただし，これらのテクノロジーやネットワークを生み出す国家や企業は国籍性を保持している。つまり，国境の無化と国籍性の刻印とは非対称的な動きとして現出している。

②国民：国民は，「一国家・一民族・一言語」の理念のもとにつくられた近代国家特有の擬制的概念である。例えば，日本では明治国家成立の際に，蝦夷地と琉球は北海道と沖縄とされ，アイヌ民族や琉球民族は「日本人」とされ「日本語」も強制された。それは対等な関係ではなく，「中心と周縁」という権力的な上下関係を内包する「国民」であった。それは，朝鮮半島や台湾を領有し植民地国家となった大日本帝国においても同様であった。しかし，グローバリゼーションによって，人の移動や移民が増加し，多民族・多文化の状況が広がり深まるようになると，「一国家・一民族・一言語」の擬制性があらわになり，擬制のもとで見えなくなっていた周縁の民族が，先住民族や少数民族として目に見えるようになってきたのである。

③主権：国際連合，EU，NAFTA，ASEANなどの超国家組織，主要先進国首脳会議やG20，国連諸会議などの協議体に見られるように，グローバリゼーションは，経済協力，開発援助，通貨・貿易，地球環境問題など一国ではコントロールできない課題，国家の主権を制限しなければ協調できない課題が目に見えるようになっている。それゆえに，英米などの大国はEU離脱，アメリカ・ファーストのもと「主権」を行使しようとしているが，世界には，そのような主権を行使できないマイクロ国家も多い。世界の国々の多くは貧困や債務に悩まされており，政治的にも発言力は小さく，経済的，政治的に見て国民国家の体裁を保っている国は少ない。構造的暴力を内包化した社会構造を抱え，いったん紛争や戦争，気候変動や地震などの災害が起きれば，難民を輩出したり，国際社会の支援なしに国家を運営したりすることができない政府（名ばかりの主権国家）も多い。

グローバリゼーションと暮らし

①モノ：グローバリゼーションは私たちの暮らしと密接につながっている。とりわけ日本は工業製品や機械類の輸出入，原料や食料品の輸入など自由貿易の恩恵にあずかっている。バナナ，コーヒー，カカオ，パーム油，えび，魚，さとう，牛肉，小麦，大豆，野菜といった身近な食べ物から，玩具，衣料品，自転車，テレビ，エアコン，スマホといった電化製品に至るまで，身近な暮らしでの相互依存は枚挙にいとまがない。

②ヒト：今や，日本の人口のおよそ4分の1に当たる年間3000万人を超える外国人観光客が来日し，また，2018年の入管法改正で外国人労働者も増える見込みである。2017年現在で日本に住む人の約50人に1人は外国人であるが，ここ数年で40人に1人となるといわれている。すでに都市部のコンビニや居酒屋では外国人が働いているのは日常の光景となっている。外国人労働者や移民の増加はグローバリゼーションの大きな特徴である。

③カネ：目に見える身近な財・サービスだけではなく，外国為替や株式などの金融，投資は信用経済といわれるが，実体経済をはるかに超える金額で，しかも世界同時的に取引が行われている。最近は仮想通貨も出現している。カードやスマートフォンによる電子決済に見られるように現実的な通貨を介在しない経済も地球規模で行われている。そして，信用取引の膨張（バブル）やその崩壊といったことが，突然私たちの仕事を奪ったりもする。

④コト：昨今のSNSやAI(人工知能)の発達によるメディアや通信の進歩は，カネだけではなくコト（情報）の同時的伝達を極めて容易にし，私たちの暮らしに大きな影響を与えている。例えば，AIは顔認証システムや人工衛星によるGPS機能によって個人を特定し，居場所まで判別できるようになっている。AIによる翻訳機能は，近い将来言語的な壁を乗り越えるともいわれている。SNSと併用すれば多言語間のコミュニケーションが可能になる。パソコンやスマートフォンは，SNSを通じて世界の人々と個人的に交信できる空間をつくり出した。戦争や紛争，テロや犯罪，感染症，原発事故や震災・津波など，何か大きな事故や事件があれば，情報が瞬時に世界を駆けめぐり，私たちの「共通の出来事・共通体験」として共有されるようになっている。

グローバリゼーションと地球的課題

グローバリゼーションとは単なる変化ではない。地球規模での社会変容をもたらすが故に，一国では解決不可能な人類共通の「グローバル・イシューズ」（地球的課題）と呼ばれる解決すべき多くの課題を出現させている。それらは互いに原因となり結果となっておりホリスティックな問題となっている。

①開発：地球規模の構造的な経済格差と貧困問題の解決はグローバリゼーションがもたらした最大の課題かもしれない。世界の20％の人が80％の富を独占し，80％の人が20％の富を奪いあっている。かつては南北問題といわれたこの格差は，一国内にも浸透し，南の貧しい開発途上国という表象はもはや旧いものになっているほどである。グローバリゼーションは，地球規模の相互依存をもたらしているが，それは「富裕化と窮乏化」という不均衡な相互依存である。なぜなら，グローバリゼーションの原動力となる世界資本主義そのものに階層化作用（勝ち組・負け組の論理）が内在されているからだ。窮乏化は貧困をもたらし，栄養不良（食糧不足）・飢餓，環境破壊，人口増加，都市への人口集中，スラムを随伴する。それは，構造的には移民，貧農，非正規雇用労働者，子ども，女性など弱者に集中して現れる。

②環境：地球温暖化をはじめとして，砂漠化，熱帯林減少，オゾン層破壊，酸性雨，海洋汚染，有害廃棄物の越境移動などの地球環境問題は，人類の工業文明とグローバリゼーションがもたらした地球規模の「災害」といえる。それは地震や火山，原発事故のように突発的な災害というよりも相互に絡みあった継続的な現在と未来の問題であるが故に，パリ協定（第21回気候変動枠組条約締約国会議，2015年）に見られるように全世界が取り組むべき解決課題となっている。

③平和：核兵器はその抑止力によって大国による「力の平和」をもたらし，第三次世界大戦は現在まだ起きていない。しかし，地域紛争やテロなどは頻発している。多発する紛争やテロの背景には，政治的独裁，軍事的圧政による貧困や人権抑圧など構造的な問題がある。紛争の背景には，子どもでも扱える銃火器，身体的な損傷を目的とした安価な地雷など，武器のグローバリゼーションがあり，紛争解決と平和維持の阻害要因となっている。

④人権：国内の圧政や民族差別のために国際的支援や人権保障を求めているのは，紛争地域における難民であり，国内のマイノリティである。女性や子どもが貧困と開発のために過剰な労働を強いられている現状も人権問題である。世界人権宣言や国連人権規約，難民や女性，子どもなどに関する個別の国際諸条約は普遍的な規準として，本来国内法で守られるべき自由や生存の権利が保障されない現実に対して，各国に遵守を迫るものである。グローバリゼーションは人権に普遍性の根拠を与え，公正，安全，共生，多様性，持続性などの価値観を地球規模で共有する動きをもたらしている。

グローバリゼーションと文化・価値観

グローバリゼーションは〈モノ，ヒト，カネ，コト〉の地球規模の広がりやつながりであり，すべてを共通化し，平準化し，普遍化していく。しかしそれは，中心化と周縁化，富裕化と窮乏化，普遍化と画一化，安定化とリスク化という相矛盾する変化でもある。それ故，グローバリゼーションは変容のあり方，価値をめぐるイデオロギーの対立としても現れている。

政治における移民排斥や自国第一主義はグローバル化に対抗するナショナル化のイデオロギーである。経済における新自由主義は，グローバル化における競争を価値づけるものであるが，人権の普遍性を説く人道主義は，グローバル化における共生や連帯を価値づけるものである。

コーラやハンバーガー，コーヒーショップ，携帯電話，映画やテレビ，アニメ，スポーツや流行音楽，ファッションなど，便利でファスト（fast）な文化は，普遍化し共通化していくが，他方で，それらは生活の一元化であり，文化の多様性，生活の持続性，ローカルで伝統的なライフスタイル，共同体（コミュニティ）のよさを過小化していくものとなっている。グローバリゼーションにおけるこのような文化的葛藤は，対抗化現象を引き起こし，ローカル化や過激な民族主義，暴力主義（テロ）となって現れることがある。

グローバリゼーションと教育

では，このような光と影を併せ持つグローバリゼーションに教育はどう対応すればいいのであろうか。

それは，私たちが暮らす現在及び未来の社会がグローバル社会であるという認識と気づきをもたらすものである。それだけではなく，そのような社会が，多くの課題を抱えており，それを放置すれば私たちの暮らしが持続不可能であり，私たちが自分ごととして，人類の共通の課題として解決するために行動していくための教育でなければならない。グローバリゼーションは暮らしの隅々にまで浸透しているが故に，それらの課題は地球規模（グローバル）でもあり，一国内のこと（ナショナル）でもあり，地元や地域やコミュニティのもの（ローカル）でもある。このような重層的で相互に関連する課題の解決への参加や三位一体的な共同体意識，アイデンティティを育てる必要がある。

このような教育には，グローバル教育やグローバル･シティズンシップ教育,持続可能な開発のための教育，国際理解教育などがある。

文部科学省の新しい学習指導要領（2017年告示）の前文には，「持続可能な社会の創り手」を育てるという文言が明記され，日本の学校教育における「持続可能な開発のための教育」(ESD）が進められるようになった。一方，ユネスコでは，2015年以降，グローバル・シティズンシップ教育（GCED）を掲げている。

グローバル教育は，もともと1970年代のユネスコ「国際教育」勧告（1974年）をもとに，人類の共通課題への気づきや地球的視野の獲得を目指すものとして英米で始まった。それは市民教育の深まりとともに，現在ではグローバル・シティズンシップ教育としてユネスコなどの動きとなっている。

また，国連では，2001年から2015年までのミレニアム開発目標（MDGs）に続いて，2016年から2030年まで，持続可能な開発のための17目標（SDGs）を設定し，目標４（質の高い教育）の4.7に「2030年までに，持続可能な開発のための教育及び持続可能なライフスタイル，人権，男女の平等，平和及び非暴力的文化の推進，グローバル・シティズンシップ，文化多様性と文化の持続可能な開発への貢献の理解の教育を通して，全ての学習者が，持続可能な開発を促進するために必要な知識及び技能を習得できるようにする」（外務省仮訳）と記され，持続可能な開発のための教育やグローバル・シティズンシップのための教育が目標化されている

教育の名称はどうあれ，グローバリゼーションが人類共通の課題をもたらしたことは明白であり，それらの解決のためには，私たち一人ひとりが地球市民としての倫理を育み，課題解決に参加し行動していくことの重要性は同じである。

（藤原孝章）

〔参考文献〕
オードリー・オスラーら（2018）『教師と人権教育―公正，多様性，グローバルな連帯のために』勁草書房.
田中治彦ら（2016）『SDGsと開発教育：持続可能な開発目標ための学び』学文社.
藤原孝章（2016）『グローバル教育の内容編成に関する研究―グローバル・シティズンシップの育成をめざして―』風間書房.
日本国際理解教育学会（2015）『国際理解教育ハンドブック―グローバル・シティズンシップを育む―』明石書店.
UNESCO (2015) *Global Citizenship Education: Topics and learning Objectives.*, UNESCO.
日本国際理解教育学会（2010）『グローバル時代の国際理解教育―実践と理論をつなぐ―』明石書店.

4　国際的な取り組み　International Initiatives

国連人間環境会議

近代の産業革命以後，人類を取り巻く地球環境は急速に変化し，気候変動をはじめとする深刻な環境問題が地球規模で起こるようになってきた。これを受け，特に環境問題が誰の目にも明らかになってきた1970年代以降，国際社会全体が関わる環境教育の取り組みが盛んに行われるようになってきた。

第二次世界大戦後，人類社会を滅亡させてしまう危険のある戦争を回避するための政府間組織として設立され，平和，開発，人権を柱とした国際協調活動を展開してきた国際連合が，初めて環境問題に本格的に関わるきっかけとなったのが，1972年６月にストックホルムで開催された「国連人間環境会議」(United Nations Conference on the Human Environment)であった。これは環境問題に関する世界で初めての大規模な国際会議であった点，また環境を自然問題としてだけではなく，人間生活のあり方に直結する社会問題，人権問題として取り扱ったという点で画期的な意義のある会議であったといえる。

この国連人間環境会議では，「人間環境宣言」(ストックホルム宣言)及び「環境国際行動計画」という二つの重要な文書が採択された。「人間環境宣言」では，人間環境の保全と改善に向けての共通の見解と取り組みの原則が記述されている。ただ，国連人間環境会議において，開発を抑制して環境保護を優先すべきであるという先進国の立場と，貧困や低開発こそ環境問題を悪化させる元凶なので，むしろ開発を優先させ世界全体の経済社会的発展を保障すべきだという発展途上国の立場との間に，ある種の対立や軋轢が生じていた。

「人間環境宣言」は，先進国と途上国の間のこうした立場の対立を踏まえながら，「環境と開発」という二項対立をギリギリのところで調和させようとした，ある意味で折衷的な文書であったともいえる。もっともここで「環境と開発」という対立軸が意識化されたことは，その後「持続可能な開発」(Sustainable Development)という弁証法的な統合をモデル化するに至った国連のイニシアティブの歴史的伏線をなしていたとも考えられる。

この会議の具体的な成果として，環境問題を専門に取り扱う「国連環境計画」(UNEP)が国連総会の補助機関としてケニアの首都ナイロビに設立された。さらに日本とセネガルの共同提案により国連人間環境会議が開会した６月５日は「環境の日」(世界環境デー World Environment Day)となり，この記念日に世界各地で環境関連イベントが開催されている。

ブルントラント報告書

国連人間環境会議に続いて，国際社会全体による環境問題への取り組みを考える上で重要なエポックとなったのは，1987年に出された「ブルントラント報告書」である。これは，当時ノルウェーの首相だったグロ・ハーレム・ブルントラント(Gro Harlem Brundtland)が議長をつとめた「環境と開発に関する世界会議」(World Conference on Environment and Development)の最終報告書として提出されたものである。この報告書の中で使われた「持続可能な開発」(Sustainable Development)という概念が，後のESD（持続可能な開発のための教育）につながっていくことになる。

「持続可能な開発」という概念はすでに1980年に国連開発計画(UNEP)が国際自然保護連合(IUCN)に委託し，世界自然保護基金(WWF)の協力を得てまとめた「世界保全戦略」(World Conservation Strategy)の中に見られるが，これが国際社会において広く人口に膾炙するようになったのは「ブルントラント報告書」の功績によるところが大きい。

この報告書の中に，持続可能な開発とは「将来世代のニーズを損なうことなく現在の世代のニーズを満たすこと」という有名な定義が出てくる。この表現からもわかるように，持続可能な開発という概念には，過去，現在，未来をつなぐ世代間の共生という視点が導入されている。そしてこの共生の視点こそ，現代における環境教育の最も重要な特徴であるともいえる。「環境保全」と「開発」という従来は二者択一の対立概念として捉えられてきたものを，両立可能な，あるいは互いに他方を必要とする相補的な概念として捉え直したという意味でも，ブルントラント報告書は画期的な意味を持った文書であるといえる。

地球サミット

環境問題に関する国際的な取り組みを振り返る中で，今日の環境教育の出発点ともいうべき非常に重要な意味を持っているイベントが，1992年にリオ・デ・ジャネイロで開催された「地球サミット」(環境開発に関する国際連合会議）である。リオ・サミットとも呼ばれるこの国際会議が画期的な意味を持っているのは，国連加盟国の政府関係者だけではなく，世界各国の産業団体や市民団体などの非政府組織（NGO，NPO），研究者，教育関係者を含む多彩なセクターの専門家がこの会議に参加したことである。参加者の属性の多様性と，地球サミットへの参加者が合計４万人を超えるという未曾有の規模になったという点でも特筆すべきイベントであった。

官民併せた多彩なセクターが地球サミットに参加したことにより，環境教育はいわば政府関係者や一部の専門家の扱う問題から，一般の市民社会全体にとって身近な日常的問題へと変容を遂げたといえる。国連の主催する国際会議で議論されていることと，一般市民の持つ環境意識との間にはとかく大きな隔たり，温度差があるのが常であるが，この両者の間に対話のフォーラムを設け，人類社会を構成するすべてのセクターの間に環境意識の共有を図ったという意味でも，この地球サミットは画期的な意味を持っていたのである。

この地球サミットでは，様々な地球環境問題の中でも特に気候変動の問題に大きな関心が寄せられた。化石燃料ではない代替エネルギー（再生可能エネルギー）の活用や，環境汚染を防ぐ公共システムの整備などが明確にテーマ化されたことも，地球サミットの成果であったといえる。

地球サミットでまとめられた成果物で，その後の環境教育に決定的な影響を与えたものとして，「リオ宣言」と「アジェンダ21」を挙げておかなければならない。

「環境と開発に関するリオ宣言」(Rio Declaration on Environment and Development）は地球サミットにおいて採択された27原則からなる宣言文であるが，ここには環境と開発を調和させる「持続可能な開発」の概念が明確に打ち出されており，それを実現するための地球規模のパートナーシップを構築することが目標として掲げられている点に特徴がある。ブルントラント報告書において打ち出されていた共生の概念をさらに一歩推し進め，様々な環境問題間の相互依存性や，人類社会を構成する多様なセクター間の協働の必要性が強調されていることは，新たな視点を提示したものと評価される。

この「リオ宣言」を実現するための具体的な行動計画として，同じく地球サミットで採択されたのが，「アジェンダ21」(Agenda 21）である。「アジェンダ21」は21世紀に向けて持続可能な開発を実現していくために国際社会全体が取り組むべき具体的な行動指針を記述したもので，「１．社会的・経済的則権」「２．開発資源の保護と管理」「３．主たるグループの役割強化」「４．実施手段」という４つのセクションから構成されている。このアジェンダ21においては，地球環境問題への取り組みに関するグローバルな視点とローカルな視点とのつながりと総合が追求されている点も注目に値する。何よりも地球環境の保全と持続可能な社会の実現に向けて教育の取り組みが決定的に重要であることを明記した点は，ESDに向かう環境教育の流れにおいて画期的な重要性を有している。アジェンダ21は今日に至るまで規範文書として引用，研究されることが多く，新たな時代に即した環境教育のモデルを提示したものといえよう。

気候変動枠組条約

地球サミット（リオ・サミット）で決議されたもう一つの重要な国際文書が，「気候変動に関する国際連合枠組条約」(United Nations Framework Convention on Climate Change）である。これは地球温暖化をはじめとする気候変動に対する国際的な取り組みの枠組を設定した条約である。気候変動が非常に深刻なレベルにまで達していることの指摘に加え，地球温暖化を防ぐための国家，社会，個人の具体的な行動にまで踏み込んだ取り組みの枠組を国連がここで初めて提示した，という意味でこの条約は歴史的な意義を帯びている。2018年現在，197か国がこの気候変動枠組条約の締結国となっている。

この関連で特に重要なのは，気候変動枠組条約に基づいて具体的な取り組みを進めていくための締約国会議（COP：Conference of the Parties）が，1995年にベルリンで開催された第１回締約国会議（COP１）を皮切りに，毎年定期的に開催され，今日に至っていることである。1997年に京都で開催された第３回締約国会議（COP３）は，温室効果ガスの削減目標を定めた「京都議定書」を採択したことで有名である。環境問題の根底にあり人類社会の持続可能性を脅かしている気候変動問題について国際社会全体が取り組むこの締約国会議が今後どのような方針を打ち出し，どのような行動枠組みを設定して喫緊の環境問題に取り組んでいくのか，その動向が注目される。

ミレニアム開発目標（MDGs）

「アジェンダ21」においてすでに21世紀に向けた環境教育の基本的視座が提示されていたが，実際に21世紀を迎えるにあたり国連が主導して人類社会の長大な未来に向けた開発目標を定めたものが「国連ミレニアム開発目標」(MDGs：Millennium Development Goals）である。ミレニアム開発目標は，世紀の変わり目となる2000年９月にニューヨークで開催された国連ミレニアム・サミットで採択された。特に環境と開発の問題に関連して人類社会が2015年までに達成すべき目標として８つの目標とそれを実現するための21のターゲットを定めている。環境問題をはじめ人類社会の持続可能性を脅かしている諸問題（平和，人権，貧困，福祉等）が領域を越えて網羅されており，またこれらの諸問題が相互に密接に関わりあっていることが可視化されている文書でもある。このミレニアム開発目標の達成状況を目標年である2015年の国連総会で総括し，次の15年間（2016～2030年）に向けた新たな開発目標を定めたのが，現在の環境教育を方向づける規範文書となったSDGs「国連持続可能な開発目標」である。

ヨハネスブルグ・サミット（ESD）

環境問題に関する国際的な取り組みの中で，環境問題を教育課題と位置づけた国連の重要なプログラムがESD（“Education for Sustainable Development” 持続可能な開発のための教育）である。ESDが最初に登場し，国連のプログラムとされたのは，2002年８月から９月に南アフリカのヨハネスブルグで開催された「持続可能な開発に関する世界首脳会議」であった。ESDの登場により，環境問題への国際的な取り組みにおいて教育に中心的な役割が付与されることになった。ヨハネスブルグ・サミットの決議を受け，同年2002年12月にニューヨークで開催された第57

回国連総会において2005年から2014年までの10年間を「国連持続可能な開発のための教育の10年」(UNDESD) とすることが決議された。

特にESDの提唱国である日本において，文部科学省及び日本ユネスコ国内委員会が，ユネスコにより1953年に創設された世界的学校間ネットワークであるユネスコスクール (ASPnet：UNESCO Associated Schools Network) をESDの推進拠点と位置づけ，持続可能な社会づくりへの教育イニシアティブとしてユネスコスクール事業を全面的に支援するようになったことも注目に値する。

「国連持続可能な開発のための教育の10年」の中間年に当たる2009年にはドイツのボンで「ESD中間年国際会議」が開催され，「ボン宣言」が採択された。この「ボン宣言」では，ESD推進のための青少年の参加促進や，市民社会の役割と貢献の強化が謳われている。

UNDESDの最終年に当たる2014年11月には日本の名古屋と岡山で「持続可能な開発のための教育 (ESD) に関するユネスコ世界会議」が開催された。このESD最終年会合においては，国際社会全体での10年間のESDの取り組みに対する評価，総括が行われ，またESDの後継プログラムとしてGAP (Global Action Programme) が定められた。

持続可能な開発目標 (SDGs)

2000年に採択された「ミレニアム開発目標」(MDGs)の目標年である2015年に，国連総会でMDGsの達成状況についての総括が行われたが，これに基づき国連が2030年に向けて持続可能な開発を促進するための新たな目標として設定し，採択したのが「持続可能な開発目標」(SDGs：Sustainable Development Goals)である。2015年9月に開催された国連持続可能な開発サミットで，国連は成果文書「我々の世界を変革する：持続可能な開発のための2030アジェンダ」を採択したが，この中で具体的な行動指針として設定されたのが，SDGs「持続可能な開発目標」である。

このSDGsは，17の分野別の目標を掲げているが，それらの目標を達成するための169項目にわたるターゲット (達成基準) が設定されている。MDGsが主として発展途上国の取り組みに焦点を当てていたのに対し，SDGsにおいては，先進国，途上国を問わず，また民族，経済社会的地位，性別，世代，宗教等を問わず，人類社会を構成するすべての人間が開発目標達成の担い手，当事者として位置づけられている点に大きな違いがある。国連の主導によるこの新たな開発目標の達成に向け，国内外の教育の領域で様々なプログラムや取り組みが開発されている。特にSDGs 4.7に記述されているのが持続可能な開発のための教育，人権，ジェンダー平等，平和の文化，地球市民性，文化の多様性の尊重といった，主としてユネスコの価値教育で提唱されてきた教育課題である。これを学校教育の実践に統合していくために，ユネスコのESDやGCED (地球市民教育) をはじめとする教育イニシアティブが，ユネスコスクール (ASPnet) の学校間ネットワーク等も活用しながら，各地で精力的に進められており，今後の展開が期待される。 (小林　亮)

〔参考文献〕

事業構想大学院大学出版部 (2018)『SDGsの基礎』宣伝会議.

蟹江憲史 (2017)『持続可能な開発目標とは何か―2030年へ向けた変革のアジェンダ』ミネルヴァ書房.

北村友人ら (2019)『SDGs時代の教育―すべての人に質の高い学びの機会を』学文社.

小林亮 (2014)『ユネスコスクール―地球市民教育の理念と実践』明石書店.

日本環境教育学会 (2014)『環境教育とESD』東洋館出版社.

佐藤真久ら (2017)『SDGsと環境教育―地球資源制約の視座と持続可能な開発目標のための学び』学文社.

UNESCO (2016) *Schools in Action: Global Citizens for Sustainable Development*, UNESCO Education Sector.

5　ESD　Education for Sustainable Development

ESDとは

Education for Sustainable Developmentの頭文字からとった略称で，「持続可能な開発のための教育」や「持続可能な発展のための教育」と訳される。持続可能な開発/発展という言葉の意味がわかりにくいために，持続可能な社会の担い手を育てるための教育と呼ばれることもある。

私たちが直面する持続不可能な社会

「持続可能な」という言葉からわかるように，ESDの前提にあるのは持続不可能な状況である。地球の自然環境の持続可能性とともに，私たち人類の持続可能性が今，問われている。ときに持続可能性は，国益の維持・増進と自己責任の理念に結びつくため，私たちは未来世代に問題を先送りにしたり，弱者を虐げたりすることもある。気候変動による異常気象，自然災害，環境破壊，経済格差の拡大及びその二次的影響，差別や偏見などの排他的言動，テロ，紛争，都市化と過疎化，ごみ，生物多様性の喪失など，こうした状況は私たちが直面している地球規模の問題である。同時にそれは身近な地域課題でもある。しかし，私たちは自らに関係のない話と思い，それらに向きあうことを避けていないだろうか。

「持続可能な（sustain-able）」は「支持に値する」という意味を持ち，「ほんとうに価値ある姿」であるかどうかを批判的に見直すことが必要である。持続可能な開発／発展とは，普段目をそむけたくなるような状況に向きあい，自らのありようを問い直しながら，持続不可能と思える状況を持続可能にしていくプロセスである。諸問題の要因となっているこれまでの開発のあり方や私たちのライフスタイルを見直し，持続可能な未来に向けて，社会を変えていくことが求められている。ESDはそれを実現させるための原動力である。

ESDの始まり

ESDの普及と促進を担っている主導機関はユネスコである。ユネスコは戦争の惨禍を繰り返さないように，教育，科学及び文化を通して「知的連帯および精神的連帯」の上に平和構築に努める国連機関である。1945年の設立後，教育分野では国際理解教育をはじめとして，環境教育，平和教育や人権教育などの必要性を説いて，国際社会に貢献してきた。

ESDはこうした動向の流れに位置づけられ，その誕生は1992年に開催された地球サミット（国連環境開発会議，リオ・デ・ジャネイロで開催）に見ることができる。そこで合意された行動計画（アジェンダ21）の中で初めてESDという言葉が使われ，その後2002年のヨハネスブルグ・サミットで改めてESDの必要性が説かれた。2005年から2014年までを「国連ESDの10年（以下，「10年」）」とすることが同年の国連総会で採択された。「10年」の始まりとともにESDの枠組みが公表された。国際実施計画（IIS）と呼ばれ，それをもとに各国がそれぞれの状況に合わせて国内実施計画を作成した。

「10年」は2015年以降GAP（Global Action Programme on ESD）という５年間（2015-2019年）のプログラムに引き継がれた。ESDは2030年までの開発目標であるSDGs（Sustainable Development Goals：持続可能な開発目標）の目標4.7に盛り込まれ，SDGs達成に貢献する教育として位置づけられている。

GAPでは「10年」の課題をもとに，ESDの学びを行動に移していくことが目指され，その戦略的枠組みが示された。GAPに基づく行動が次の５つの優先行動分野と目標に焦点化された。優先行動分野は，ESDの政策的支援，学習／研修環境の変容（機関包括型アプローチ），教育者及び研修者の能力向上，若者の動員と元気づけ，地域での持続可能な解決策の促進の５つである。これらが単独でなされるのではなく，包括的に取り組まれ相乗効果をもたらすことが期待された。

ユネスコは今後の展開として，GAPの終了以降のESDを推進する枠組みの名称を「ESDに関するグローバル・アクション・プログラム2030：SDGsの達成に向けて（GAP2030）」とする案を示した。

変容をもたらすESD

「10年」の最初に示された国際実施計画で，持続可能性の中核を占めるのは教育であると，ESDの重要性が確認されながら，「10年」のビジョンや目標が示された。そのビジョンとは「すべての人びとが教育を受け，持続可能な未来や社会変容に求められる価値観や行動，ライフスタイルを学べる機会のある世界」であり，「教育と学習のあらゆる側面に持続可能な開発の原則と価値観，実践を統合させること」に目標が置かれた。またその対象者はすべての人であり，「ESDは生涯学習の視点をもち，フォーマル・ノンフォーマル・インフォーマルといった，幼児から大人までの考えられるすべての学びの場に関わる」ことが説かれた。すなわち，ESDは乳幼児保育／教育から高等教育，また社会教育に至るすべての学びの場に関わる活動である。

この教育活動の目的は，まだ基礎教育にアクセスできない人が教育の機会を得られるようにすること，持続可能な社会形成に向けて現行の教育プログラムを改めて方向づけ直すこと，ESDの理解と認識を高めるようにすること，そのためのトレーニングの場をつくっていくことであった。

ESDは表１にある特徴を持つと国際実施計画に記された。

表１　ESDの７つの特徴

項目	内容
学際的・ホリスティック	分断された教科としてではなく，全教育課程の中に埋め込まれた持続可能な開発のための学びである。
価値志向性	前提となっている規範，つまり，共有されている価値観や持続可能な開発を支えている原則が調査，議論，検証，応用されるように，それらが明示されることが不可欠である。
批判的思考と問題解決	持続可能な開発自体が持っているジレンマや課題に取り組む時の確信へと導く。
多様な方法	言葉，アート，演劇，ディベート，経験など異なる教授法によって，プロセスがつくられる。単に知識を伝えることに連動される教授（ティーチング）は，教師と学習者が知識を獲得するために協働するアプローチにつくり直されるべきであり，教育機関の環境を形成する際に役立てるべきである。
参加型意思決定	学習者が，これからどのように学んでいくのかという意思決定に参加する。
適用可能性	日常の私生活と職業が統合される学びの経験が求められる。
地域の関連性	学習者が共通言語を用いて，グローバルな諸問題と同じように地域的な問題にも取り組む。持続可能な開発の概念が他の言語にも慎重に表されなければならない。言語や文化はそれぞれ異なっており，個々の言語には，新しい概念を創造的に表現する方法がある。

（出典）UNESCO（2006：17）をもとに翻訳・作成。

「10年」の目標にならい，教育と学習のあらゆる側面に持続可能な開発の原則と価値観，実践を統合するため，カリキュラムの中に持続可能な開発のための学びを埋め込むこと（「学際的ホリスティック」），また「10年」のビジョンにあるように，持続可能な社会に向けて私たちが当たり前と思っている考え方や認識を問い直すこと（「価値志向性」），問題解決に向けて状況を多角的に捉え，何が問題であるのかを批判的に問い直していくこと（「批判的思考と問題解決」），一方向的な知識伝達型の教授法だけではなく，様々なアプローチを使って，理解を深めたり問題解決に向けて協働したりすること（「多様な方法」），学習者が意思決定のプロセスに参加すること（「参加型意思決定」），学びの経験と日常生活をつなげること（「適用可能性」），グローバルな諸問題を自分事として考えられるように地域課題と関連させること（「地域の関連性」），の７つである。

ESDを通して，持続不可能性を高めてきたこれまでの開発のあり方，及び一人ひとりのライフスタイル，さらにはこれらに貢献してきた教育自体も改められなければならないことが「10年」で説かれてきた。教育自体を問い直しながら，一人ひとりが持続可能な社会及び開発のあり方を考え，行動し，持続可能な暮らしをしていくことが目指されたのである。こうした社会変容に向けて一人ひとりの考え方やものの見方，習慣，生活自体を変えていくことを目指すESDは変容をもたらす教育ともいわれる。

ESDの実践

ESDに取り組む推進拠点とされるのが，ユネスコスクールである。1953年，ユネスコ憲章の理念を具現化するために国際理解教育の実験の場となって，その研究開発及び発展を目指す共同体としてASPnet（Associated Schools Project Network）が発足した。ASPnetへの加盟が承認された学校を日本ではユネスコスクールと呼んでいる。2018年現在，世界182か国で11,500校以上，国内では1,149校がASPnetに加盟して活動している。

「10年」で，またポスト「10年」でESDの内容の幅は広がった。環境保全や生物多様性の保護，人権保障，平和，福祉，地域文化の継承など多岐にわたる。それらは学校内での各教科や総合的な学習の時間などでの授業の場，学校行事やクラブ活動などでの授業外の場，学校外での地域行事やノンフォーマルな学びの場でも取り組まれている。

ESDは単独の教科として独立させるのではなく，各教科や行事などあらゆる時間でな

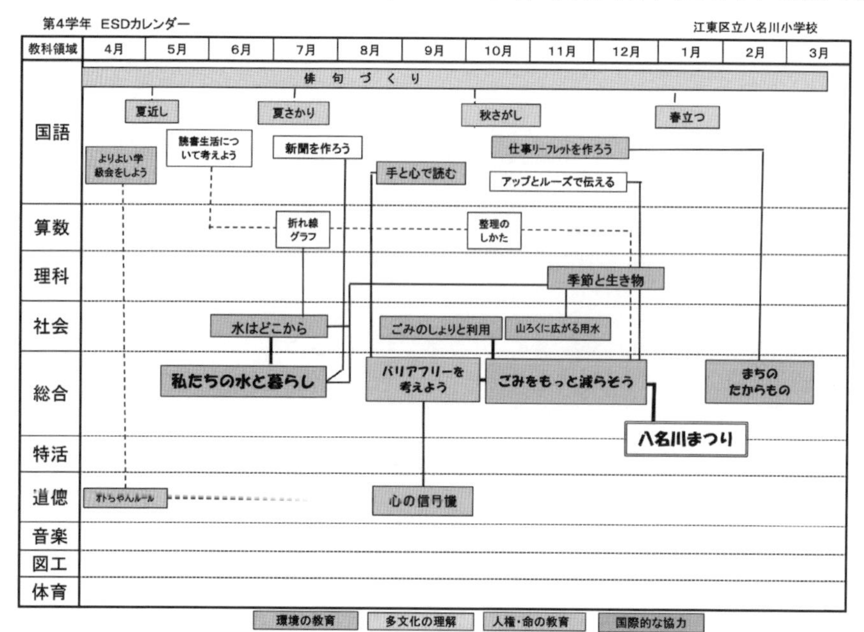

図1　ESDカレンダー（出典）日本ユネスコ国内委員会（2013：23）

されることが推奨されている。それぞれの時間での学びの関連性を可視化したのがESDカレンダー（図1）である。

各教科間の関係性をもとに学び学習指導要領の内容に「持続可能な社会」に関連する文言が記載されていることもあり，学校現場での実践も増えつつある。ESDは単独の教科として独立させるのではなく，各教科や活動の連続性をつくり，学校生活のあらゆる場面において持続可能性を体現できるようにしていくことが目指されている。ESDが持続可能な開発を説いたり教えたりする以上の教育であり，それを実践する教育であることを再認識していくことが求められている。

社会変容に向けたホールインスティテューション・アプローチ

ESDの実践が積み重ねられる中，これからの課題とされるのが，変容である。学校内外の学びの場で社会問題や環境問題などを通して持続可能性を考える時間がつくられている。そうした学びの経験を自らの生活につなげていくことが一人ひとりの，また各コミュニティそれぞれのチャレンジである。

差別や偏見，ごみ問題や環境破壊について学ぶ一方で，身近な場でそれらに加担する言動をしていないだろうか。学びと日常との間にある溝を埋めていくことが必要である。

ESDを進めるアプローチとして「10年」及びGAPでも重要視されたのはホールインスティテューション・アプローチである。施設の持続可能な管理・運営だけでなく，組織全体の統治（ガバナンス）構造や校風（エートス）の変容に関わり，組織・機関全体でESDに取り組むこと，フォーマルな場での学びをインフォーマルな場での言動にも反映することの必要性が積極的に説かれた。

変容をもたらすESDの実践は世界でも展開されている。ESDの優良実践として評価されるユネスコ／日本ESD賞受賞団体の諸活動でも，ホールスクールやホールコミュニティでの取り組みが目立つ。7つの特徴に見られるように多様な手法を用いた学びや，持続可能な開発に原則と実践の統合的な学び，地球規模かつ地域課題への取り組みがある。また，それぞれが持続不可能な状況にいながら，刷新的なアイデアを持って社会変容のプロセスを歩んでいる。同時に関係者一人ひとりが自己変容の物語を持ち，当事者意識を持っていることが重要である。

持続不可能性を高めた社会形成に寄与してきた私たちの習慣を改め，持続可能な社会形成につながる習慣へと変えていくことが求められる。教育改革の最中にある学校自体も今，いじめや体罰，教師のワークライフバランスなどの諸課題に直面している。こうした持続不可能性をいかに持続可能にしていけるのかを，教員研修や教員養成課程などの教師教育の場で検討することが急務である。「ほんとうに価値ある姿」とはどのような学校であるのかを学校関係者一人ひとりが包括的に考え，具体的に実践していくことが求められている。ホールスクール・アプローチを通して学校が地域のハブとして持続可能性を体現できる場となっていくことが期されていよう。

（曽我幸代）

⇨ 2 SDGs（持続可能な開発目標），4 国際的な取り組み，83 SDGs 4.7

〔参考文献〕

菊地栄治（2006）「持続可能な教育社会へ：新自由主義の教育改革とどう向き合うのか」日本ホリスティック教育協会『持続可能な教育社会をつくる』せせらぎ出版，190-209.

日本ユネスコ国内委員会，http://www.unesco-school.mext.go.jp/?action=common_download_main&upload_id=5831

UNESCO（2005）*UNDESD International Implementation Scheme*, Paris : UNESCO.

UNESCO（2006）*Framework for the UNDESD IIS*, Paris : UNESCO.

UNESCO（2014）*Roadmap for Implementing the Global Action Programme on Education for Sustainable Development*, Paris : UNESCO

6　国連とユネスコ　United Nations and UNESCO

国連と持続可能な開発

国際連合は1945年10月24日に設立された。2018年３月現在，加盟国は193か国で本部はニューヨークに置かれている。「国際連合憲章」によって総会，安全保障理事会，経済社会理事会，信託統治理事会，国際司法裁判所，事務局の６つの主要機関が定められている。

国連は「持続可能な開発」の主導的役割を果たしてきた。環境問題が国際的な議題として扱われたのは，1972年６月にスウェーデン・ストックホルムで開催された国連人間環境会議（ストックホルム会議）が初めてである。同会議の勧告を受けて国連環境計画（UNEP）が設置された。UNEPは環境保全に指導的な役割を果たし，パートナーシップを奨励した。1975年にはベオグラードで国際環境教育ワークショップ（ベオグラード会議）を主催し，1980年には国際自然保護連合（IUCN），世界自然保護基金（WWF）とともに『世界保全戦略』の中で「持続可能な開発」という新しい概念を提起した。

国連人間環境会議から10年後の1982年には国連環境計画管理理事会特別会合（ナイロビ会議）が開催された。この会議の中で日本政府は「持続可能な開発」に向けた特別委員会の設置を提案し，これを受けて総会が「環境と開発に関する世界委員会（ブルントラント委員会）」を設置した。1987年に同委員会が公表した報告書『我ら共通の未来』は，「持続可能な開発」を「将来の世代のニーズを満たす能力を損なうことなく，今日の世代のニーズを満たすような開発」と定義した。

1992年６月にリオ・デ・ジャネイロで開催された国連環境開発会議（地球サミット）では，「アジェンダ21」の36章「教育，意識啓発，訓練の推進」の中で「持続可能な開発」に向けた教育全体の再方向づけが示された。地球サミットから10年後の2002年には南アフリカ・ヨハネスブルグで「持続可能な開発に関する世界首脳会議（ヨハネスブルグ・サミット）」が開催された。同年第57回総会で日本政府と日本のNGOによる共同提案に基づいて「国連持続可能な開発のための教育の10年（DESD）」が決議され，ユネスコを主導機関として各国の取り組みが始まった。さらに10年後の2012年６月には「国連持続可能な開発会議（リオ＋20）」が再びリオ・デ・ジャネイロで開催された。同会議では「ミレニアム開発目標（MDGs）」に代わる2015年以降の開発アジェンダが議論され，これ以降も「持続可能な開発目標（SDGs）」の策定に向けたオープン・ワーキング・グループの検討が続けられ，市民社会組織も参加した。

ユネスコと生涯教育

ユネスコ（国連教育科学文化機関）は国連の経済社会理事会に置かれた専門機関である。「ユネスコ憲章」に基づき1946年11月４日に設立された。教育，科学，文化の協力と交流を通じて国際平和と人類の共通の福祉の促進を目的とする機関である。本部をパリに置き，ユネスコ加盟国を中心に世界各国に国内委員会が設置されている。

ユネスコが主導した生涯教育論や国際成人教育会議（CONFINTEA）の成果は各国の教育改革に影響を与え，国連とともに「持続可能な開発のための教育（ESD）」のグローバル展開を支えてきた。1965年12月にパリで開催された第３回成人教育委員会にて当時ユネスコの成人教育部長だったポール・ラングランが「生涯教育について」と題するワーキング・ペーパーを紹介し，幼児期から老齢期に至る生涯にわたる各段階の教育を関連づける時間的次元と家庭・学校・社会を有機的に結びつける教育の空間的次元の「統合」を含意とする生涯教育の概念を提起した。

国際成人教育会議（CONFINTEA）は，1949年に第１回会議（デンマーク・エルシノア）が開催され，以来ほぼ12年ごとに開催されている。1985年の第４回会議（フランス・パリ）では「学習権宣言」が採択され，学習が権利であることが宣言された。1997年の第５回会議（ドイツ・ハンブルグ）では「成人学習に関するハンブルグ宣言」が採択され，学習権が基本的人権の基盤となることが示され，その実現のための「未来へのアジェンダ（行動目標）」が作成された。2009年の第６回会議（ブラジル・ベレン）では，成人の学習権を保障する政策・実践の課題を体系的に示す「ベレン行動枠組み」が採択され，「人間・社会・経済・文化・環境の持続可能な開発―そこにはジェンダーの平等も含まれる―のための国連行動計画の達成において，成人の学習と教育の役割が鍵となる」と述べられた。

ESDからSDGsへ：持続可能な社会のために

2005年から始まったDESDの日本での取り組みは，教育振興基本計画，学習指導要領を通じた学校教育のESDを「持続発展教育」とし，その普及推進にユネスコスクールを活用した点に特色がある。国内の加盟校は2018年７月現在1149校（括弧内の数字は内訳），幼(26)・小(567)・中(288)・高(157)・中高一貫等(61)・大学(5)・高等専門学校(1)・特別支援学校(12)・その他(32）である。

DESD最終年の2014年11月には「ESDに関するユネスコ世界会議」が名古屋で開催され，DESDの後継プログラム「グローバル・アクション・プログラム(GAP)」が公表された。GAPの原則にある「ESDは，社会を持続可能な開発へと再方向付けするための変革的な教育である」「ESDは，フォーマル，ノンフォーマル，インフォーマルな教育，そして幼児から高齢者までの生涯学習を網羅している」が示すように，ESDの基本概念と生涯学習を通じて実施されることが確認された。

2015年９月に開催された第70回総会において「我々の世界を変革する：持続可能な開発のための2030年アジェンダ」が採択された。極度の貧困と飢饉の撲滅や初等教育の完全普及の達成といった主として発展途上国を対象としたMDGsと比べ，SDGsは先進国に対しても積極的な参加を呼びかけるために，エネルギー，防災・減災，持続可能な消費と生産などの新たな目標が設定され，17目標を相互に関連づけながら「持続可能な開発」に取り組む必要がある。しかしながら，温暖化対策の問題が象徴的であるように，解決にはグローバル・パートナーシップが必要であり，先進国と発展途上国の調整役としての国連の役割は大きい。

教育に関しては，SDGsの目標４に「すべての人に包摂的かつ公平で質の高い教育を提供し，生涯学習の機会を促進する」，ターゲット4.7に「2030年までに，持続可能な開発と持続可能なライフスタイル，人権，ジェンダー，平等，平和と非暴力の文化，グローバル・シティズンシップ，および文化的多様性と文化が持続可能な開発にもたらす貢献の理解などの教育を通じて，すべての学習者が持続可能な開発を推進するための知識とスキルを獲得するようにする」とある。SDGsの「誰一人取り残さない」という理念のもと，すべての人の社会参加を促進するためには学習を権利として捉え，学習機会を保障する必要がある。生涯学習の機会を促進する支援体制が国や自治体に求められている一方，ユネスコは各国の生涯学習政策の評価を行う専門機関としての役割が期待されている。

（秦　範子）

〔参考文献〕

UNESCO Institute for Lifelong Learning, http://uil.unesco.org/adult-education/global-report/third-global-report-adult-learning-and-education-grale-3

7　東日本大震災　Great East Japan Earthquake

東日本大震災とその被害状況

東日本大震災は，2011年３月11日14時46分，牡鹿半島の東南東130km付近の三陸沖を震源としたマグニチュード9.0の地震とそれに伴う津波による，観測史上国内最大規模の地震・津波災害である。地震が引き起こした津波により，広範囲で甚大な人的被害・建物被害が発生した。人的被害は，死者19,630人（関連死を除く），行方不明者2,569人，負傷者6,230人にのぼり，住家被害は，全壊121,781棟，半壊280,962棟にのぼった（2018年現在）。

防災教育の重要性の高まり

甚大な被害が広範囲であった一方，被害が少なかった地域も存在する。例えば，津波被災地となった大船渡市赤崎地区では，全世帯にヘルメットや防災ザックを配布し，公民館を中心に丁寧な防災訓練や防災意識を高めるための学習を実施してきた。その成果として住宅に大きな被害を受けたが，犠牲者は少なかったことが報告されている。ほかにも，岩手県釜石市では，三つの避難原則（想定にとらわれるな・最善を尽くせ・率先避難者たれ）をもとに，保護者や地域を巻き込みながら学校で防災教育を実施してきた。この防災教育の蓄積によって，津波襲来時に学校管理下にあった児童・生徒らは全員率先して避難し，一人の被害も出さなかった。

一方で，岩手県宮古市田老地区には「万里の長城」と呼ばれるような高さ10メートル，総延長2433メートルの巨大防潮堤があったが，これを越す津波が襲来し，宮古市で最多の181人が犠牲となった。こうした大きな被害の一因には，「大きい防潮堤を越す津波は来ないだろう」という巨大防潮堤への過信があったといわれている。また，宮城県石巻市釜谷地区の大川小学校では，北上川を遡上してきた津波に襲われ，児童・教職員のほとんどが被害にあった。その一因として，市の津波ハザードマップでは学校が浸水予想区域外であり，津波に対する危機意識を欠いていたことが挙げられている。こうした東日本大震災の経験から，子どもも含めた住民一人ひとりの防災意識を向上させ，被災時に行動することができる人を育てる防災教育の重要性が高まっている。

長期化する避難生活

東日本大震災による被害は，避難生活が長期化したり，劣悪な環境に置かれたりすることでも発生している。震災によって，家が全壊したり，家に居ることができなくなった被災者の多くは，仮設住宅に移り住むことになった。被害の大きい岩手県・福島県・宮城県では，仮設住宅入居者は2012年３月時点で約26万人にのぼり，７年経過した2018年３月においても約24,000人の被災者が仮設住宅での生活を続けている。特にプレハブでできた応急仮設住宅では，壁が薄く狭い部屋での生活のストレスや同じ地域からバラバラに仮設住宅に移り住んだことによる孤立によって不眠等の精神障害が起きていたり，子どもの遊び場が喪失したことで運動不足による肥満の増加が起きている。さらに，仮設住宅に住む高齢者の孤独死や50代～60代を中心とした自殺者も発生している。

ボランティアによる支援

震災発生直後から被災者・避難者への救援や復興支援に，多くの市民が災害ボランティアとして駆けつけた。福島県・宮城県・岩手県内の市町村にある災害ボランティアセンターを通じて活動したボランティアの数は，

2011年だけで95万８千人にのぼり，2018年１月までに155万を越す人がボランティアに参加している。そのほかにも個人的なつながりやNPO・NGO等を通して現地入りした災害ボランティアも大勢おり，彼ら・彼女らを加えるとより多くの人がボランティアに参加したと考えられる。被災直後は，災害救援活動に従事しているNGOを中心に被災者救援や被災地の情報把握に大きな役割を果たした。また，一般のNPO・NGO等は炊き出し，瓦礫や泥の除去，片付け，支援物資の輸送等に大きな力を発揮した。その後，仮設住宅への入居が進む中で，交流の場づくりといったコミュニティづくり支援や健康・心のケア，生業支援，復興まちづくりへの参画・協力へと多様に広がっている。

災害ボランティアへの参加を通して，被災地で様々なことを見聞きしたり，考えたりすることで，通常では得られない大きな学びが生まれる。こうした災害ボランティアの教育的側面に着目し，一般社団法人RQ災害教育センターでは「被災地で被災者，ボランティア，訪問者らが，被災地や被災者の窮状に接して抱く利他の行為や貢献の感情を，人格的成長の資源として捉え，教育体系に位置づけるための取り組み」として災害教育を提唱し，その普及・研究活動を展開している。

「創造的復興」から被災者主体の復興へ

東日本大震災からの復興において政府は，開発・成長型の「創造的復興」を復興の基本方針とした。この「創造的復興」は，復興に関する区画整理事業や防潮堤建設などの大型公共事業を進めることで，その事業を引き受ける大企業にお金がまわり，結果として日本全体の経済を成長させていく考え方を強く押し出している。一方で，本来復興の中心に位置づけるべき被災者の暮らしや被災地のコミュニティの復興といった被災者個々人の生活感覚に基づく復興の視点が欠けている。そのため，被災地では様々な問題が発生したり，

写真１　雄勝ローズファクトリーガーデン
(2013年７月筆者撮影)

被災前から抱えていた地域課題が深刻化している。

こうした政府による復興の方針に対し，被災者が主体となり，地域課題を乗り越えようする復興活動が続けられている。例えば，宮城県石巻市雄勝地区では，「雄勝ローズファクトリーガーデン」を中心とした取り組みが展開している。これは被災者の一人が，津波で亡くした母を弔うために花を植え始めたことをきっかけにした活動である。初めは花を植えるだけだった活動が，災害ボランティアに来た大学や企業らの協力を得ながら，バラやハーブを植え花畑として造園したり，スレート葺の小屋を建てたりして，コミュニティーガーデンの設立へと展開していった。また，この取り組みではガーデンの管理だけではなく，ガーデンで採れるハーブを活用した小物作りや，雄勝地区にある仮設住宅でのガーデニング教室，花壇設置支援活動，企業研修や修学旅行等のボランティアの受け入れ，防災教育も行っている。

これらの活動を通して，「雄勝ローズファクトリーガーデン」は，被災者たちが失ったものと向きあう場を提供するだけではなく，植栽や除草作業を通してボランティアと被災者達との交流の場，被災者同士の交流の拠点としての役割を果たしている。さらに，被災前からの地域課題だった地域の雇用創出や外

部との交流人口の増加を目的とし，石巻市観光協会とともにオリーブなどの試験栽培にも取り組んでいる。このように，雄勝地区に生きることを決意した者たちがつくる復興に向けた取り組みが着々と進んできている。

原発事故と避難の状況

三陸沿岸を襲った津波は，未曾有の原子力災害を引き起こした。津波の襲来によって当時運転中だった東京電力福島第一原子力発電所の１～３号機が全電源喪失の状態になり，メルトダウンが発生した。その結果，１，３，４号機で水素爆発が起こり，大気中・土壌・海洋・地下水へ大量の放射性物質が放出されることとなった。国の原子力安全・保安院は，この事故をレベル７（広範囲な影響を伴う事故）であったと国際原子力機関（IAEA）に通報している。

原子力災害対策特別措置法に基づいて，国は原発緊急事態宣言を発出するとともに，原発周辺に避難等の指示を出した。2011年４月には国が原発周辺の地域に，立ち入りを禁止する警戒区域や避難を要請する避難指示区域を設定した。その後2013年５月末までに，警戒区域を解除し，避難指示区域を，①住民が帰還できるための環境整備を目指す避難指示解除準備区域，②住民の一時帰宅や道路などの復旧のための立入りを認める居住制限区域，③引き続き避難を求める帰還困難区域に再編した。国や自治体からの要請を受けて福島県内外に避難した者は2012年５月のピーク時で16万人に達した。その後，2014年４月から避難指示区域は徐々に解除されてきているが，帰還しても地域の主産業である農林水産業の再開や生活の利便性，就労先の確保などの見通しが立たないことや長い避難生活で避難先での生活に定着したこと等を背景に，避難者の帰還は進んでいない。そのため，生活の面でも仕事の面でも様々な不安や悩みを持ったままの被災者を置き去りにし，避難指示解除だけが進んでいる状況であるといえる。

原発事故による分断と復興に向けた新たな取り組み

原発を管理する東京電力は，原発事故の被災者たちへの賠償を始めたが，その支払い状況は生活していた避難指示区域によって大きく異なっている。そのため，同じ地区内でも，政府によって引かれた避難指示区域の内外というだけで賠償金の支払い状況に大きな格差が生まれた。また，原発事故による放射線被ばくは，将来現れる可能性のある健康リスクであり，個々人によってそのリスクの受け止め方が異なる。そのため，同じ放射線量の地区であっても個々人の持つ属性やリスクの受け止め方で，とる行動が異なってくる。さらに，特に原発事故からの復興において「風評被害」の克服が取り上げられたが，それは原発事故を引き起こした本来の加害者である東京電力抜きに，共に被災者である福島の生産者と消費者との対立を生み出す構造となっている。こうした原発事故の賠償の違いや放射線リスクの受け止め方の違い，さらには津波被災者と原発被災者とに対する支援や賠償の違いによって，個人レベル，家族レベル，地域レベルで分断や対立が起きている。被災者たちはこれ以上の対立を防ぐために本当の被害を訴えることができずに，口を閉ざしてしまう傾向にある。それがさらに事故が風化する引き金になっている。

そのほかにも，原発から離れたところに避難した人たちへの「いじめ」も発生している。2017年４月，文部科学省は，福島県から避難した子どもへのいじめが，2017年３月までに199件あったとの調査結果を発表した。また，福島大学と朝日新聞社による共同調査（2017年）でも，避難先でいじめや差別を受けたり，被害を見聞きしたりしたことがあると答えた人が62％おり，そのうち，実際に「自分や家族が被害に遭った」人が18％いた。

こうした原発事故をめぐる諸課題の中で，復興に向けた新しい取り組みが生まれている。例えば，福島県南相馬市にある県立相馬農業

写真2　南相馬市に整備された植樹公園の一部
（2016年6月筆者撮影）

高校では，地域の農業・農地再生のために，地元農家や地域住民とともに菜の花を育て，放射能を含まない菜種油を使った新しい特産品作りに取り組んでいる。現在までに，「油菜ちゃん」と名付けた菜種油や，生徒たちが考案した「油菜ちゃん」を使用したドレッシングとマヨネーズを販売している。ほかにも，地域住民とともにハマナスなどの有用樹種を植樹する「南そうま福幸植樹会」を開き，植樹公園を作る取り組みもしている。植樹公園での花見会や除草などの管理をするほか，ハマナスを利用した商品開発に向けて，生徒自身で収穫・剪定をし，放射性モニタリング検査を実施し，試作品作りに取り組んでいる。

また，福島県鮫川村の自然学校「あぶくまエヌエスネット」は，全国に広がる自然学校ネットワークの協力を得ながら，被災直後から「ふくしまキッズ」の取り組みを開始した。これは，原発事故により外で自由に遊ぶことができなくなった子どもたちを放射線量の低い場所に連れて行き，そこでの自然体験学習や，受け入れ先でのボランティア活動や祭りへの参加を通して，福島の子どもたちの学びと育ちを支援する活動である。これまでに北海道東川町や下川町，岐阜県飛騨高山など様々な地域で福島の子どもたちを受け入れ，福島の子どもたちを共に育てていく関係性づくりが進んでいる。

東日本大震災と向きあう「持続可能な社会をつくる教育」のあり方

このように東日本大震災は，地震，津波による直接的な被害，復興過程における被害，福島第一原発事故による放射能の被害を引き起こした。震災から時間が経っても，被害は収まるばかりか複雑化してきている。こうした課題を乗り越えていくためには，固有性を持つ被災者個々人の視点から災害を捉えていく必要がある。津波によって失ったもの，復興事業の過程で失ったもの，原発事故によって失ったもの，様々なものを失ったことによる悲しさや苦しさを抱えながら，被災者たちは生活の復興とともに，生活の場である地域の復興のために試行錯誤し，様々な活動に取り組んでいる。もちろん，その悲しさや苦しさ，東日本大震災の受け止め方でそういった復興に向けた活動に取り組むことができない者も大勢いることを忘れてはならない。いま，東日本大震災後の「持続可能な社会をつくる教育」に求められていることは，そういった被災者の悲しみや苦しみを分かちあい，東日本大震災と向きあい続けていくことであろう。

（石山雄貴）

〔参考文献〕

片田敏孝（2012）『人が死なない防災』集英社．
広瀬敏通ら（2013）「自然体験学習から災害教育へ―阪神・淡路大震災から東日本大震災までの自然学校指導者の災害への取り組み―」『環境教育』22（2），74-81.
野元弘幸（2013）「東日本大震災と社会教育研究の課題―岩手県大船渡市の復旧・復興支援活動を通じての考察―」『人文学報』471，65-85.
朝日新聞「避難先でいじめ，6割あった」東京本社版2017年2月26日朝刊．
内閣府（2018）「平成30年度版防災白書」日経印刷．
文部科学省初等中等教育局児童生徒課生徒指導室，http://www.mext.go.jp/b_menu/houdou/29/04/__icsFiles/afieldfile/2017/04/11/1384371_2_2.pdf

8 災害とレジリエンス Disaster and Resilience

日本は「自然災害列島」

日本列島は，ユーラシア大陸と太平洋の境界で4つのプレートが会合するというきわめて不安定な位置に形成されてきた。そのため火山活動が活発で，歴史的にも火山噴火，地震や津波が頻発してきた。また気候的にみると南北に長く，亜寒帯から亜熱帯までの様々な気候区分に属し，大陸からと太平洋からの気団，そして季節風の影響を強く受けている。太平洋上で発生する台風が日本付近に進路をとることも多く，長期間の降雨，短時間集中豪雨や強風により洪水，土砂災害，高潮による浸水などが発生する。

これらの自然現象が人間の社会的活動，あるいは人身そのものにも被害をもたらした場合を自然災害と呼ぶ。

集合的な「厄災」

産業化，都市化は地球環境の悪化要因であり，中でも温室効果ガスの増加は気候変動の要因でもあるため，先述の自然災害とも大いに関係する。また「公害」と呼ばれる工場や鉱山からの環境汚染，大気汚染や水質汚濁，地盤沈下などは人為的な災害である。さらに大量輸送交通機関，原子力関連施設，建物や橋梁，地下構造物などの大規模な事故，感染症の蔓延，無差別なテロ行為，人種や民族への迫害，そして戦争も人為的な災害と見ることができる。また関連して，金融システムの破綻，経済不況による大量失業なども，社会全体が被る集合的な厄災として，災害の延長上にあると考えてよいだろう。

災害からのレジリエンス

レジリエンス（Resilience：英）とは弾力や弾性，あるいは回復する力，立ち直る力を意味する。浜辺に生えたヤシの木が根をしっかりと張って，海からの強風を受けてもしなやかに受け流し，折れたり倒れたりしないという状態をイメージするとよいだろう。一時的な攪乱や強いストレスを経験し，マイナスの状態から回復するという行為や過程もさることながら，平時から「根をしっかりと張って」という要素も重要である。

そしてこのレジリエンスという言葉や概念は以前から心理学，精神医学，生態学，社会学など様々な分野で使われ，人間社会においては個人や家族，コミュニティ，地域，都市，国から地球全体，企業などの組織やシステムまで，あらゆる対象について論じられている。災害や防災の分野では近年になってレジリエンスの概念が使われるようになった。

災害からのレジリエンスとは，被災体験による損失，喪失や強いストレスを経験し，そこから回復し立ち直ることである。被災者個人においては心理的，身体的，物理的，経済的などのあらゆる損失，喪失の体験，状況から回復することであり，一方で地域社会やコミュニティ，都市や組織といった集合体においては，相互の信頼関係の確認や機能，ライフラインや道路・交通等の都市基盤，システムの再構築，回復が求められることとなる。

「発災」から「復興」へ

阪神淡路大震災以降，自然災害や人為災害に対応した官民による災害救援活動が展開されるようになっている。しかし，発災直後の，外からの救済が未だ始まらない「応急対応期」には，住民は自ら安全な場所に避難を行うなどして，まずは生き延びることが必要である。続いて自衛隊，警察，消防等による救命，捜索活動が始まり，また一方で住民への避難所の開設，運営が行われる。

続く「復旧期」には二次災害の発生にも注意しながら災害ボランティア活動をはじめ外部からの様々な支援が開始され，また自治体による被災家屋の調査，被災者への応急仮設住宅や一時提供住宅の準備や経済的支援，ライフラインや道路，交通機関，公共施設等の復旧，学校の再開が行われる。

こうして当面の状況が落ち着いたところから長期的な「復興期」に入り，安全な地域基盤への整備・対策，産業・経済・文化の復興が目指されることとなる。発災から復興に至るそれぞれのフェーズにおいて「自助（自分自身の命は自分で守る）」，「共助（住民同士で力を合わせ助けあう）」，「公助（国や自治体など公的機関による援助）」の三つがすべて大切である。なお「共助」は近隣住民同士に加えて，他地域，他県や他国からの災害ボランティアの手を借りることも含まれる。こうした外からの援助に上手に頼ることのできる「受援力」も大切である。

防災・減災とレジリエンス

自然災害は予期せず発生し，発生そのものを防ぐことはできない。かつての「防災」では災害に伴う被害を出さないことを目指していたが，災害は起こるものと想定し，事前対策をとって被害をできるだけ最小限に食い止めようとするのが「減災」活動で，災害情報の共有，避難方法やタイミングの周知，災害時対応物資の備蓄などが挙げられる。

先述のヤシの木のたとえでは「根をしっかりと張って」と述べた。これは強風で折れた木を新たに植え直すという「行為」よりも，強風に吹かれ続けても根をしっかり張って耐えしのげる「状態」が，そもそも大切であるということである。根は多方向に，かつ深く張っていると，もし一本が切れたとしてもほかの根で支えられ，倒れることはない。

近年の災害を見るにつけ，私たちの暮らしが，実は脆弱な基盤やシステムの上に成り立っているということに気づかされる。災害時に都市部では水道や電気，都市ガスなどのライフラインがストップすると，たちまち自宅での生活が困難になる。またスーパーやコンビニエンスストアが営業できず，飲料水や食料の入手も困難になり，また2018年北海道胆振東部地震では道内全体が長期の停電に陥り，ATMやクレジットカードも使用できず，手元に現金がない人は買い物そのものができない状況も発生した。

一方で，これまでの災害においても農村部は強みを発揮している。湧き水や井戸が使え，薪や炭が使えるかまどもあり，家屋に被害があっても家財をビニールハウス内に移すなどして一時的に自主避難生活を始める方もあった。米の備蓄や畑での野菜に加え，里山では筍や山菜も採れ，近隣で助けあうなどして食料も調達が可能であった。これこそが「レジリエントな地域社会」の姿ではないだろうか。都市基盤やシステムに依存して生きている人たちも，改めて日常から自らの生命や生活を支えてくれているもの，とりわけ生命維持に不可欠な水，食料，エネルギーがどこから供給されているか，途絶えたときの代替策はあるかについて知っておくべきである。

目指すべき「復興」とはいったい何か

さて，レジリエンスを論じるのに，回復や立ち直る，復興などの表現を使ってきたが，実際には災害前の状態そのままに戻すこと，戻ることはできない。発生前の状態に戻ることが目標でよいのだろうか。森や湿地などの生態系のレジリエンスであればもとの状態や，均衡状態に戻るといったことを目指すことができる。しかし人間の社会においては，失われたかけがえのない生命や物品，建築，そして記憶は還ってこない。もとの状態への復元や回復が最終的な目標であるとはかぎらないとすると，どのような状態となることを目指すのか。住民同士での議論や話し合いを通じた意志決定，学習と変革が求められる。

（西村仁志）

9　戦争と環境　War and Environment

戦争は最大の環境破壊

公害研究の第一人者である宇井純は，「戦争は最大の公害」と述べた。戦争において環境破壊は究極の形をとって現れる。一瞬にして人命が奪われるだけでなく，放射性物質，化学物質，重金属などは飛散し，歴史的遺産は破壊され，地域の生態系も破壊される。

一方で，深刻な環境破壊は戦時だけではなく平時にも生じている。軍用機は短時間で大量のエネルギーを消費し二酸化炭素を排出するだけでなく，激しい騒音をまき散らす。兵器の生産，保守管理，貯蔵，廃棄のいずれの過程でも，人間の健康と環境の質をむしばむ膨大な量の有害廃棄物を生む。また，沖縄県の辺野古新基地建設に見られるように，貴重な自然を破壊する。戦争と環境の問題を考える際には，どうしても戦時だけではなく平時の問題も一連の問題として捉える必要がある。

戦争では，通常兵器のほかに核兵器，生物兵器，化学兵器（ABC兵器や大量破壊兵器と呼ばれる）も使用される可能性がある。いずれの兵器も深刻な被害を人間や環境に及ぼすが，ここでは人類や地球環境にとって最大の懸念材料である核兵器に焦点を絞る。

核兵器による戦争被害

1945年８月６日にはウラン原爆が広島に，同年８月９日にはプルトニウム原爆が長崎に投下された。原爆の威力はすさまじく，熱線や爆風，そして放射線による急性障害などで，1945年末までに広島では約14万人が，長崎では約９万人が死亡したと推計されている。

生き残った被爆者もその後の人生を大きく狂わされた。ケロイド症状を負った被爆者は，人目を気にしながら生きなくてはならなくなったし，消えない痛みと付きあい続けなくてはならなかった。発症するかどうかわからない放射線の影響に怯えなくてはならず，被爆者ということで結婚を拒否されることもあった。また，原爆投下直後に亡くなった人々を助けられなかったことや自分だけが生き残ってしまったことへの自責の念に悩まされる人々もいた。これらは原爆が投下されなければ，人々が負う必要のなかった痛みである。

平時における核兵器の問題

戦時以外で日本人が核兵器による被害を最も受けたのは，1954年に生じた第五福竜丸事件だろう。米軍がビキニ環礁で実施した水爆実験によって発生した放射性下降物（死の灰）を浴びた第五福竜丸の船員23人が全員被爆し，無線長は半年後に死亡した。

核実験に伴う死の灰による健康被害や環境破壊への国際的な批判などから，1963年には部分的核実験禁止条約が発効したが，地下での核実験は除外されていた。このため，1996年に包括的核実験禁止条約が国連総会で採択されたが，核保有国を含む発効要件国の批准が完了していないため未発効になっている。

核実験以外にも，ウラン鉱山での採掘，核兵器の製造，放射性廃棄物の処分でも，環境汚染とともに深刻な人権侵害が起こってきた。米国は原爆投下によって甚大な戦争被害をもたらすとともに，大規模な核兵器開発によって，自国の市民に様々な被害を与えてきた。しかも核兵器関係の情報は，戦後も長らく，国家安全保障を理由に秘密扱いを解かれず公開されてこなかった。ごく普通の市民が地域内の異常を知り，調べてみると自宅の真ん中に大量の放射性廃棄物が投棄されていたことがわかったという例さえある。そのような場合でさえ，政府当局は周辺住民にその存在すらまったく知らせず，健康被害はまったくないとはねつけた。

核兵器の情報は政府当局によって独占され，平時においては国家安全保障で守られるはずの自国市民（特に社会的立場の弱い人々）の基本的人権を侵害し，安全を脅かしている。

軍事経済の恒常化

第一次世界大戦は，軍事と経済の間の関係を大きく変えた。戦争当事国の指導部の予想に反して，第一次世界大戦は４年間を超える長期戦になった。軍需品全体の生産そのものの準備不足から，交戦各国は急いで民間工業の動員に着手し，軍需品の生産に役立つ企業を戦時生産の中に引き込みはじめた。戦争の長期化に伴って，軍需品生産の部門はますます拡大し，国家総動員の名のもとに国内生産の大部分を飲み込んでいった。第一次世界大戦終結後，各国は戦争が生じた際にはすぐに軍需品の生産ができるような経済のあり方を目指すようになった。平時においても軍事を優先する経済のあり方を軍事経済といい，両大戦後はこれが一般的となった。原子力発電も核兵器や戦争と密接に関係している。

第一次世界大戦後に顕著となったもう一つの傾向は，軍事技術だけが，政府や軍の保護，奨励，過大な援助のもとに，次々と新しい成果をあげるようになっていったことである。その最たるものが，原爆を生み出したマンハッタン計画である。マンハッタン計画に取り組んでいた人間の数はピーク時で12万人に達し，費用は20億ドルを上回った。マンハッタン計画のような不確実性の高いプロジェクトに対して法外な人員と費用を充当することは，いかなる国の政府でも平時においては不可能だっただろう。この計画に着手することがなければ，広島や長崎に原爆が投下されることがなかっただけでなく，戦後の国際関係がまるで別物になっていたはずである。

抑止論からの脱却

米国・ソ連の冷戦時代，核兵器開発競争が激化し，核兵器を中心とした軍拡が進み，1980年代には両国で７万発以上の核弾頭を保有するまでになった。核戦争の脅威が最も高まった時期である。

冷戦の終結とともに核軍縮への取り組みが始まり，2017年には約１万4900発まで世界に存在する核弾頭数は減った。しかし未だ世界を何回も滅ぼすことができるほどの核兵器が存在している。一方で，インド，パキスタン，イスラエル，北朝鮮への核拡散や核テロリズムの脅威が新たな問題となっている。

持続可能な社会を実現するために必要とされているのは，核兵器の保有の，そしてときに軍拡の正当化に使われる（核）抑止論から脱却する道を見つけることである。

2017年７月，国連総会において核兵器を全面的に禁止する核兵器禁止条約が採択された。全核保有国や日本が不参加であるものの，人道的アプローチを全面的に採用し，国家安全保障ではなく人間の安全保障という観点から条約がつくられているという意義がある。また，被爆者や市民団体が非核保有国政府と協力して条約をつくりあげたという点も大きな特徴である。

戦争や軍事に関しては，情報を独占している政府や軍によって不都合な事実を隠蔽しようとする力学が働く。しかし戦争が人類や地球環境の持続可能性を危うくするものであるのならば，その被害実態を正しく教え，軍事経済や抑止論からの脱却を目指す新たな道を考えさせることは教育の重要な役割である。

（林　公則）

⇨ 28 原子力発電

〔参考文献〕

春名幹男（1985）『ヒバクシャ・イン・USA』岩波書店.
林公則（2011）『軍事環境問題の政治経済学』日本経済評論社.
鈴木達治郎（2017）『核兵器と原発』講談社.

10　自由貿易協定と地域連携　Free Trade Agreement and Regional Trade Partnership

SDGsにおける「貿易」の扱い

2015年９月の国連サミットで採択されたSDGs（持続可能な開発目標）の中で貿易に関して，「差別的でない，公平な多角的貿易体制を促進（17.10）」「世界の輸出に占める後発開発途上国のシェアを倍増（17.11）」「後発開発途上国に対し，永続的な無税・無枠の市場アクセスを適時実施（17.12）」の３点の原則が示されている。つまり貿易を多角的により一層推し進めることを前提にしつつも，開発途上国の貿易シェアを拡大することや，開発途上国の輸出に対して関税や品目の規制などの障壁を取り除くことを求めている。

貿易が地域経済にもたらす影響

「個人が自由な市場において，個々の利益を最大化するように利己的に経済活動を行えば，まるで見えざる手がバランスを取るかのように，最終的には全体として最適な資源の配分が達成される」というA.スミスによって示された考え方，つまり市場は自由化されるべきとの原則により，1945年以降の世界の貿易は展開されてきた。だがその結果として起きたことは，順調に経済発展を遂げた国は一定の豊かさを持続できる一方，開発途上国の多くは何十年たっても先進国に追いつけないどころか，その格差はますます拡大していくという現実だった。図１は，2015年に世界環境教育会議が開催されたアフリカのモロッコの国民一人当たり名目GDPを日本と比較したものである。低成長時代といわれる日本だが，過去30年間の両国間の経済格差は明白である。

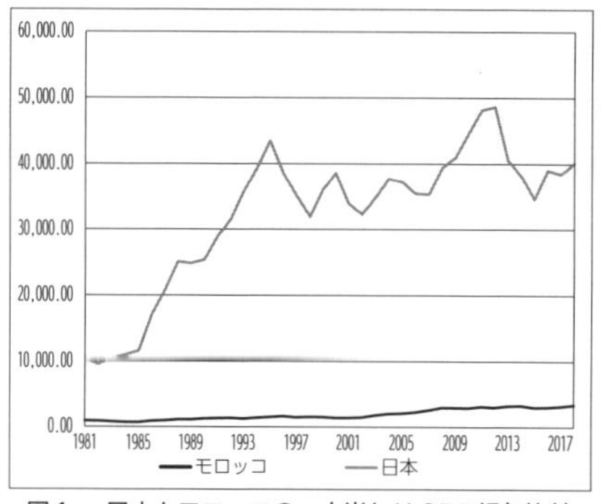

図１　日本とモロッコの一人当たりGDP経年比較
（世界の経済統計情報サイト http://ecodb.net/ をもとに筆者作成。単位はUSドル。）

貿易のルールはどのように決定されるのか

SDGsは，その前文の冒頭で，「我々は，世界を持続的かつ強靱（レジリエント）な道筋に移行させるために緊急に必要な，大胆かつ変革的な手段をとることを決意している。我々はこの共同の旅路に乗り出すにあたり，誰一人取り残さないことを誓う」(外務省仮訳)と明言している。そうであるならば，私たちは図１のような状態を放置しておくわけにはいかない。貿易のルール作りは，WTO(世界貿易機関：World Trade Organization)が協定の実施・運用を行うと同時に新たな貿易課題への取り組みを行っている。WTOには164か国が加盟しており，スイスに本部がある。最高決定機関は加盟各国政府の代表（閣僚）で構成される閣僚会議であり，実施的には各国の政府職員（あるいは閣僚自身）によって交渉が進められる。ここでの議論のほか，二国間でかわされる自由貿易協定（FTA）や経済連携協定（EPA），ある地域の複数の国家間で交わされる地域貿易連携協定（例：環太平洋パートナーシップ＝TPP）などがある。こうした様々なチャンネルを使って貿易のルール作りが行われているのだが，こうした場には，事務局であるWTO関係者と交渉の直接当事者である各国政府代表のほかに主に三つの立場の人々が参加している。第一は，国内の企業の連合体である経済団体，業界団体など各団体の利益を反映させるような要求を行っている人々である。第二と第三は多国籍企業とNGO（非政府組織）である。どちらも各国政府を通してではなく，直接，国際貿易交渉の場に代表団を送り込み，その主張や要求を貿易ルールに反映させようとする。多国籍企業は，NGOからその利益至上主義的な行動を批判されており，その行動への規制が貿易ルール化されることを阻止しようとロビイングや展示ブースの出店，チラシの配布などの様々な方策で自分たちの主張をアピールする。NGOは，企業利益ではなく生態学的持続性や社会的公正を要求する立場から交渉の当事者である各国政府代表に働きかけを行う（ある国のNGOがその国の政府代表にだけ働きかけるわけではない。NGOは必要だと考えればどの国の政府に対しても働きかけを行う）。

日本をめぐる今日的課題

日本の貿易の歴史の大筋は，戦後から今日までの貿易をめぐる課題を大きな流れとして捉えるなら，第一段階（1945年以降）では「敗戦の打撃によって，自立のための条件を欠くに至り，米国の援助によって辛うじて支えられる状態」（1949年通商白書）からの脱却であり，第二段階（高度経済成長期の1960年代以降）は，①労働力不足，②賃金・コストの上昇と物価の動向，③資源の確保，④公害対策・社会資本の拡大などの社会的コストの上昇とともに，世界の平和と繁栄のための国際的援助協力事業の拡充であり，低成長期に入った第三段階（1990代以降）では，米国，欧州との関係強化とともに1997年アジア通貨・経済危機を教訓として経済への国際協調介入を含む経済のグローバル化への対応であった。近年では，経済成長著しい新興国（中国，ロシア，インド，ASEAN・大洋州，アフリカ）との経済連携をどう深めるかが課題となっている。例えば図１で取り上げたモロッコを含むアフリカの国の多くは，石油・天然ガス・鉱物資源が豊富である一方，近年の国際資源価格の下落によりこれらの地域の財政が悪化する懸念があることから，各国に対し日本政府は資源依存からの脱却を促している。2018年には日本とアフリカの企業が，エネルギーや貿易・投資，人材育成，インフラ整備，ファイナンス等の観点について議論を行い，実際のビジネスにつなげていくことを目的とした「日アフリカ官民経済フォーラム」が南アフリカで開催されている。

なお地域連携といった場合の「地域」は，かつてはアジアとか太平洋といった地理的に近いエリアにある国同士のまとまりを示したが，今日では「日－アフリカ」や「日-EU」のように地理的に離れた国々の間でも経済連携協定が成立している。

私たちにできること

こうした現状の中で，私たちに何ができるだろうか。資源や製品・サービスは，本来，私有財産だけでなく，国家や政府による規制・コントロールの対象となる公共の財産である。同時に，私たちが自発的に共同管理や相互扶助など自主的ルールによって管理することができる共有財産（コモンズ）でもある。規制緩和を徹底して個々が勝手に自己利益を追求すれば結果的に社会全体の利益が最大化されるという市場原理のみで解決できる対象はほとんどない。一方，すべてを政府の管理に任せてもうまくいかないことは過去の社会主義体制国家の失敗を見れば明らかである。暮らしに必要な資源や製品・サービスをどうしたら自主的なルールのもとに管理できるか，私たちにできるのは，そのことを学び，考え，共に行動することである。（降旗信一）

〔参考文献〕

経済産業省（1949）『通商白書』経済産業省.

11　企業活動と資本の原理　Corporate Operations and Principle of Capital

企業活動の光と影

企業はどのような考えに基づきながら活動しているのだろうか。それぞれの企業は，「社是(company policy)」とも呼ばれている基本理念を掲げて活動している。例えば，トヨタ自動車株式会社は，基本理念の中で「内外の法およびその精神を遵守し，オープンな企業活動を通じて，国際社会から信頼される企業市民をめざす」としている。そのトヨタ自動車を含めて日本の代表的な企業1376社などから構成されている日本経済団体連合会(経団連)は，2017年11月に「企業行動憲章」を改定し,「Society 5.0の実現を通じたSDGsの達成」を打ち出し，経団連としてSDGsの目標達成に大変意欲的な姿勢を示した。「誰一人取り残さない」ことを誓うSDGsの目標を達成する上で，企業の役割は極めて重要であると考えられている。潘基文第８代国連事務総長は,「企業は，SDGsを達成する上で，重要なパートナーである。企業は，それぞれの中核的な事業を通じ，これに貢献することができる」と述べた。

ところが，法の遵守を忘れ，企業による犯罪や不祥事が後を絶たない。顧みれば，金権政治の象徴といえるロッキード事件やリクルート事件，公共事業をめぐる談合や贈収賄事件はその代表である。ほかにも，財務状況をごまかす粉飾決算，未公開の内部情報を利用し証券取引で不正な利益を得るインサイダー取引，建物の耐震強度や食品の偽装事件，さらには無制限な長時間労働が常態となっている企業風土や残業代の未払いに加え，セクシャル・ハラスメントやパワー・ハラスメントなどを繰り返す「ブラック企業」の問題をはじめとして，枚挙に暇がない。かつて，メチル水銀を工場排水として垂れ流し水俣病を引き起こしたチッソ株式会社水俣工場などの「公害企業」が，公害裁判を通じ不法行為の責任を厳しく問われた負の歴史も想起される。

こうして見ると，企業活動には光と影があり，経営のあり方や経営者の資質によって，企業活動の態様に大きい差が生じる。そのような企業活動を理解するには，その原理にまで掘り下げる必要がある。

企業活動と資本の原理

企業活動を根本から規定するのは，資本の原理である。資本とは，一般には企業活動に必要な元手，すなわち資金を意味する。古典派経済学は，資本に加え土地と労働を生産の三要素としている。カール・マルクスは『資本論』において，G(貨幣)－W(商品)－G′(貨幣の増殖)という図式で資本を説明した。貨幣で商品を購入し，これを売却することにより利益を上げ貨幣を増殖する。

ここでいう商品とは，何も宝石や香辛料などの転売を前提にした商品に限らない。工場や機械設備，原材料などの不変資本，労働力という可変資本も，利益を上げるために投資する商品である。そのほかに，証券や債権，先物商品，さらにはM&A（企業の合併・買収）も，利益を上げるために投資対象となる商品なのである。投資した商品を用いながら，別の商品を開発・製造・販売して利益を上げようとする。そして，G－W－G′という過程を繰り返し，資本は絶えざる利益の拡大を求める。ついには，利益の拡大が自己目的となり，資本は自己増殖過程をたどる。このように飽くなき利益を追求する資本の自己増殖過程こそが，すなわち資本の原理なのである。

しかし,資本の原理のままに,企業活動に対して何らの規制がなく，むき出しの利潤追求が行えるわけではない。また同様に,何らの規則のない市場で企業が活動することは，現実的に不可能である。それ故に，企業活動や市場が機能するように，一定の規制や規則が国家や国際機関によって設定される。企業活動は，自由であるが規制される「埋め込まれた自由主義」のもとに展開されるのが実情である。

企業活動の最前線：高頻度取引

経済のグローバル化が進展している。企業は地球の隅々を新たなフロンティアとして開拓し，市場経済の中に組み込み，利益の獲得をねらう。モノが溢れる先進地域の「豊かな社会」では消費が伸び悩み，モノがなかなか売れず市場は飽和状態にある。これに対し，市場経済が未発達な開発途上国や地域は，モノが売れる可能性を秘めた新たなフロンティアとして魅力的に映る。アフリカ大陸はもちろんのこと，地上最後のフロンティアともいわれているミャンマーの奥地も開拓されつつある。

フロンティアは，何もモノの取引や貿易からなる実体経済だけではない。ICT技術を取り入れ，瞬時に国境を超えるカネや金融商品の取引によって，莫大な利益を獲得しえる新たな金融市場も開拓された。かつて，バブル期もそうであったが，証券取引場では「場立ち」と呼ばれた取引担当者が，指を素早く動かし金額を示しながら株の取引を行っていた。トレーディング・ルームで複数の画面を見比べながら，人間がコンピュータを介して取引を行う姿も一時代前の姿である。いまや，人間ではなくコンピュータが金融市場の動向を自動的に見極めるアルゴリズム取引が行われ，1000分の１秒以下という猛烈なスピードで，かつ高頻度に，株式だけでなく為替や先物商品などの売り買いから利ザヤを集める高頻度取引（HFT）が行われている。そこでは，より利益をもたらすアルゴリズムの開発が莫大な利益を約束するのである。

企業活動の最前線：SDGsと企業活動

デロイト・トーマツの試算によれば，「SDGsビジネス」として，各目標の市場規模は，70～800兆円程度となるという。特に，目標７のエネルギー関係は突出しており803兆円という巨額である。こうして見ると，経団連がSDGsに大変意欲的なのも理解できる。「SDGsビジネス」は，いわば資本主義史上最後のフロンティアとさえいえる。

SDGsの登場と時期を同じくして，企業活動による環境問題，社会問題及びガバナンスへの取り組みに関する非財務情報の公開のもとに投資先を選別するESG投資が浮上している。この流れに沿うように，NGOのGRIが「GRIスタンダード」を公開し，これが非財務情報に関する国際標準のガイドラインとなっている。簡単にいえば，ESG投資の登場によって，SDGsの目標達成に貢献していない企業は投資対象から除外される。

GRIが国連のグローバル・コンパクトと共同で作成した「SDGコンパス」が，企業におけるSDGsの取り組みを指南している。とりわけ，注目に値するのが，アウトサイド・イン・アプローチである。企業のアウトサイド＝外側に広がる地球的・社会的課題及びニーズ，したがってまたSDGsのコンセプトを企業の内側＝インに，しかも本業の中核的事業の中に組み入れた上で，その事業の展開を通じSDGsの目標達成に貢献しようとする画期的アプローチである。利益の一部を社会貢献に還元するCSR（企業の社会貢献活動）とは次元が異なる。

アウトサイド・イン・アプローチは，原材料や部品の調達から，製造，在庫管理，輸送・配送，販売，及び廃棄へ至るサプライチェーン全体をSDGsのコンセプトで捉え直すことを要請する。例えば，途上国から原材料を調達する際に，児童労働や環境破壊による資源の収奪などむき出しの利潤追求は厳しく是正が求められる。かくして，「SDGsビジネス」という最後のフロンティアのもとでは，アウトサイド・イン・アプローチを通じ，企業活動は自己規制される次第である。　（新田和宏）

12　科学・技術の功罪　Merits and Demerits of Science and Technology

科学・技術が持つ両面性

例えば，医療分野の科学・技術だけを見ても，科学・技術の「功」（メリット）は，明白である。科学・技術の人類への貢献を過度に軽視することは，公平な観点とはいえない。しかし，科学・技術は万能ではなく，様々な「罪」（デメリット）を抱えてきたことも，その歴史から明らかである。例えば，産業革命以降，生活水準は向上したが，大気汚染や酸性雨などの環境問題も深刻化していった。有機合成殺虫剤は，農薬として広く使用されたが，後に毒性が問題になったものもある。ロケット開発に国費が投じられたのは，そこに軍事的価値が見いだされたからである。第二次大戦中のナチス政権下で初めて実用化されたV2ロケット（ミサイル）は，ロンドンなどに向けて発射され，大きな被害を与えた。

軍事利用と国家主導の科学・技術

最後の例のように，科学・技術の二面性を端的に示すのは，その軍事利用である。しかし，軍事目的の研究・開発が結果として，人々の生活を便利で快適なものにした場合も多い。例えば，飛行機は，第一次大戦前後で急速に進歩したが，開発者のライト兄弟自身，飛行機の軍事的な有用性を強調していた。第二次大戦以降でも，例えばGPSは，現在はカーナビやスマートフォンなどにも役立てられている。「軍民両用技術」は，科学・技術の二面性を象徴する存在といえる。

しかも，こうした科学・技術の軍事利用は，例外的な事態ではなく，むしろ科学・技術の本質を示唆するものである。現代では，科学・技術を国家が振興し，科学と技術がひとつながりの単語として違和感がないほどに接近・融合している。この流れは二つの世界大戦下で決定づけられたが，特に，原爆を生み出したアメリカ合衆国のマンハッタン計画の影響は大きかった。これは，国家が戦争を理由に科学者・技術者を動員し，理論上の可能性にすぎなかった核利用を短期間で実用化したという点で，画期的な出来事であった。以降，軍事や経済の優位性を求めて科学・技術を国家が振興するという路線は，世界中で見られるものとなった。

科学・技術の「功」とは

なぜ，科学・技術は，そこまで重視されてきたのだろうか。軍事を脇におき，科学・技術の功（メリット）を一般化して整理すると，①人々の生命や財産を守る，②人々の生活の質を高める，③人類の課題への解決策を提供する，の３点に概ね要約できる。①の典型例は，すでに述べた医療技術の発展である。さらに，現代社会では，電気の供給や上下水道など，社会基盤（インフラ）の整備が重要だが，科学・技術はそれを根底から支える。さらに，①に加えて②にも関わるが，交通網の整備，通信技術の発達，新製品の開発などは，経済を刺激し，利便性や娯楽性の高い豊かな社会を生み出してきた。③では例えば，新しい環境技術は，環境問題の解決策・緩和策として期待されている。少子化・高齢化が進む日本では，AI・ロボット開発は，人材不足対策の一つとして有望視されている。

科学・技術の不確実性とリスク

一方で，科学・技術の罪（デメリット）を整理するには，先の①～③を，そのまま反転させてみると捉えやすい。①の例では，手術や治療が必ず成功するわけではないし，医薬品には，様々な副作用が一般に伴う。①に加えて②にも関わるが，自動車や飛行機のような交通手段は，高い利便性の反面，一定確率で事故が生じる。大規模な例としては，公害もある。経済成長最優先の時代，化学物質摂取の危険性は軽視され，安全対策は立ち遅れた。近年でも，福島原発の「想定外」の重大事故は，放射性物質を広範囲に拡散した。このような事例は，③とも関わる。つまり，科学・技術が，人類の新たな課題を生み出してしまう場合がある。例えば，これまで多様な化学物質が生み出されたが，一部は環境ホルモン（内分泌かく乱物質）として，生体に影響を及ぼす可能性が懸念されている。

これらは，主に科学・技術の不確実性に起因し，「リスク」という語でまとめられる問題である。

科学・技術が生み出す倫理的問題

しかし，リスクとは異なる観点で捉えるべき問題もある。それは，倫理的問題である。科学・技術は，何を，どこまで，やっていいのか，ということである。例えば，医療技術の発達によって，心肺等の臓器移植が可能になると，移植のために新鮮な臓器が望まれるようになった。そこで「脳死」という，従来の死の定義とは異なる考え方が提唱され，1997年には臓器移植法が成立した。これは，科学・技術の進展が，人の死とは何かという倫理的問題を突きつけた事例といえる。

生命科学の分野では，このような倫理的問題による論争が生じやすい。法律やガイドラインによる規制や，遺伝子組み換えのガイドラインを議論した「アシロマ会議」のような科学者・技術者の自主的活動も見られる。しかし，科学・技術をどう活用すべきなのかという問いは，倫理，価値観，利害状況などとも関わり，合意点を見いだすのは難しい。

そもそも，科学・技術は中立的な存在なのか，という点でも意見は分かれる。例えば，マンハッタン計画が生み出した原子爆弾は，多くの人々を殺傷し，生存者にも後遺症を残した。では，科学・技術（者）には，どの程度の責任があったのだろうか。使用を決断したのは政治側（軍人側）なので，被害が出ても「責任はなかった」という立場がある。一方で，科学・技術（者）の側から可能性を提示し，開発したのも科学・技術（者）なのだから「責任があった」という立場もある。

以上のほかに，発展途上国での臓器売買のように，新たな科学・技術が結果的に格差や不平等を拡大する可能性があることにも，留意する必要がある。

科学・技術と向きあうためのリテラシー

功罪の両面性を有しつつ，ますます高度化する科学・技術を，どのように利用すべき（抑制すべき）なのか。それを，誰が，どのように，決断すべきなのか。この問いに対し，専門家以外の人々にも開かれた合意形成の過程が必要であるという立場から，様々な市民参加型手法が考案されてきている。また，現状でも世論の間接的な影響力は，無視できない。

そこで，これからの時代においては，科学・技術が関わる課題に対して，まずは個人として自覚的に意思決定を行う資質・能力と，それを前提として社会的な合意形成に参画する資質・能力とが，「リテラシー」として必要となるだろう。科学・技術が人類の持続可能性に大きな影響を及ぼす存在である以上，環境教育・ESDにとっても，この新しいリテラシーの育成は，避けて通れない重要な研究と実践の課題である。　（福井智紀）

⇨ 13 ゲノム編集

〔参考文献〕

廣重徹（2002）『科学の社会史（上）戦争と科学』岩波書店.
廣重徹（2003）『科学の社会史（下）経済成長と科学』岩波書店.
村上陽一郎（1999）『科学・技術と社会』光村教育図書.
中島秀人（2008）『社会の中の科学』放送大学教育振興会.

13　ゲノム編集　Genome Editing

ゲノム編集とは

ゲノム（genome）とは，gene（遺伝子）とchromosome（染色体）とを合わせた言葉で，ある生物が持っているすべての染色体，あるいは，そこに含まれるすべての遺伝情報を指している。ゲノムは，ある生物にとって最低限必要な遺伝物質の一式であり，生物の設計図として捉えることができる。実際の遺伝情報は，DNA（一部ウィルスではRNA）に収められており，２本鎖状のDNAの中で対となった塩基の並び方により規定される。ゲノム編集は，このゲノムについて，改変したいDNAの塩基配列をねらって切断し，生物が持っているDNA修復機構を利用することで，任意のかたちに書き換える技術である。ゲノム編集は，従来の遺伝子組み換え技術とよく似ているが，ピンポイントで特定の配列をターゲットにするなど，まったく異なるレベルでの遺伝子改変を可能にするものである。

ゲノム編集の例として，ある農作物について，ターゲットとなるDNAの塩基配列を変えることにより，特定のタンパク質の合成を阻害し，それを利用する病原菌の感染や増殖を防ぐことができる。あるいは，植物の栄養成分の組成を変えることができる。動物の例では，筋肉の形成を抑える働きに関わる遺伝子を破壊することで，体が大きい養殖魚や筋肉が発達した牛などが，実際に生み出されている。

ゲノム編集の手法

図１は，ゲノム編集の基本原理を表したものである。現在では，さらに進んだタイプの手法や，原理を利用はするもののDNAの改変は行わない手法（エピゲノム編集など）もある。とはいえ，このようにDNAの一部を切断して，その部分の改変を試みるというのが，当初の基本的な考え方である。これによって，遺伝子の機能を失わせる（ノックアウト）や，他の遺伝子の置換・挿入を行う（ノックイン）ことにより，目的を達成しようとする。

この時に重要となるのが，DNAの塩基配列を，ねらいどおりに切断する手法である。この手法に着目すると，ゲノム編集は，大きく見て三つの世代があるとされる。すなわち，第一世代のZFN（zinc-finger nuclease），第二世代のTALEN（transcription activator-like effector nuclease），そして，2012年頃に登場した第三世代のCRISPR-Cas9（clustered regularly interspaced short palindromic repeats / CRISPR associated protein 9），である。特に，CRISPR-Cas9（クリスパー・キャスナインと呼ばれる）の登場により，ゲノム編集は，世界中の研究機関に急速に普及しつつある。安価で，取り扱いが簡単で，特別な設備を必要とせず，しかも多重編集（同時に複数の遺伝子を編集すること）も容易であるなど，様々な利点を持っているからである。

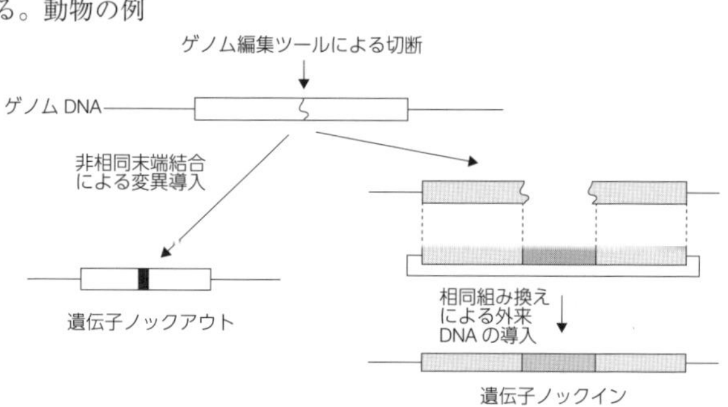

図１　ゲノム編集の基本原理
（真下知士・金田安史編（2018）p.21〈執筆者：山本卓〉より引用）

ゲノム編集の可能性

ゲノム編集の可能性として，例えば，動植物における品種改良の大幅な進展や，時間短縮が期待できる。しかし，何といっても，医療分野における可能性が大きいだろう。まず，特定の遺伝子が関わる疾患に対し，画期的な治療法を生み出す可能性がある。さらに，生命活動における遺伝子の中心的役割からみると，それだけにとどまらない幅広い可能性を有しており，実際に多様な領域での研究が急速に進行している。なお，ゲノム編集を用いた遺伝子治療は，生体外遺伝子治療（患者の体細胞を採取して遺伝子操作を実行した後で体内に再移植する）と，生体内遺伝子治療（ゲノム編集酵素と正常遺伝子を導入したベクターを注入して体内でゲノム編集を実行する）とに，大別することができる。

ゲノム編集の問題点

ゲノム編集の問題点としては，まず，登場して間もないこともあり，技術的な課題が多く残されていることである。特に，目的の遺伝子以外を改変させてしまう現象は，オフターゲットと呼ばれる大きな課題である。このほかにも，モザイク性（ゲノム編集の結果として異なる変異を持つ細胞が混在した状態になること）が生じる場合があるなど，実用段階までの課題は少なくない。また，従来の遺伝子組み換えとほぼ同様のリスクも存在する。例えば，生み出された食品の安全性や，生態系への悪影響の懸念がある。さらに，ゲノム編集には，倫理的問題が伴う場合がある。ウシやブタなどの家畜を品種改良する場合ですらそうであるのに，さらに対象がヒトになると，生命倫理の観点から多様な問題点が生じてくる。特に，生殖補助医療に関わる受精卵や幹細胞などの改変は，次世代にも影響する可能性が高く，慎重な意見が大勢である。課題や問題点が十分に検討されないまま時期尚早に導入されたり，濫用・悪用されたりすることへの懸念もある。大量破壊兵器となる危険性すら，指摘されている。

求められる議論とルール整備

CRISPR-Cas9の有用性を示した一人であるJ.ダウドナ自身も，ゲノム編集の濫用を危惧し，倫理的問題などの課題を多様な人々で議論をする必要を訴えている。2015年12月には，全米科学アカデミーなど４団体の共催で，「ヒト遺伝子編集に関する国際サミット」も開催された。とはいえ，法的な規制や研究におけるガイドラインの制定は，各国での対応もまちまちであり，国際的なコンセンサスもまだ十分に得られていない。

2018年11月には，中国の科学者である賀建奎（He Jiankui）が，ゲノム編集によってHIVへの免疫を持たせた双子の女児を誕生させた，と報道された。これに対し，世界中の科学者たちや学術団体から非難声明が出された。本稿執筆時では不明な点も多いが，中国では，賀の研究は中止させられたようだ。また，科学雑誌Natureが選ぶ2018年の重要人物10名で，賀は批判的論調で取り上げられた。この記事は“CRISPR ROGUE”と題され（rogueは「ならず者」「悪党」などの意），騒動によってゲノム編集の研究に悪影響が出ることを，科学者たちが憂いていると指摘している。

このように，ゲノム編集について，どのような目的で，何を認めるのか（規制するのか），という点のコンセンサスが得られないまま，様々な分野での研究開発競争が激化している。そのため，国内外における多様な観点からの議論やルール整備が，喫緊の課題となっている。（福井智紀）

⇨ 12 科学･技術の功罪，41 遺伝子組み換え作物

〔参考文献〕

Cyranoski, D.（2018）CRISPR ROGUE, *Nature*, vol.564, 329.

ジェニファー・ダウドナら（2017）『CRISPR 究極の遺伝子編集技術の発見』文藝春秋.

石井哲也（2017）『ゲノム編集を問う』岩波書店.

真下知士・金田安史編（2018）『医療応用をめざすゲノム編集』化学同人.

14 リスク社会 Risk Society

リスク社会とは

リスク社会とは,「人間活動に伴うリスクが地球規模で生命を危険にさらす次元にまで大きくなり,生活環境や社会の発展に影響を与えるような社会」と説明される。

リスク社会の概念は,1986年にドイツの社会学者ウルリヒ・ベックが同名著書(邦訳は『危険社会』)を著して以降,広く知られるようになった。ベックが想定していたリスクは,原発事故による放射能汚染や食品中の有害物質などの人工的な災害である。その特質として,危険が目に見えないこと,国家を超えること,産業社会が経済的に利用して限りなく自己増殖させること,破局的で一気に出現すること,などを指摘した。また,階層社会との関係について,リスクは下層に集中すること,上層にも及ぶこと,無差別に巻き込む「ブーメラン効果」があること,国際的不平等をつくり出すこと,等を論じた。

リスクとは

リスクとは一般的に,「人間の生命や社会経済活動にとって,望ましくない事象の影響の大きさと発生の不確実さの程度」と定義される。科学的なリスク評価は「影響の大きさ×生起確率」として計算される。二つの要素が共に数値化できた場合は計算できるが,未知な要素があれば計算できない。生起確率が未知な場合は「不確実性」(uncertainty),両者が共に未知な場合は「無知」(ignorance)として区別される。このように,リスクとしてすべてを評価できるわけではなく,評価には仮定を伴う可能性に注意が必要である。

リスクの種類

持続可能な社会の構築に影響を及ぼすリスクには,様々なものがある。例えば,世界経済フォーラムの『グローバルリスク報告書』では,経済(財政危機など),環境(気候変動の緩和・適応の失敗など),地政学(国家間紛争など),社会(食糧危機など),テクノロジー(重要な情報インフラの故障など)の5つの領域で計30のリスクを挙げている。

教育でのリスク社会の取り扱い

教育でリスク社会を取り扱う場合,次のような点が重要であり,かつ有効と考えられる。

①過去の教訓の継承:これまで日本や世界で起きた災害(公害や福島第一原発事故など)と真摯に向きあい,教訓を継承すること。

②リスクに関する理解の促進:リスクの特性やリスク認識に影響を与える要素の理解を深め,リスク・コミュニケーションを行うこと。

③リスク間の関係性の認識:様々なリスクの間の関係性(依存性,優先順位,トレード・オフなど)について議論し,認識すること。

④人権問題の構造把握:加害－被害の構造を捉え,当事者性に関する人権感覚や不公正な問題の解決に取り組む市民性を育むこと。

⑤予防原則に関する意思決定:重大かつ不可逆的な影響を及ぼす可能性がある場合に,科学的に因果関係が十分証明されない状況でも規制措置を可能にする予防原則の考え方について,社会的意思決定の課題として扱うこと。

(後藤 忍)

⇨ 1 持続可能な社会,5 ESD,107 環境教育,110 公害教育,113 人権教育

〔参考文献〕

ウルリヒ・ベック(1998)『危険社会』法政大学出版局.

世界経済フォーラム(2019)『グローバルリスク報告書2019年版』(日本語版),マーシュジャパン株式会社/マーシュブローカー株式会社

15　環境倫理と生命倫理　Environmental Ethics and Bioethics

環境倫理―人間中心主義の克服と倫理の拡張

地球環境問題が進行し自然の生態系が破壊されたのは，人間の利益や価値のみを優先し自然を支配することで，産業や工業の発展からなる現代文明を築いてきたからである，との見方がある。環境倫理・環境思想の分野では，環境問題を引き起こした根本的な原因は人間中心主義によるものであり，人間が考える環境の価値や自然観を人間中心主義から人間非中心主義へと変えないことには根本的な問題の解決にならないと考えてきた。

このように環境問題を「人間中心主義対人間非中心主義」,「開発か保存か」という二項対立の構造から捉える環境倫理に対して，1990年以降，環境正義，環境プラグマティズム，環境徳倫理学等の立場が登場した。地域や生活の問題に根ざし社会的な差別と環境問題を結びつけて考える環境正義や，環境問題の不確実性に対してその問題の解決に重点を置き，政策形成過程への関与等に焦点をあてる環境プラグマティズムによって，実践に回帰した環境倫理学を再構築する動きが強まった。また自然の尊重や生命への畏敬など，自然に対する心構えや人柄，徳の涵養について徳倫理学と環境倫理を結びつける動きもある。倫理学は，本来，人と人との間に成立し社会の中での規範を示すものであるが，環境倫理学は倫理の対象を押し広げ,「動物の福祉」,動植物や生態系，土地をも含めた「自然の権利」，将来の世代に配慮した「世代間倫理」等の理論的な枠組みを提供する。

生命倫理―生命・生活・人生の質をめぐって

生命倫理をめぐっては，生殖補助医療，安楽死・尊厳死，患者の権利，脳死と臓器移植，遺伝子医療，再生医療など，人の生老病死やヘルスケアをめぐる様々な問題が顕在化する。いずれもバイオテクノロジーや先端医療の進歩に伴って提起された生命医療分野の新たな課題である。生命倫理学は，近年特に専門分化が進んでいるが，本来は生命全般に関わる領域であり，私たちはどのように生き，老い，病と向きあい，死に臨むかという根源的な問いに基づくものである。生命の尊厳（sanctity of life：SOL）を絶対とする立場や,「ただ生きるのではなく，よく生きることこそ大切である」（ソクラテス）という考えに基づく生命（生活，人生の意も含む）の質（quality of life：QOL）のように相対する多元的な価値や，生と死をめぐる問題に対して具体的な指針を提示する。

持続可能な社会／福祉の実現に向けて

環境倫理と生命倫理はいずれも応用倫理学に位置づけられる。「《いのち》の問題とどう向きあうか」（人生観),「健やかな生（well-being）を充実させるために，私たちはどのような環境（世界）を必要とし，望むのか」（世界観）という問いを追求する点で，環境倫理と生命倫理は相補的な関係にある。つまり，私たちが健やかに生きるためには，その生存の基盤となる健全な環境が保全され維持されなければならない。持続可能な社会の実現のためには世代間の衡平，世代内の衡平，環境容量を超えないことが前提とされており，持続可能性は倫理的・道徳的規範に依拠することによって成り立つ。環境倫理と生命倫理を相補・補完することによって，環境の持続可能性と持続可能な福祉との包括的な実現が期待される。　（渡辺理和）

〔参考文献〕

ジョゼフ・R・デ・ジャルダン（2005）『環境倫理学―環境哲学入門』出版研.

16　健康・医療と社会格差　Social Disparities in Health and Medical Care

MDGsとSDGsにおける健康・医療

人類の健康・医療面での進展は著しい。1950年の世界の出生時平均余命は40歳代であったが，2016年には72歳にまで伸びている。５歳未満児死亡率も1950年の世界全体の平均は20％以上であったが，2016年には4.1％にまで低下している。衛生面での改善と医療の向上・普及が人類の健康に大きく貢献している。

しかし，地域による格差は依然として大きい。2016年時点で西ヨーロッパの出生時平均余命が81歳に達しているのに対し，サハラ以南のアフリカでは60歳，５歳未満児死亡率も西ヨーロッパが0.4％であるのに対し，サハラ以南のアフリカでは8.4％という高い数値である。

途上国を中心にこのような健康・医療をめぐる課題がまだまだ大きいことから，2015年までの目標として設定されたMDGs（国連ミレニアム開発目標）では，８つの目標のうち，半分以上が健康・医療に関わるものである。目標１に「極度の貧困と飢餓の撲滅」，目標４に「乳幼児死亡率の削減」，目標５に「妊産婦の健康の改善」，目標６に「HIV／エイズ，マラリア及びその他の疾病の蔓延防止」，目標７「環境の持続可能性の確保」のターゲットの7-Cに「2015年までに，安全な飲料水と基礎的な衛生設備を継続的に利用できない人々の割合を半減させる」と，健康・医療に関わる目標が重視された。これらの目標達成に向けた国際機関などの活動の結果，2015年に公表された達成度の最終評価では，「開発途上地域における栄養不良の人々の割合は，1990年からほぼ半分に減少した」「世界における５歳未満の幼児死亡率は，1990年から2015年の間に半分以下に減少した」「1990年以降，妊産婦の死亡率は45％減少した」「HIVへの新たな感染は2000年から2013年の間で約40％低下し，感染者数も約350万人から210万人へ減少した」と，大きな成果があがったことを強調している。ただし，2018年９月の国連WFPニュースによると，紛争の激化と気候変動によって，2014年以降，世界の飢餓人口は増加に転じ，10年前の水準に戻っている。

先進諸国を含む全世界の2030年までの目標として設定されたSDGsにおいては，新たに「すべての人に健康と福祉を」が目標３に設けられた。途上国における健康・医療の改善をさらに進める必要があるだけでなく，先進諸国においても健康・医療面での課題が大きいという認識に基づいている。具体的な目標として「麻薬乱用やアルコールの有害な摂取を含む，薬物乱用の防止・治療を強化する」（ターゲット3.5）や「すべての国々において，たばこ規制枠組条約の実施を適宜強化する」（ターゲット3a）などが掲げられている。

先進諸国の健康・医療問題と社会格差

出生時平均余命，妊産婦死亡率，５歳未満児死亡率など，健康・医療面で優れた数値を示している先進諸国であるが，肥満やアレルギー，発達障害の増加など新たな課題も登場している。

例えばアメリカ合衆国の場合，米国疾病管理予防センター（CDC）の報告では成人の肥満率（BMI≧30）は39.8％（2015-16）に達しており，今世紀に入って約９％増加している。肥満が糖尿病や心臓疾患などのリスクを高めることはよく知られているが，肥満率は低所得者層ほど高い傾向がはっきりしている。その大きな要因として，安価で高カロリーの甘味料である高果糖コーンシロップ（HFCS）やパームオイルの消費増が大きく影響しており，その背後に利潤追求を第一に考える農業関係企業，食品メーカーが存在すると指摘されている。

日本の場合，WHOの基準BMI≧30による成人の肥満率は５％以下で，それほど深刻ではないといえよう。しかし，花粉症やアトピー性皮膚炎などのアレルギー疾患に悩む人は過去50年間で急増している。アレルギーを引き起こす直接の原因となるアレルゲンばかりでなく，環境的な変化との相乗作用が指摘されている。SDGsの目標12には「つくる責任つかう責任」が掲げられており，そのターゲットには，食品ロスの減少や化学物質や廃棄物の管理などの目標が具体的に示されている。肥満やアレルギー疾患を誘発する食品についても，「持続可能な生産と消費」という枠組みで捉える必要があるであろう。

広い意味で健康を捉えた場合，日本人の自殺率が常に世界の上位にランクされていることは大きな課題といえよう。近年はやや減少傾向にあるが，過去40年にわたって年間２万人以上が自殺している。特にほかの先進諸国に比べると若年層の自殺率が高く，しかも増加傾向にあることが指摘されている。非正規雇用の拡大など，明るい将来展望を描きにくい社会状況と無縁ではないであろう。

健康格差研究の第一人者であるマイケル・マーモットは，健康の格差が社会の不平等から生じていることを示す多くの事例から，健康の改善には社会的環境の改善が重要であると主張している。マーモットのいう社会的環境は多面的で，例えば，低い階層にある黒人や移民が医療にアクセスしにくいことや，失業や雇用不安が健康を悪化させがちであることなどとともに，仕事で高い要求をされながら裁量権の低い職級にある公務員が，心臓病や精神疾患のリスクが高いことなどを実態調査に基づいて指摘している。

SDGsの目標８の「働きがいも経済成長も」にはディーセント・ワーク（働きがいのある人間らしい仕事）の推進が掲げられているが，マーモットらの研究は，働きがいが健康と密接に関係していることを示している。

医療の高度化と高額化

近年の医療技術の進展は著しい。山中伸弥博士が開発したiPS細胞による再生医療のように，今後の進展によって「不治の病」が次々と克服されていくことも期待されている。しかし他方で，画期的な効果をもたらす新薬や先端医療技術の開発は，同時に医療の高額化をもたらしている。例えば本庶佑博士のがん免疫療法の研究から生まれた免疫チェックポイント阻害薬（商品名：オプジーボ）の場合，薬価基準が引き下げられたとはいえ100mg一瓶で17万円強（2018年11月時点）である。一人の患者に年間を通して投与した場合，費用は1000万円以上となるといわれている。

高齢化や医療技術の高度化によって，国民医療費は増大を続けており，国民保険連合会の推定によると，日本の国民医療費は2015年度の42兆円強が2025年には約58兆円にまで増大すると見込まれている。その増加分を賄うには保険料負担や公的負担の増加が不可欠であるが，今後の生産年齢人口の減少の中で，健康保険と公的資金をベースとする医療制度の行き詰まりが懸念される。今日でも陽子線治療のような先進医療や適応外薬剤の投与など，保険適応外の高額の医療行為においてすでに格差が生じているが，今後，さらに格差が拡大する可能性は大きい。

健康格差や医療格差の拡大も，他の格差の拡大と同様に社会の不安定化を招くおそれがある。また，今後の高齢化の進行で，財政に占める健康や医療に関する支出が増大すれば，その負担を誰がどのように担うべきかという議論が高まることになるであろう。

（諏訪哲郎）

〔参考文献〕

マイケル・マーモット（2017）『健康格差―不平等な世界への挑戦』日本評論社.

17　人口問題と合計特殊出生率　Population Problems and Total Fertility Rate

二つの人口問題

世界にはまったく逆の二つの人口問題が存在する。一つが世界2018年時点で約76億人の世界の人口が今世紀末には110億人を超えると予測される人口増加の問題。もう一つが日本をはじめとする先進諸国における少子化による将来人口の減少と高齢化の問題である。前者に伴う課題としては，食糧・水・資源の需給や都市部の過密，環境負荷の増大等がある。後者に伴う課題としては，経済的な活力の低下や高齢者の介護・福祉の担い手不足，空き家や耕作放棄地の増加，社会資本の劣化，共同体活動の維持の困難さなどがある。

将来予測に有用な合計特殊出生率

人口の将来の推移を探る上で重要な指標が合計特殊出生率である。合計特殊出生率は，一人の女性が生涯に生むと見込まれる子どもの数で，その年の15歳から49歳までの女性が生んだ子どもの数をもとに算出される。

人口置換水準とされる合計特殊出生率2.07より低い水準が続けば，長期的には人口は減少に向かう。医療の向上や生活環境の改善によって平均寿命が伸びているので，世界の将来人口は今後とも増加すると予想されている。しかし，世界の各地域の合計特殊出生率は過去30年以上にわたって一貫して低下している。世界人口のほぼ半分を占めるインド以東のモンスーンアジアでは，すでに2.0以下に下がっている。今後とも人口爆発が続くと予想されるアフリカでも合計特殊出生率は急速に低下している。世界の人口は無限に増え続けるのではなく，やがて頭打ちになり，減少に向かうと見込まれる。ただし，ピークに達する時期とその時の総人口は今後の合計特殊出生率のわずかな変動に大きく左右される。

東欧における合計特殊出生率の急低下

合計特殊出生率の増減には様々な要素が複雑に絡みあっているが，具体的な事例を見ると，いくつかの重要な要素が浮かび上がる。

図１は，東欧・ロシア圏の人口上位14か国における1980年以降の合計特殊出生率の推移を示したものである。すべての国で1990年代に急激な落ち込みが見られる。1989年末のベルリンの壁の崩壊以降，東ヨーロッパ諸国の民主化運動が一気に盛り上がり，1991年12月にソビエト連邦が崩壊し，ソ連邦を構成していた共和国が続々と独立した。ほぼ同時期にユーゴスラビア連邦でも内戦が激化し，その後７つの国に分裂した。一応安定していた国家体制が崩壊し，将来の見通しを立てることができない不安が充満する中で，東欧諸国の合計特殊出生率は急速な落ち込みを示した。

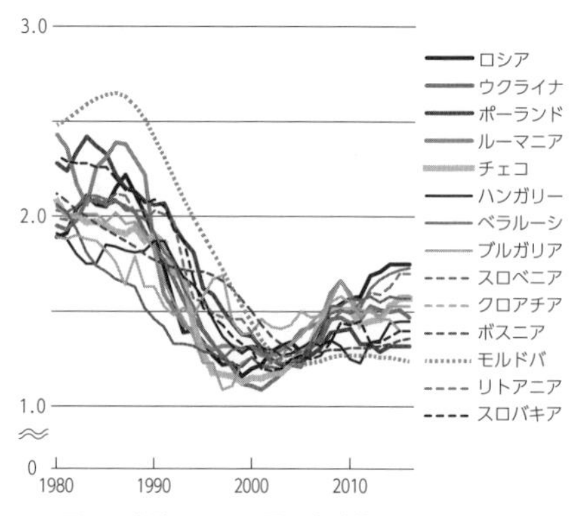

図１　東欧・ロシア圏の合計特殊出生率の推移
（「世界経済のネタ帳　世界の合計特殊出生率ランキング」より筆者作成）

日本の合計特殊出生率低下の諸要因

一方で，次ページの図２は，日本の過去約百年間の合計特殊出生率の推移を示している。

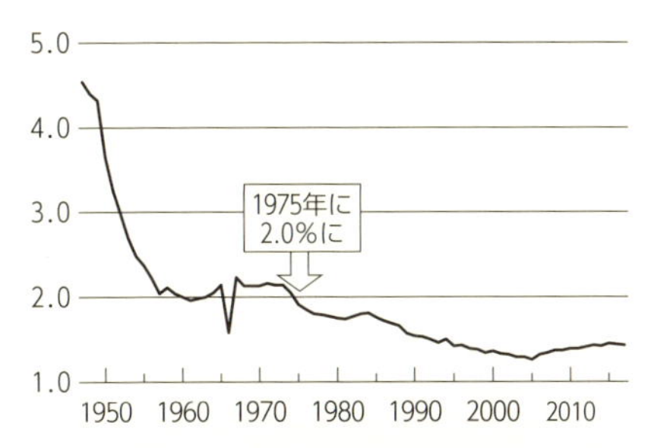

図２　日本の合計特殊出生率の推移
（厚生労働省「人口動態統計」より作成，加筆）

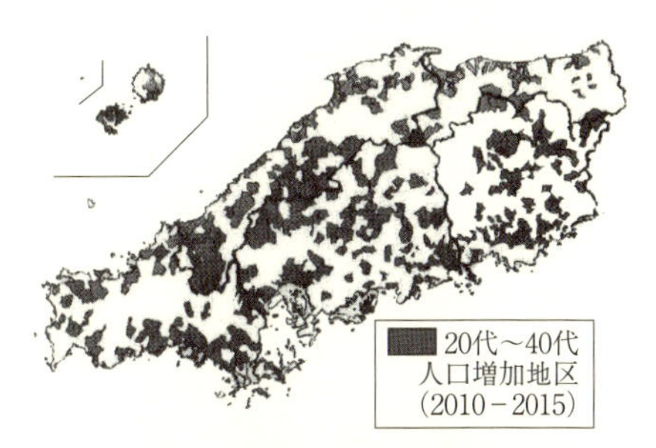

図３　中国地方の若年人口増地域
（原図：島根県中山間地域研究センター提供）

戦後のベビー・ブーム期は4.0～5.0の高い水準であったが，その後急落し1955年から75年までの約20年間はほぼ2.0前後で推移した。しかし，1975年以降2.0を割るようになり，過去25年間は1.5以下の低水準が続き，今日の人口減少問題をもたらした。

合計特殊出生率の低下の直接的な要因は，女性の婚姻年齢の上昇や未婚率の上昇，そして１世帯当たりの子どもの数の減少である。男女とも未婚率は上昇しているが，25歳から29歳の女性の未婚率を見ると，1975年には20％程度であったが，2015年には60％を上回っている。核家族化とともに，子どもの数を少人数に抑える傾向が顕著である。その他の要因として，子育てや子どもの教育等に対する負担感，非正規雇用者の比率の増加などもある。新自由主義的な競争を基調とする経済的・社会的な環境の中で，将来の生活に対する不安が合計特殊出生率を低下させてきた可能性もある。

人口の都市集中と情報化による出生率の低下

日本でも大都市圏と地方との間には合計特殊出生率に大きな開きがある。2017年の都道府県別の合計特殊出生率では東京が最低の1.21で，沖縄県の1.94の６割程度である。同年のソウルの合計特殊出生率は0.84，北京や上海では0.7程度と報道されている。

世界中で進行している合計特殊出生率の低下の大きな要因は人口の都市部への集中である。生産労働に多くの家族が必要であった農村部と異なり，住宅事情の厳しい都市部で少しでも豊かな生活を求めようとした場合，経済的な負担となる子どもの数は多すぎない方がよいという思惑が働く。情報通信技術の発展も合計特殊出生率の低下を促しているという。衛星通信とスマートフォンであらゆる情報へのアクセスが可能となったことで，豊かさを確保するには子どもは多すぎない方がよいという都市的な家族観が世界中を覆い始めている。教育の普及と情報化の進展は，世界の人口増加の緩和要因となっている。

「田園回帰」と合計特殊出生率の回復

その一方で，少子高齢化と人口減少に苦しんできた地域で，近年若年人口が増加し，将来，人口増に転じる可能性が生まれた地域もある。島根県を中心とする中国地方にその兆しが生まれている。図３で網掛けした地区では20～40代の若者世代の人口が増えている。

地方の中山間地域であっても，移住促進のために子育て環境を整え，教育の魅力化を図った自治体では，ＵターンやＩターンで移住する若年層が増加し始めている。そして，若年層の都市部から地方への移住は，合計特殊出生率を向上させる効果がある。（諏訪哲郎）

⇨ 62 少子高齢化と人口減少社会，63 田園回帰

Ⅱ　気候変動とエネルギー

18　地球温暖化　Global Warming

地球温暖化と温室効果ガス（GHG）の増加

「地球温暖化」とは地球全体の平均気温が上昇する現象をいう。地球は寒冷期と温暖期を繰り返してきたが，近年，地球の平均気温は大きく上昇傾向にある。世界の専門家から成るIPCC（気候変動に関する政府間パネル）の第５次報告書によると，1880～2012年の間に平均気温は約0.85℃上昇した。同報告書は「気候システムの温暖化には疑う余地がなく，また，1950年代以降，観測された変化の多くは，数十年から数千年間にわたり，前例がない」状況であるとしている。

地球は太陽からのエネルギーで暖められ，暖められた地表面から熱が大気へ放射される。その熱の一部は，大気中に存在する水蒸気・二酸化炭素（CO_2）・メタン等の温室効果ガス（以下，GHG〈Greenhouse Gasの略〉）の働きによって再び地表面に戻され，地球の平均気温は14℃前後に保たれている。GHGがまったく存在しない場合，地表面からの放射熱が大気をそのまま通り抜け，平均気温は－19℃前後になると予測されている。この点では多くの生物の生存にGHGは不可欠といえる。

しかし，18世紀半ばの産業革命以降，人類の活動による化石燃料の使用増加や森林減少等により，大気中のGHG濃度は急激に増加した。増加したGHGにより大気の温室効果が強まったことが地球温暖化の原因と考えられている。火山の噴火によるエアロゾル（大気中の微粒子）の増加や太陽活動の変化等の要因も考えられるが，IPCC第５次評価報告書では，20世紀半ば以降からの地球温暖化の原因は，95％以上が人類の活動によるものであった可能性を指摘している。

人為的要因により増加した主なGHGには，CO_2，メタン，一酸化二窒素，フロンガスといったものがある。CO_2は世界の人為起源のGHG総排出量のうち76％を占めている。化石燃料の消費等により，大気中には大量のCO_2が放出されている。また，森林の伐採によるCO_2吸収量の減少も相まって，大気中のCO_2は年々増加している。

CO_2に次いで，メタンも世界の人為起源のGHG総排出量のうち15.8％を占めている。メタンは，石油・天然ガスからの漏出や固形廃棄物の処理時に排出されるが，一番の発生原因は牛のゲップであり，メタン総排出量のうち約24％もあるといわれている。続いて，世界の温室効果ガス総排出量のうち6.2％を占める一酸化二窒素は，自然界（土壌や海洋）からの発生とともに燃料の燃焼，窒素肥料の使用や工業活動から発生する。温室効果ガス総排出量の2.0％のフロン類は，空調機器・冷凍冷蔵機器の冷媒，電子部品の洗浄剤，スプレー缶の噴射剤など，幅広く利用されている。

GHG増大・地球温暖化の影響・リスク，将来予測

GHGの増大とそれに伴う地球温暖化の影響・リスクは各方面に及んでいる。

2018年，世界的に熱帯低気圧・洪水・豪雨・熱波・干ばつ等の極端な気象が頻発し，異常な猛暑による熱波の影響で多数の死者が出る等の被害が発生した。日本でも全国的な夏の高温や西日本を中心とした豪雨等に見舞われたが，様々な要因が重なりつつも，地球温暖化に伴う気温の長期的上昇や水蒸気量増加等の影響もあったと考えられている。

また，世界気象機関（WMO）は，極端な気象の一つひとつが（地球温暖化に伴う）気候変動によるものと特定はできないが，全体的にGHG濃度上昇に伴う長期的な傾向と一

致していると注意喚起をしている。

IPCC第5次評価報告書では，地球温暖化が要因である確信度が高い主要なリスクとして，干ばつ・洪水・降水量の変動等に伴う食料不足，飲料水・灌漑用水の不足，生物多様性の損失等を挙げている。これらは単に食料や水の不足をもたらすだけでなく，例えば，水不足により農作物の生産量が減少し，農業で生計を立てている人々の収入が減ることにもつながる。地球温暖化の影響・リスクというと異常気象やその被害に注目しがちであるが，経済的にも負の影響を及ぼす。そして，こうした影響を最も受けやすいのは，貧困層等の社会的に弱い立場に置かれている人々である。

同報告書は，将来予測として，21世紀末までに，1886～2005年と比較し，世界の平均地上気温は0.3～4.8℃上昇し，世界平均海面水位は0.26～0.82m上昇する可能性が高いとしている。すべての国・地域が参加する新たな気候変動の枠組みであるパリ協定では，「世界的な平均気温上昇を産業革命以前に比べて2℃より十分低く保つとともに，1.5℃に抑える努力を追求する」こと等によって，世界的に対応を強化することを目指している。

なお，2018年10月のIPCC第48回総会でIPCC特別報告書 が発表され，気温上昇2℃でサンゴ礁はほぼすべて死滅，1.5℃上昇では70～90%減少に抑えられる等の予測がなされている。ほかにも，2℃上昇した場合，熱中症関連の罹患率・死亡率が高まる，より厳しい水不足の影響を受ける人々が増える，農作物の収穫量がさらに減少するといったことも指摘されている。

地球温暖化対策

地球温暖化対策には，緩和策と適応策がある。緩和策は，気温上昇緩和のため，GHG削減に取り組むことであり，省エネルギー，再生可能エネルギー普及，森林保護などのCO_2吸収源対策，CO_2回収・貯蓄等がある。なお，CO_2以外のGHGには六フッ化硫黄のように大気中に長くとどまり将来まで影響を与えるものや，フロン類のように温室効果がCO_2の数十倍～数万倍になるものもあり，それらの削減対策も重要である。

適応策は悪影響の防止・軽減のための対策で，具体的には，渇水対策，堤防等の施設整備，ハザードマップの作成，熱中症予防・感染症対策，農作物の高温耐性品種開発・普及，生態系の保全等が挙げられる。

緩和策と適応策は地球温暖化対策の両輪であり，いずれも必要不可欠なものである。

国際的な協力も，一人ひとりの行動も必要

世界全体で緩和策と適応策を進めるには，様々な国・地域・組織の経験・知恵・スキルを集め，協力することが必要である。これまでのGHGの排出の多くは日本を含む先進国に責任があったが，現在のGHG排出量の1位は中国，3位はインドであり，今後新興国・途上国の排出量は，経済発展や人口増加により増え続け，先進国の排出量を上回ると予測されている。したがって，これからは先進国と新興国・途上国の協力も必須である。

また，各国政府・地方自治体・企業・NGO/NPO等が各々の特性・能力を活かし，地球温暖化対策を進めることも重要であるが，専門家だけでなく，私たち一人ひとりが自分事として考え行動することが求められている。例えば，冷暖房の温度設定を適正にする，地球温暖化対策に貢献するような製品（省エネルギー機器，次世代自動車等）等を選択する，公共交通機関や自転車を利用する等により，自らのライフスタイルを転換していくことで貢献できる。さらに，環境問題に取り組むNGO/NPO等に参加することにより，地球温暖化対策に資する活動に携わることも可能である。今日からでも一つずつ行動を起こしていくことが大切といえる。

（遠藤理紗・足立治郎・矢櫃雅樹・北村明子）

19 自然災害(火山・地震・津波)

Natural Disaster ; Volcanic Eruption, Earthquake, Tsunami

日本の環境

地球上の表面積の２％にも満たない日本列島に世界の10％以上の地震の発生が集中する。述べるまでもなく，４枚のプレートが日本列島及び周辺で関連しあっているからである。つまり，太平洋プレート，フィリピン海プレートの海洋プレートが北米プレートやユーラシアプレートの大陸を構成するプレートに沈み込むことが原因となる。地震の発生のメカニズムは大きくプレート型と内陸型に分けられるが，後者もプレートが押しあう力がもとになった逆断層による。

また，日本列島にはプレートの沈み込み面と一定の距離を置いて活火山が分布し，海溝側の限界線は火山フロントと呼ばれている。火山活動は，海洋プレートが陸地のプレートに潜り込む時だけでなく，海洋プレートが海洋プレートに沈み込む地域にも見られ，伊豆諸島や小笠原諸島は，その例である。

地球規模で見ても環太平洋地震帯，火山帯には，世界の80％以上の地震や火山活動が集中している。大規模な地震，津波，火山による災害は，貧富の差を拡大するだけでなく，社会的弱者をより一層厳しい状況に追い込んでいる。開発途上国においては復興・復旧への支援が不可欠となる。皮肉なことに，近年，大規模な災害は開発途上国，そして日本でさえ，少子高齢化が進む地域に生じている。

自然災害と社会への壊滅的な影響

日本列島は，世界でも最も自然災害発生の可能性が高い地域に位置する。海洋プレートが大陸プレートに沈み込む時，一方のプレートが跳ね上がったり，破壊されたりした時に，大津波が発生する。東日本大震災時のように，地震発生後，続いて津波が生じると甚大な被害が生じる。東北地方では何度も悲劇が繰り返され，明治以降に限っても三陸沖に発生した大地震により３度の大津波に襲われている。

東北地方だけでなく，南海トラフに潜り込むプレートによって，西日本にも大津波の発生が繰り返されている。東海地震，東南海地震，南海地震がそれであり，約90年から120年の周期で巨大地震とともに大津波によって，西日本の太平洋側の地域も被害を受けてきた。今後，確実に日本列島湾岸を襲う津波に備えて，ハード面，ソフト面の対応が必要である。

しかし，歴史的に見ると，一度の災害で多数の被害を発生させるのは，むしろ火山噴火である。始良カルデラ，鬼界カルデラが生じたレベルの火山噴火が今後発生すれば，その犠牲者数は想像すらできない。

自然災害について忘れてはならないのが，寺田寅彦の名言「文明が進めば進むほど天然の暴威による災害がその激烈の度を増す」である。災害論についてはすでに，彼によって『天災と国防』など，様々なところで記述されている。「この世の地獄の出現は，歴史の教うるところから判断して決して単なる杞憂ではない。しかも安政年間には電信も鉄道も電力網も水道もなかったから幸いであったが，次に起こる「安政地震」には事情が全然ちがうということを忘れてはならない」(『天災と国防』）は，福島第一原子力発電所事故の予言であろう。

一般に災害は，地震・津波，噴火などの自然災害と火災，原子力災害の事故災害に分けられる。前者が引き金となって後者につながることは東日本大震災での気仙沼・石巻の火災，福島第一原子力発電所事故周辺を見ても明らかである。今後も懸念されるのは，自然災害による直接の被害よりも，科学技術の発達に伴う事故災害への引き金となる可能性である。日本列島には国内のエネルギー供給源として，原子力発電に頼らざるを得ないところがあるのか，多くの原発で再稼働の検討がされている。例えば，伊方原子力発電所を例にとっても，当原発は中央構造線沿いの活断層近くに立地する。最高裁では，活断層の存在を認めながらも立地は違法ではないとされた。さらに阿蘇山の噴火時における危険性の訴えも退けられた。火山噴火時の危険性では川内原発もしかりである。過去の阿蘇山の噴火を超える鬼界カルデラの噴火レベルにも対応できるとあるが，実際そのような噴火になれば九州は無人となる。それでも原発を稼働させる意味があるのか。安全神話があった福島第一原発も想定外の津波によってメルトダウンし，廃炉まで先の見えない状況にある。2018年北海道胆振東部地震では，ブラックアウトによって，北海道全域で停電となった。泊原発の安全性を訴え，再稼働を諮っていた北海道電力であるが，想定外の地震が火力発電所に与えた影響の結果，全域が停電状態になった。一般市民にとっては何を信用してよいか戸惑うのも当然であろう。

今後，エネルギー，防災についても医療で進みつつある「インフォームド･コンセント」（一般市民や当事者が専門家から理解できるまで説明を受け意思決定を行う）の姿勢が防災・減災を含めた多くの領域で求められる。

自然の二面性と環境教育

地殻変動が著しい日本列島には様々な自然災害が存在するのも事実である。一方で自然は豊かな恵みをこの国に与えてきたことも忘れてはならない。自然は中立的な存在であり，人間に都合よくできているわけではない。

日本は資源のない国といわれるが，これは大きな間違いである。活発な火成活動によって，様々な金属鉱床が形成された。金銀鉱床や黒鉱（くろこう）鉱床など，かつて日本は世界でも有数の資源大国であったといってもよい。地下資源だけでなく，食料資源も含めて物質的な恩恵は大きい。近年では，国内の観光資源にも注視されている。日本列島には従来から，国立公園，国定公園，都道府県指定の自然公園など，その魅力は多岐にわたっていた。最近ではジオパークにも注目されている。ジオパークは自然の保護・保全に加え，啓発・教育そして地域の振興が目的とされ，環境教育の実践の場としても大きなフィールドである。

持続可能な社会と日本の役割

持続可能な社会の構築には自然災害への対応が不可欠である。多くの災害に直面している日本は逆に，防災・減災に関する国際的なリーダーシップを発揮することも期待されている。実際，1990～1999は国連防災10年とされ，1994年には第１回国連防災世界会議が横浜市で開催された。それまで，防災は地域的な問題であり，国連のテーマとすることに懐疑的な考えもあった。1995年には阪神淡路大震災が発生し，先進諸国，近代都市の大きな被害に国内外に衝撃が走った。そこで，2005年１月に神戸市で第２回目の国連防災世界会議が開催された。この時，2005年からの10年を「国連持続可能な開発のための教育(ESD)」に連動して，兵庫行動枠組（HFA）が国連総会で採択された。ESDとHFAは供出金に比べ，国連への提言が多いといえない日本の存在感を示すものであった。2011年には東日本大震災が発生し，第３回国連防災世界会議も2015年３月に仙台市で開催された。防災に限らず一つのテーマで国連の会議が３度，一つの国で開催されるのは多いとはいえない（ちなみに第４回の国連防災世界会議は2030年に開催されることになっているが開催国は未定である)。

最後に寺田寅彦の言葉を用いて防災教育の意義を拙稿の結びとしたい。「日本人を日本人にしたのは，学校でも文部省でもなくて，神代から今日まで根気よく続けられて来たこの災難教育であったかもしれない」(『災難論考』昭和10年７月)。

（藤岡達也）

20 異常気象 Extreme Weather Event

異常気象とは

気象庁では，異常気象について「ある場所(地域)・ある時期(週，月，季節)において30年に1回以下で発生する現象」と定義している。大雨や暴風など数時間の大気現象から干ばつや冷夏など数か月続くものなども含まれているとされる。また，土砂災害や少雨による作物の生育不良や竜巻による家屋の損壊など，災害を起こす激しい現象を指すこともある。近年では，極端な高温や低温，多雨や少雨といった事例が世界各地で多発している。異常気象は，海水温の上昇が関係しているといわれ，海水面の上昇，極域の海氷融解，生態系の変化など多岐にわたって影響を及ぼすとされる。

エルニーニョとラニーニャ

近年，数年おきに発生するエルニーニョ・ラニーニャ現象に地球温暖化の影響も加わり，日本をはじめ世界各地で発生する異常気象が激化していることが注目されている。

エルニーニョ現象とは，南米沿岸から太平洋赤道域の日付変更線付近にかけて海面水温が平年より1～2℃，時には5℃ほど高い状態が半年から1年半程度続く現象とされる。エルニーニョとは，ペルーの漁師がクリスマス頃に海水温上昇に気づき，スペイン語の「神の男の子」と呼んだことに始まる。

海水温が高いと海水の蒸発が活発になり，大気中に大量の水蒸気が供給され，積乱雲が発生しやすくなる。エルニーニョが発生すると，インドネシア近海で多く発生するはずの積乱雲が通常より東側で発生するなど，大気循環は変動することになる。これに伴い世界各地に異常多雨による洪水や異常少雨による干ばつなどの影響を及ぼすと考えられている。とりわけ，太平洋の西側に当たる東南アジアで高温少雨の傾向が見られる。日本では，夏の暑さをもたらす太平洋高気圧の北への張り出しが弱まり，梅雨が長引き冷夏になりやすい傾向がある。エルニーニョの影響は世界各地に及び，過去には干ばつで小麦やトウモロコシなどの穀物が不作になり，世界的な価格高騰につながることがあった。

一方，同海域において海面水温が平年より低い状態が続くことをラニーニャ現象と呼ぶ。ラニーニャはスペイン語で「神の女の子」を意味し，エルニーニョと対比して名づけられた。発生時には，南北アメリカ大陸の沿岸で低温となり，オーストラリアでは多雨になる傾向が強いとされる。日本では梅雨明けが早まり，猛暑になりやすい傾向がある。

異常高温・異常低温

近年，世界各地で記録的な高温が観測されている。2016年の世界の年平均気温は，1981～2010年の30年平年値より0.45℃高く，1981年に統計を開始して以来，最も高い値となった。次ページの図1には異常高温・異常低温の出現頻度分布図（2018年）を示した。気象庁は，「異常高温は北半球の夏を中心に世界各地で発生し，特に，ヨーロッパや東アジア，米国南西部などでは夏に記録的な高温になった」と述べている。夏の異常高温は熱波をもたらし，農林水産業などの生産活動の低下，熱中症などの病気や死亡率の増大などの被害を発生させている。同年，日本でも年平均気温は平年値より0.68℃高くなった。

世界の年平均気温は，長期的には100年当たり約0.71℃の割合で上昇しており，1990年代半ば以降，平年値よりも高温となる頻度が高まっている。2018年6～7月にかけて北半球を熱波が襲い，世界各地で最高気温の記録が塗り替えられた。日本においても観測史上最高の41.1℃が記録された。

一方，異常低温の出現が見られた地域もある。2017年１月初旬，ヨーロッパ中部からロシア西部では強い寒気の影響を受け，気温が平年に比べて低くなった。

異常多雨

近年，日本では台風や前線，局地的な大雨による土砂流出が多発している。気象庁による雨量観測は全国約1,300か所に設置されたアメダスによって行われている。気象庁によると，過去30年間（1975～2015年）の間に短時間強雨や日雨量100mm以上，400mm以上といった災害を引き起こすような大雨の発生回数が増加傾向にあるとしている。地球温暖化が影響している可能性があるとされ，今後地球温暖化が進行すれば大雨の発生数は増加すると考えられている。

「2018（平成30）年７月豪雨」では，西日本から東海地方を中心に，さらには北海道と広範囲で，台風７号及び梅雨前線などの影響による集中豪雨をもたらした。気象庁によると，2018年６月28日～７月８日の総降水量は，７月の月降水量平年値の２～４倍となったところがあったとしている。また，九州北部，四国，中国，近畿，東海地方の多くでこれまでの観測記録を更新する大雨となり，甚大な被害を残した。

地球温暖化時代の異常気象

地球温暖化に伴う異常気象は，毎日の生活，農林水産業はもとよりエネルギー問題ほか今日の人間活動に関わり，その影響は国境を越えて広がりをみせている。そのような中，吉野（2010）は，「極値」をトピック的に取り上げるのではなく，現象の回数や空間的な広がり，あるいは発生期間や連続性について捉えていくことが，その影響評価・対策には必要であるとしている。

また，気象庁では，全国各地の極端な現象の発生頻度や長期変化傾向に関して2006（平成18）年より「異常気象リスクマップ」の提供を行うようになった。加えて，インターネット上では気象情報，防災情報がリアルタイムに確認できるものも多く見られるようになった。異常気象から身を守るためには，どのような方法があり，どのように情報を集め，どのような減災・防災行動をとれるかが大切になろう。（元木理寿）

〔参考文献〕
吉野正敏（2010）『地球温暖化時代の異常気象』成山堂書店.
気象庁 https://www.data.jma.go.jp/gmd/cpd/monitor/annual/annual_2018.html

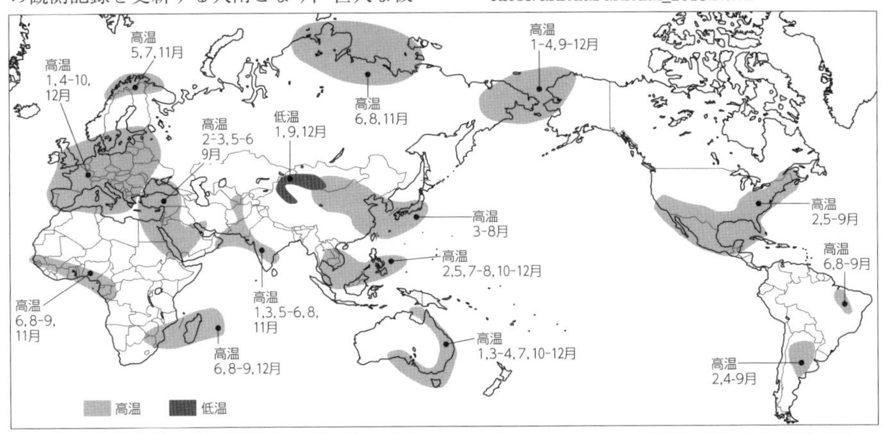

図１　2018年世界の主な異常高温・異常低温（気象庁：2019年１月15日〈2019年２月８日更新〉発表をもとに筆者作成）

21　気候変動枠組条約と京都議定書

United Nations Framework Convention on Climate Change and Kyoto Protocol

気候変動枠組条約とその意義・課題

気候変動枠組条約は，地球温暖化問題の解決に向け，世界各国の国際協力の枠組みを定めた国際条約である。地球温暖化の懸念の高まりをうけて，新たな条約の採択を目指して政府間交渉委員会を立ち上げることが1990年12月に国連総会で決議され，交渉を経て，1992年に気候変動枠組条約が採択され，1994年４月に発効した。2019年１月現在，197の国とEUが締結している。

本条約は，地球温暖化による悪影響を防止するために，大気中の温室効果ガス濃度を安定化させることを究極的な目的とし，この分野における原則を定めた。例えば，「共通だが差異ある責任」の原則は，すべての国は温暖化対策の責任を共通して持っているが，能力もあり，大量の温室効果ガスを排出してきた先進国は，途上国と比べてより大きな責任を持つべきであると考えるものである。

ほぼすべての国が参加する普遍的な国際条約であり，地球温暖化が重要な国際問題であるとの共通認識を確立し，国際協力の枠組みを打ち立てたという意味で意義深い。

一方，先進国の排出量を1990年レベルで安定化させるとの努力目標は，1990年半ばの時点ですでに達成される見込みがなかった。そのため，対策が不十分であるとの認識が国際社会に広がり，新たな国際合意をつくるための交渉が行われ，京都議定書へと結実した。

京都議定書とその意義・課題

京都議定書は，気候変動枠組条約の目的を達成するため，法的拘束力を有する温室効果ガス排出削減数値目標を規定した議定書である（議定書は条約の一種）。1997年に日本の京都で開催されたCOP3で採択され，2005年に発効した。2019年１月現在，191の国とEUが締結している。

第１約束期間（2008～2012年）と第２約束期間（2013～2020年）に，先進国に対し，法的拘束力のある，温室効果ガスの排出削減義務目標を課した。自国の目標達成のために，他国での排出削減分を活用できる「京都メカニズム」と呼ばれる仕組み（クリーン開発メカニズム，排出量取引，共同実施）が盛り込まれた。森林等による吸収も目標達成に利用できる。詳細な実施指針は，2001年にモロッコのマラケシュで開催されたCOP7で決定された。2012年のCOP18で，京都議定書の第２約束期間に関するドーハ改正が合意された。

京都議定書は歴史上初めて温室効果ガス排出削減を法的に義務づけたという点で画期的である。これによって温室効果ガス排出に何ら制約がなく，その責任も問われなかった時代から，排出に上限のある時代へと転換した。また，経済的な動機づけのある京都メカニズムを導入した結果，各国で省エネルギーや再生可能エネルギー普及が進み，環境関連産業や投資を刺激した。

京都議定書は重要な第一歩であるが，その排出削減量は温暖化防止には不十分であった。また，EU諸国等は第２約束期間も引き続き削減義務を受け入れたが，日本やロシアなどは第２約束期間の排出削減目標を持つことを拒んでいる。米国は京都議定書への参加をとりやめ，カナダは参加した後に脱退した。また，排出量が急増する途上国の排出削減対策については課題を残した。

（伊与田昌慶）

〔参考文献〕

亀山康子ら（2002）『京都議定書の国際制度』信山社.

22　パリ協定　Paris Agreement

パリ協定とは

パリ協定は，全29条からなる，地球温暖化対策の国際協力の枠組みを定めた法的拘束力のある国際条約である。2015年12月12日，フランスのパリで開催されていた気候変動枠組条約第21回締約国会議（COP21）において採択された。2019年３月現在，184の国とEUがパリ協定を締結している。

京都議定書は採択から発効まで約７年の時間を要したが，パリ協定は，米国や中国による政治的なイニシアティブ等によって，異例の速さでその発効条件を満たし，2016年11月４日に発効した。パリ協定の詳細な実施指針は，2018年12月のCOP24で合意されている。

写真１　COP21でパリ協定の採択を祝うCOP21議長ら
© Masayoshi Iyoda

パリ協定の目的：1.5～２℃未満

パリ協定全体を貫く目的として，地球平均気温上昇を産業革命前と比べて２℃をはるかに下回る水準に抑えること，及び1.5℃に抑制する努力をすること，気候変動の悪影響への適応能力を高めること，資金の流れを低排出にすることが明記された（２条）。また，世界全体の温室効果ガス排出削減の目標として，可能なかぎり早期に排出を頭打ちにし，その後迅速に減少させることや，今世紀後半に人為的な排出と人為的な吸収を均衡させること（実質排出ゼロ）も掲げている（４条）。

1992年の気候変動枠組条約や1997年の京都議定書では，２℃や1.5℃といった気温抑制や，実質排出ゼロのような数値目標は盛り込まれなかった。それがパリ協定で実現したのは，この間の科学的知見の進展に加え，気候変動の被害がすでに顕在化したこと，先進的なビジネスのリーダーや市民社会による後押しによるものといえる。

すべての国が目標を掲げ，取り組む義務

1.5～２℃や実質排出ゼロといった目標を実現させるため，途上国を含むすべての国は気候変動対策の国別約束を策定し，５年ごとに国連に提出するとともに，世界全体の対策がパリ協定の目的に照らして十分進んでいるかどうかを５年ごとに評価し，この評価に基づいて各国の行動強化を促す仕組みを構築した（４条，14条）。各国は国別約束を見直して再提出できるが，その際には，それまでの取り組みよりも進んだ，より高い目標を持つことが求められる（４条３項）。国別約束を策定し，提出すること，そしてその約束のために国内で対策措置をとることは，先進国と途上国の区別なく，法的拘束力ある義務となっている（すでに多くの国は，2020年以降の国別約束を国連に提出済みである）。

この背景には，危険な気候変動を防ぐために必要な排出削減量と，現在各国が掲げている温室効果ガス排出削減目標の水準の間の深刻なギャップがある。国連環境計画などの分析によれば，現行の各国の排出削減目標がすべて達成されたとしても，1.5℃はおろか２℃目標も達成できず，気温上昇は産業革命前に比べて３℃程度になるとみられている。

つまり，1.5～２℃未満という目標を達成するため，各国政府が現在の取り組み水準に満足することなく，継続的に見直し，永続的に目標と対策を強化し続けることを目指した仕組みといえる（パリ協定の趣旨に沿うならば，途中で目標や対策を後退させることは許されないだろう）。情報やデータが不十分では適切な相互評価ができないため，十分な透明性をもって，①目標の策定と提出，②国内での対策実施，③世界全体での進捗確認，④さらに強化した目標の再設定…と繰り返されるプロセスを進める必要がある。このため，各国の行動・支援の進捗報告やレビューのあり方についても規定されている（13条）。

気候変動の適応，損失と被害，途上国支援

気候変動の悪影響はすでに発生しており，とりわけ島しょ国や低開発の途上国に深刻な被害をもたらしている。また，今後排出削減を強化したとしても一定の温暖化影響は発生するため，適応策も重要である（例えば，激化する洪水に耐えうる治水インフラの整備や猛暑に耐える農作物の品種改良等）。このため，パリ協定は，グローバルな適応目標を設定することや，各国が適応報告を策定し，定期的に更新することを盛り込んでいる。また，適応の取り組みについても５年ごとに世界的な進捗確認を行うことになった（７条）。

適応策を実施したとしても防ぎきれない，海面上昇など気候変動による「損失と被害」も発生する。パリ協定では，損失と被害についても独立した条項を盛り込み，既存のメカニズムを活用してこの課題について検討し，対策をとっていくことになった（８条）。

途上国の気候変動対策に必要な資金をどう確保し，支援するのかという論点については，これまでどおり先進国に資金拠出の義務が課せられる一方，先進国以外の締約国も自発的に支援を提供することが奨励されている（９条）。世界的に温暖化対策に必要とされる資金は圧倒的に不足しており，先進国を中心に，さらなる貢献が求められている。

パリ協定の意義

パリ協定は，その長期目標のため，化石燃料の時代を終わらせることを産油国等を含むすべての国で合意したものであり，画期的な条約といえる。もはや化石燃料は，余っていたとしても使えない時代となった。

実際，パリ協定の採択・発効と前後して，再生可能エネルギー100％という目標を掲げる国，企業，自治体，大学等が世界に広がっている。他方，パリ協定採択後，化石燃料の中で最もCO_2排出量の多い石炭を利用した火力発電をゼロにすることを目指す国，自治体，企業の連合である「脱石炭に向けたグローバル連合（PPCA）」などの新たなイニシアティブも広がっている。

世界保健機関（WHO）は，化石燃料から脱却すれば気候変動の悪影響に加えて化石燃料に起因する大気汚染の被害を減じることができるとし，「パリ協定は今世紀で最も重要な健康の条約だ」と指摘している。さらに，国連安全保障理事会でも討議されているように，気候変動による紛争リスクを踏まえれば，パリ協定は国際平和のためにも重要な意義を持っているといえる。また，気候変動の悪影響は途上国の人々の生命や生活環境，経済活動に甚大な被害をもたらす。このため，貧困・飢餓対策などの目標を含む「持続可能な開発目標（SDGs）」の観点からも，パリ協定には大きな意義があるといえよう。

パリ協定の対応・実施状況

パリ協定が目指す「1.5～２℃未満」を実現するには，現在の対策は不十分なままである。各国政府に加え，自治体，企業，市民等の役割も重要視されており，あらゆる主体がパリ協定の担い手として排出削減目標や対策を強化し，脱炭素化に貢献することが求められている。

米国は，気候変動対策において極めて大き

な責任と能力を持つ。それにもかかわらず，2017年，米トランプ大統領は将来パリ協定から離脱する意向を表明した。このことでパリ協定が形骸化したとの受け止めがあるが，必ずしもそうとはいえない。第一に，トランプ大統領の発表後，パリ協定から抜けると決めた国はない。第二に，米国はすでにオバマ政権時代にパリ協定の正式メンバーになっており，2020年11月まで離脱できない。第三に，米国のGDPの約半分に相当する米国内の州，自治体，企業などが独自にパリ協定に取り組むと表明している。さらに，米国では価格競争力に劣る石炭からの脱却が進み，温室効果ガス排出量も近年は減り始めている。

EUは，キャップ・アンド・トレード型の排出量取引制度によって大規模排出源への対策をとるとともに，各国による炭素税，再生可能エネルギー普及策によって，CO_2排出と経済成長の両立を目指してきた。EU28か国で，1990年から2016年にかけて，GDPは54％増え，CO_2排出量は21％減った（図１）。

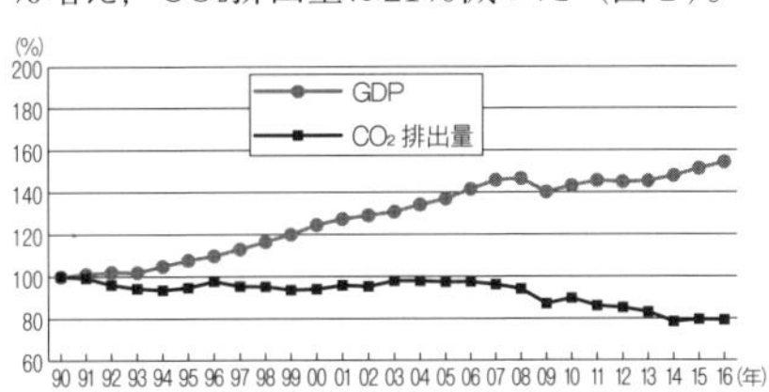

図１　EU28：CO_2排出量とGDPの推移（1990年＝100％）
（IEA, CO_2 Emissions from Fuel Combustion 2018のデータより筆者作成）

中国は，世界随一の再生可能エネルギー大国となり，キャップ・アンド・トレード型排出量取引制度の導入，石炭の炭鉱閉鎖や石炭火力発電所の新設計画の中止を進めるなど，新たな温暖化対策を実施している。その背景には，温暖化への危機感に加えて，化石燃料に由来する大気汚染被害が深刻であることが挙げられる。

パリ協定と日本の課題

欧米や中国などに出遅れ，発効には間に合わなかったものの，日本政府も2016年11月８日にパリ協定を締結した。国際的な研究者グループのクライメート・アクション・トラッカーは，パリ協定のもとで日本が掲げる排出削減目標の水準（2030年までに2013年度比で26％削減）が，パリ協定の長期目標に沿っておらず，「とても不十分」だと評価している。仮にすべての国が日本並みの低い水準の目標を持つなら，今世紀末までの気温上昇は３～４℃以上になると推計されている。

日本の温室効果ガス排出量の約９割はエネルギー起源CO_2であるため，日本の温暖化対策ではエネルギー政策が重要である。日本政府は原子力と石炭を重視し，省エネや再エネを軽視してきたため，化石燃料に依存した高炭素な産業構造が維持されている。その結果，1990年以降，欧米諸国と比べて低い水準のGDP成長にもかかわらず，CO_2排出量を減らせていない（図２）。

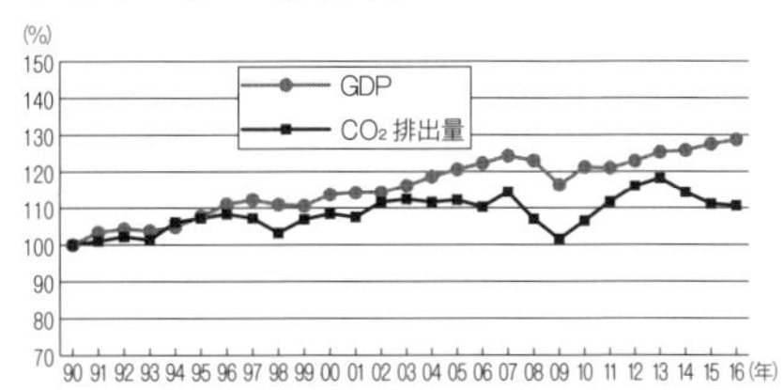

図２　日本：CO_2排出量とGDPの推移（1990年＝100％）
（IEA, CO_2 Emissions from Fuel Combustion 2018のデータより筆者作成）

2011年３月の東京電力福島第一原発事故後，国内で50基の石炭火力発電所新設計画が立ち上がった。CO_2排出量が天然ガス火力発電の２倍にもなる石炭火力発電には，国内外から批判の声も多くある。石炭火力発電をやめ，省エネ・再エネ中心の政策に転換することで，日本でも脱炭素を実現していくことが可能であり，そのことがパリ協定の実施につながる。

（伊与田昌慶）

〔参考文献〕

小西雅子（2016）『地球温暖化は解決できるのか　パリ協定から未来へ！』岩波書店.

23　低炭素経済・社会と脱炭素化

Low Carbon Economy, Low Carbon Society and Decarbonization

低炭素経済・社会とは

低炭素経済・社会とは，地球温暖化の主な原因である二酸化炭素（CO_2）の排出を減らした経済・社会を意味する。CO_2排出の大部分は化石燃料由来であるため，低炭素とは，石油・石炭・天然ガスなどの化石燃料の利用を減らすこととほぼ同義である。

その方策としては，大量生産・大量消費型の産業構造や社会慣行を改め，省エネルギーを進めるとともに，化石燃料から再生可能エネルギーへ転換することなどが挙げられる。これらによって，地球温暖化の進行を防ぎ，持続可能な発展を目指す経済・社会ビジョンが低炭素経済・社会である。

欧米では2003年頃から「低炭素経済」という用語が使われるようになり，日本では2007年頃より「低炭素社会」という言葉が使われるようになった。いずれもほぼ同じ意味だが，「低炭素経済」は，経済的側面により焦点をあてたものである。

他方，「低炭素社会」という用語は，CO_2排出源の大部分を占めている経済活動の責任をあいまいにするとの批判もある。経済産業省や電力業界が原子力発電を推進する際に「低炭素社会」の語句を用いたが，実際には，日本で原発が増えてもCO_2削減は進まなかった。逆に，原発利用率が０％になった2014年度，日本のCO_2排出量は前年と比べて減少した。省エネや再エネ普及によって，脱原発とCO_2削減が両立しうることを示したといえる。

低炭素から脱炭素へ

気候科学の蓄積と気候変動の進行に伴って，CO_2排出量を低く抑える「低炭素」を超えて，CO_2排出を実質ゼロにする「脱炭素」を目指すべきとの議論が広く行われるようになっている。その背景には，危険な気候変動を防ぐために地球平均気温上昇を1.5～２℃未満に抑えるには「低炭素」では不十分であるとの認識が広がったためである。

そのためには，化石燃料由来のCO_2排出をゼロにし，どうしても排出される温室効果ガスについては，持続可能な森林管理等によって吸収するようにすることが必要になる。

CO_2排出と経済活動のデカップリング

経済と環境は両立せず，CO_2排出量を減らせば経済が悪化するとの言説が日本では広く信じられてきた。しかし，厳しい環境規制によって日本の自動車産業が自動車の燃費を向上させ，国際競争力を持った例もある。CO_2を減らしながらGDP成長を実現している国も世界に多数現れている。炭素税などの施策を早くに導入したドイツでは，CO_2を減らしながらGDPを増やす傾向が顕著である（図１）。ドイツほどではないものの，日本でも同様の傾向が2013年以降現れはじめている。低炭素化・脱炭素化によって，経済の好循環や生活の質向上が目指されるべきである。

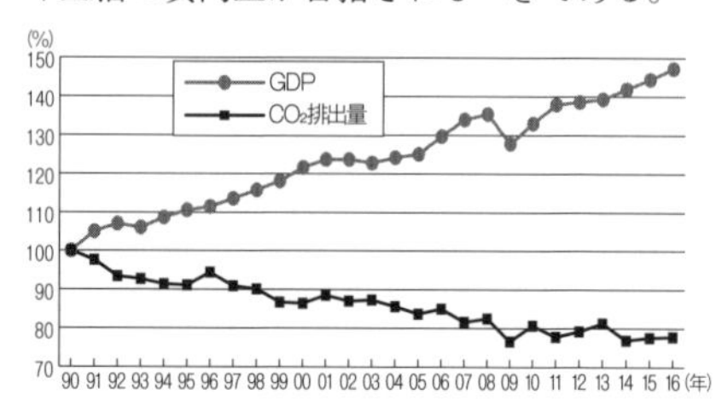

図１　ドイツのCO_2排出量とGDPの推移（1990年＝100％）（IEA, CO_2 Emissions from Fuel Combustion 2018のデータより筆者作成）

（伊与田昌慶）

〔参考文献〕
諸富徹ら（2010）『低炭素経済への道』岩波書店.

24　化石燃料　Fossil Fuel

化石燃料とは

化石燃料は，もともと動植物の遺骸（有機物）が数千万年から数億年という時代を経て化石となったもので，石炭・石油・天然ガスなどが該当する。

世界の確認埋蔵量を年生産量で割った「可採年数」は，石炭は153年，石油は50.6年，天然ガスは52.5年である（『エネルギー白書2018』）。可採年数は，産地が増える等の理由で延びることがある。また，技術の進展によって，オイルサンド，シェールガス等の新しいエネルギーも利用されるようになった。

化石燃料の利用状況～石炭・石油・ガス～

産業革命を経た現代社会において，化石燃料は，発電や熱，動力のエネルギー源として広く利用されている。

石炭は，火力発電，ボイラー用燃料，製鉄用のコークス製造等に用いられている。世界における石炭の生産量は2013年にピークを迎え，その後は減少に転じている。

石油は，オイルショックを経て，日本では発電用燃料としての利用は低迷しているが，輸送用燃料（自動車のガソリン等）として，また，航空機用ジェット燃料，暖房用灯油，石油化学製品の原料など，広く利用されている。その生産量は現在も微増を続けている。

天然ガスは，発電用燃料や産業用燃料，都市ガスなどの用途が中心である。こちらも，その生産量は現在も微増を続けている。

化石燃料を原因とする問題

化石燃料の生産から消費までの過程では様々な社会問題が生じている。まず，資源のある土地が開発され，自然環境が破壊されるし，採掘中に排出される汚染物質が水質汚染や土壌汚染を招く。運搬時に原油流出事故が発生すれば，深刻な汚染がもたらされる。

エネルギーとして利用（燃焼）する際は，地球温暖化の主原因となるCO_2を大量に排出する。パリ協定の1.5～２℃目標を達成するためには，世界の化石燃料埋蔵量の85％を地中に埋めたままにしなければならないとの試算もあり，たとえ余っていたとしても今後は使用できないとの認識が広がっている。特に，石炭火力発電は，最新技術を用いても天然ガス火力発電の約２倍のCO_2を排出する，最大の排出源の一つである。

また，化石燃料は硫黄酸化物や窒素酸化物，PM2.5，水銀などの汚染物質の排出源でもある。四日市ぜんそく等の公害の原因になり，今でも国内外で健康被害を引き起こしている。

石油に顕著だが，その資源確保をめぐって政治的な緊張をもたらし，平和を脅かすリスクがあることも認識されている。

脱化石燃料の展望

発電用途については，再生可能エネルギーの技術開発と普及が進み，化石燃料による火力発電と比べても安価になってきているため，脱化石燃料の展望はひらけている。

自動車については，ガソリンの代替技術の開発は進んでいる。すでに，欧州や中国では，ガソリン車の利用をやめて電気自動車へと転換しようとする動きもある。

他方，航空機用のジェット燃料など，化石燃料からただちに脱却することは難しいとされる用途も残されており，さらなる技術開発が求められる。　（伊与田昌慶）

〔参考文献〕

経済産業省（2018）『平成29年度エネルギーに関する年次報告（エネルギー白書2018）』経済産業調査会.

25　ダイベストメント　Divestment

ダイベストメントとは

近年，SDGsにもある様々な社会課題の解決のために，ダイベストメント（divestment）と呼ばれる取り組みに注目が集まっている。ダイベストメントとは，投資（investment）とは逆に，「投資をやめること」を意味する。金融機関や機関投資家，年金基金などが投資している企業や事業によって深刻な社会問題が発生している場合，それらに投じていた資金を撤収することで，問題解決を促す取り組みである。また，そういった事業や企業に対して将来にわたって資金を投じない方針を定めることもダイベストメントの一環といえる。

従来，金融機関や投資家が投融資の判断をする際は，収益があげられるかどうかのみに関心が集中しがちであった。その結果，人権侵害的で環境破壊的な事業にも多額の資金が調達され，展開されてきた。この反省に立ち，自らの資金の投資先については，その経済性だけでなく，社会的・環境的影響まで責任を持つべきとの認識が広がった。

2019年１月，りそなホールディングスが核兵器を開発・製造・所持する企業に対して融資を行わない方針を定め，発表したことも，ダイベストメントの一例と考えられる。

地球温暖化防止のためのダイベストメント

近年，特に活発な地球温暖化分野の例を見てみよう。地球温暖化の主原因は，化石燃料の燃焼に伴う二酸化炭素（CO_2）の排出であり，化石燃料からの早期脱却が求められている。これに加え，太陽光や風力などの再生可能エネルギーのコストが急激に下がり，化石燃料よりも安価になり始めた。その結果，化石燃料がこれまでのような資産価値を持ちえなくなり，投資をしてもこれまでのように利益をあげられなくなるリスクがあるとの認識が広がった。このため，特に石炭を中心とする化石燃料の関連事業・企業への投融資を取りやめる動きが広がっている。

国際環境NGOの350.orgによれば，ダイベストメントの動きは年々拡大している。同団体は，2018年12月の時点で，化石燃料のダイベストメントを表明した機関数は世界で1000を超え，それらの資産総額が900兆円に達したと発表している。例えば，ノルウェー政府年金基金やカリフォルニア州職員退職年金基金などが，石炭関連企業に対するダイベストメント方針を表明している。

日本における化石燃料ダイベストメント

世界では2015年にパリ協定が採択されるより以前からダイベストメントの取り組みが広がっていたが，日本にはなかった。しかし，2018年になって，生命保険会社やメガバンクなどが石炭新規事業に対する投融資を原則控えるという方針を発表するなど，化石燃料ダイベストメントが始まった。これに対しては，前進であるとして歓迎する声も聞かれる一方，パリ協定が目指す1.5〜２℃未満の温暖化防止目標を達成するためには不十分であるとの評価もある。そういった評価の背景には，依然として日本の金融機関及び投資家が石炭に巨額の資金を投じている現状があるからである。

350.org　Japanは，日本でも一般市民ができるダイベストメントとして，自らが口座を開設している銀行が化石燃料事業に資金を投じている場合は，そうでないクリーンな銀行へと口座を移すアクションを提案している。

（伊与田昌慶）

〔参考文献〕

350.org Japan，http://world.350.org/ja/

26　炭素予算と座礁資産　Carbon Budget and Stranded Assets

炭素予算とは

気温上昇をある水準で抑えることを目指す時，その場合に許容されうるCO_2排出量を推計できる。「炭素予算（カーボン・バジェット）」とは，地球温暖化を一定の水準でとどめるための，CO_2累積排出量のことである。

気候変動に関するパリ協定の長期目標である「1.5～２℃未満」をもとにして，複数の研究者グループなどが炭素予算を算出している。例えば，気候変動に関する政府間パネル（IPCC）が2013年に発表した報告によれば，工業化前から今世紀末までの地球平均気温上昇を66％の確率で２℃未満に抑える場合，2012年以降に人類が排出できるCO_2は約１兆トンしか残されていない。

炭素予算と中長期の排出削減目標

炭素予算によって，いつまでにどれくらいのCO_2累積排出量が許容されうるのか（つまり，いつまでにどれくらいの削減が必要なのか）を見通すことができるようになる。例えば，英国の気候変動法は，「2050年までに1990年比で少なくとも80％削減」「気温上昇２℃未満」という長期目標に向けて，政府が法的拘束力ある炭素予算（５年間）を設定することを求めており，そこから排出削減目標も算出される（下表）。これらについては，独立した気候変動委員会が専門的な助言を行う。なお，日本には，英国のような，科学的知見に基づいて目標や方針を定める仕組みはない。

炭素予算の期間	排出削減率（1990年比）
①2008-2012年	25％
②2013-2017年	31％
③2018-2022年	37％（2020年まで）
④2023-2027年	51％（2025年まで）
⑤2028-2032年	57％（2030年まで）

座礁資産とは

パリ協定が目指す1.5～２℃未満を達成するためには，地球上にある化石燃料埋蔵量のほとんどはもはや使用できない。オイル・チェンジ・インターナショナルの「The Sky's Limit」によれば，２℃未満を目指す場合，世界の化石燃料埋蔵量の68％（1.5℃を目指す場合は85％）を地中に埋めたままにしなければならないとされる。たとえ化石燃料資源が余っていたとしても，使ってはならない時代になったといえる。

そのような中，注目されるようになった考え方が「座礁資産」である。座礁資産とは，パリ協定のもとで進められる脱炭素化の流れや市場環境の変化などによって，これまで資産価値を持っていた化石燃料資源や関連するインフラなどが，その資産価値を失ったものである。再生可能エネルギーのコストが安価になり，化石燃料の価格優位性が崩れることで，座礁資産リスクは今後も高まる見通しである。

座礁資産への対応

化石燃料の中でCO_2排出量や環境汚染度の最も大きい石炭は，環境法規制の対象になりやすく，座礁資産リスクが高い。英オックスフォード大学の研究によれば，日本の電力会社の座礁資産リスク（座礁資産となる石炭火力発電所の価値）は，約７～９兆円にのぼる。脱石炭の判断が早急に求められる。

化石燃料（特に石炭）のビジネスを進めている企業は，リスクを適切に評価し，脱却を進める必要がある。市民は，年金基金や自分の口座のある銀行などが座礁資産リスクにどう対応しているか，調べてみるとよいだろう。

（伊与田昌慶）

27　再生可能エネルギー　Renewable Energy

再生可能エネルギーの種類と意義

再生可能エネルギーとは，太陽エネルギーや地球そのものが持つエネルギー（地熱，潮力）を源とし，人類が将来にわたって利用しても枯渇しない再生可能なエネルギーの総称である。太陽からのエネルギーを太陽熱として直接使う方法は古くからあるが，太陽光を電気に直接変える技術は近年の半導体の開発・利用により可能になった。

人類は太陽エネルギーにより成長した植物やそれを食べた動物などから発生するバイオマス（森林や農業・畜産などからの生物資源）を古代から熱として調理や暖房に利用してきたが，近年ではバイオマスによる発電も行われている。地球そのものが持つ地熱エネルギーは，温泉などとして古くから利用されてきたが，近年では発電も行われている。さらに海洋エネルギーとして海流や波力，月の引力によって生まれる潮力による発電もできる。

川の流れを利用して水車を回して発電を行う水力発電の歴史は100年以上も前に遡り，現在でも，水力を発電の主力としている国は世界に多数ある。

18世紀に始まった産業革命により，石炭などの化石燃料による大量のエネルギー消費が可能となり，それまで利用してきた水力や森林・農業からのバイオマスなどの再生可能エネルギーの割合は相対的に小さくなった。しかし，1980年代の石油ショックにより化石燃料の価格が世界的に高騰すると，化石燃料を必要としない再生可能エネルギーが注目され，様々な技術開発が行われるようになった。世界各国で公害問題が深刻になり，さらに1990年代に入り気候変動問題への対応が求められることで，有害物質やCO_2の排出が小さい再生可能エネルギーの導入が各国で始まった。

再生可能エネルギーの普及政策

産業革命以前からの伝統的なバイオマス（薪や家畜排泄物など）は，今でも発展途上国を中心に，調理や暖房などに利用され，世界の総エネルギー消費量の約８％に相当するといわれている（出典：REN21『自然エネルギー世界白書2018』）。

それに対して水力発電以外の近代的な再生可能エネルギーは，1980年代の導入当初は設備の導入コストも高く，効率も今と比べて低かった。しかし，様々な支援制度によってコストが化石燃料なみに下がり，本格的な普及が始まった。

電力会社が一定の割合で再生可能エネルギーからの電気を調達することを義務づける政策（RPS制度）や，決まった固定価格で長期間買い取ることを義務づける政策（FIT制度）が欧州などを中心に1990年代から導入された。技術革新や大量生産によるコストの低下によって，まず風力発電の普及が進み，その後，2000年代に入ってからは太陽光発電が急速に普及していった。CO_2を排出する化石燃料に対して課税する環境税などの導入も，再生可能エネルギーの後押しをしている。

地熱については，一部の国に資源が遍在しており，アイスランドやフィリピンなどで導入が進んでいる。

再生可能エネルギーの現状

世界全体の総エネルギー消費に占める再生可能エネルギーの割合は約18％に達している。そのうち伝統的なバイオマス熱利用を除く近代的な再生可能エネルギーの割合は約10％である（2016年）。世界の全発電量に占める再生可能エネルギーの割合は約27％で，約17％は水力発電が占めている（2017年推計）。

世界中で導入されている水力発電設備は，累積で10億kW以上に達しており，再生可能エネルギーの中で最も大きな割合を占めている。風力発電の設備容量は1990年代から着実に増加して2018年末には約6億kWに達しており，すでに2015年末には原子力発電の設備容量（約4億kW)を超えている。太陽光発電の設備容量も2018年末には5億kWに達している（図1）。再生可能エネルギーの利用は1990年代から欧州各国で先行して進んだ。オーストリア，スウェーデン，ポルトガル，デンマークなど5か国では2015年には年間発電量に占める割合が50%以上になっている。

気象条件等によって出力が変動する再生可能エネルギー（VRE）を電力系統において調整することは再生可能エネルギーの割合を高めるうえでとても重要である。再生可能エネルギーを優先するルールを持つ国では，太陽光や風力発電を優先して火力発電を調整し，広域の電力市場を使って必要な電力を融通している。揚水発電などの蓄電機能を最大限に活用するほか，再生可能エネルギー自らも調整機能を持つようになっている。日本国内においても，太陽光発電の導入が進み九州電力でのVREの比率が10%に達したため，これらの調整を電力系統で本格的に実施するようになってきている。

日本国内の現状と課題

日本国内では，2011年以降，東日本大震災と福島第一原発事故の影響によりエネルギー政策の大きな見直しが行われ，再生可能エネルギーの本格的な導入が始まった。2018年に政府が策定したエネルギー基本計画においても再生可能エネルギーが日本の主力電源をとなることを目指すとされている。2012年にスタートしたFIT制度により，太陽光発電の全発電量に占める割合も約6%に達している。また，全発電量に占める再生可能エネルギーの割合は2018年度に約17%に達した。2030年の導入目標である24%以上を目指して電力系統の制約などを克服するための電力システムの改革やFIT制度の見直しが行われている。

日本の電力システムの改革は，電力自由化や発送電分離が先行し電力市場が整備された欧州に比べると途上にある。2016年からの全面自由化に続き，2020年にようやく発送電分離が行われる。

FIT制度の見直しでは，設備の認定の際に電力系統への接続が前提となって事業の内容が厳しく精査されることになり，特に太陽光発電の事業に対する見直しが進んでいる。

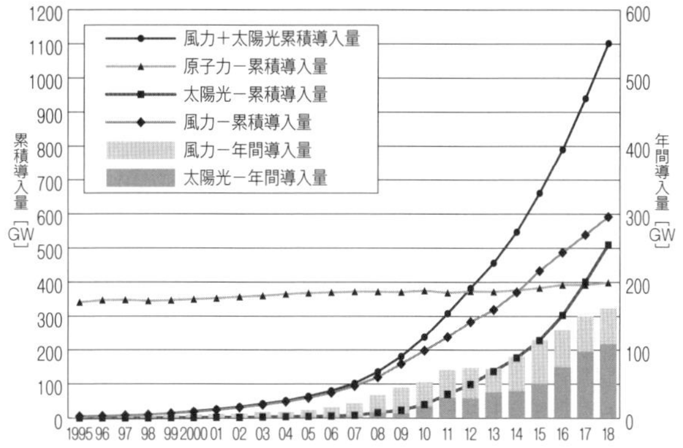

一方，風力，地熱，小水力については様々な要因で導入が進んでおらず，環境アセスメントの評価手続きの短期化などが行われている。パリ協定を踏まえて再生可能エネルギー100%を目指す国や地域，企業が評価されはじめている。さらに，各国の地域での合意形成や地域貢献の重要性が指摘されてきており，「コミュニティパワー」として地域主体による事業のオーナーシップやガバナンス，地域還元の三つのポイントが重視され始めている。（松原弘直）

図1　世界の風力発電と太陽光発電の導入量と原子力発電の比較
（出典：IRENA，IAEAデータより作成）

28　原子力発電　Nuclear Power Generation

原子力発電の仕組みと歴史

原子力発電はウランを燃料とする発電システムである。ウランの中には核分裂しやすいウラン（235U）はわずか0.7％しか含まれていないが，これを濃度４％前後に濃縮して使用する。このウランの核分裂のエネルギーで蒸気を発生させ，タービンを回して電気を作る仕組みである。

ウランに中性子を当てることで核分裂が起こり，大きなエネルギーが発生することが発見されたのが1938年，臨界と呼ばれる継続的核分裂反応を行う最初の原子炉が作られたのが1942年，そして最初の原子力発電が行われたのが1951年で，歴史の浅い技術といえる。

開発当初は米国だけでも1000基の原発が建設されるといった勢いから，ウラン資源は早くに枯渇すると予想され，核分裂の副産物であるプルトニウムを燃料に使用する高速増殖炉開発が進められた。しかし，需要は描いたほどは伸びず，また，高速増殖炉技術は開発が困難でコストも膨大との理由から撤退する国々が増えた。このタイプの実用炉は未だ開発されていない。日本でも，1994年に動力炉・核燃料開発事業団（当時）が原型炉「もんじゅ」を建設したが，試験運転中の95年に火災事故を起こして以来停止状態が続き，2016年暮れに廃炉が決定した。

原子力発電の事故と安全性

原子力発電は発電時にCO_2を排出しないことから地球温暖化防止に役立つ発電方式と宣伝されている。しかし，その安全性に対する課題は多く，実際に放射能を大量に放出するような重大な事故が起きている。

1979年３月には米国ペンシルバニア州スリーマイル島の原子力発電所で炉心の溶融事故が発生したし，1986年４月のソビエト連邦（現：ウクライナ）のチェルノブイリ原子力発電所の事故では，原子炉の出力が上昇して暴走状態に至り，原子炉及び建屋が爆発で破壊され，多くの放射性物質が大気圏に放出，北半球に拡散した。チェルノブイリ原発では今でも30km圏内は立ち入り禁止となっている。

2011年３月11日に起きた東北地方太平洋沖地震とこれによる津波により，福島第一原子力発電所では３基が燃料溶融事故に至り，これらを含む運転中の４基で水素爆発が起きた。

この事故を受けて，原子力安全・保安院が廃止され，新たに原子力規制委員会ならびに原子力規制庁が環境省の外局として設置され，新しい規制基準が法定された。新基準に適合した原発の再稼働が進められているが，再稼働に反対する強い動きや適合条件を満たすための膨大なコスト，原子炉の老朽化などから，建設された商業炉の４割以上がすでに廃炉（予定）となっている。

福島第一原発事故では避難計画が十分でなかったこともあり，多くの人々が被ばくした。また，避難途上で亡くなられた方もいた。事故を契機に，新たに原発から30km圏内の自治体に避難計画の策定が義務づけられた。しかし，例えば，東海第二原発を事例にとれば，避難計画対象人口が99万人に達し，その実効性に疑問が出されている。

またこの事故では，国からの要請を受けて福島県内外に避難した者は2012年５月のピーク時で16万人に達した。その後の除染作業による避難指示区域の解除等で避難者は減少したが，2019年１月時点で，依然として５万人以上が避難生活を続けている。

原子力発電から出る放射性廃棄物

核分裂生成物は多種多様の放射性廃棄物と

なる。日常の運転では，大気や海に希ガス類やトリチウムなどが放出されている。長期にわたって日常的に放出される放射能による環境汚染と人体への影響が懸念される。

固体の放射性廃棄物は高レベル放射性廃棄物と低レベル放射性廃棄物に区分される。定期検査などで発生する低レベル放射性廃棄物は，青森県六ヶ所村にある低レベル放射性廃棄物埋設センターで埋設処分されつつあり，将来的にはすべてがここに運ばれる予定である。

廃炉で発生する比較的レベルの高いものは100m程度の中深度地下に埋設処分される。高レベル放射性廃棄物はガラスに固めて（ガラス固化体）地下300mより深い地層に埋設処分されることが法律で定められている。長期にわたって生活環境から隔離する必要性からだが，地震や火山噴火が頻発し，ほぼ全域が変動帯に分類される日本で，この深い地層への埋設処分の安全性については疑問が残る。

原発の使用済核燃料からプルトニウムを抽出して燃料に利用する一連の流れは核燃料サイクルと呼ばれる。その要にあるのが再処理工場である。日本では70年代末に茨城県東海村に建設されたが，施設の老朽化と耐震安全性が確保できないとの判断から2017年に廃止が決まった。また，青森県六ヶ所村に建設された再処理工場は2004年に完成し試験運転を進めていたが，トラブルが相次ぎ，福島原発事故後の規制基準への適合も審査中で，先行きは不透明である。

再処理によって取り出したプルトニウムは普通の原発の燃料（MOX燃料）に使用される。これをプルサーマルと呼んでいる。日本は現在47トンものプルトニウムを保有しているが，プルサーマルは計画どおりには進んでいない。またMOX燃料の使用済核燃料は一層やっかいな高レベル廃棄物となる。

回収されたウラン（実はこれが使用済核燃料の大部分を占める）も，再利用は技術的には可能だが具体的な計画がなく，放射性廃棄物となる可能性が高い。

廃炉廃棄物や高レベル放射性廃棄物に関しては，規制基準や処分地が未だ決まっていない。

日本政府の原発政策

福島第一原発から発生する汚染水は，低減したとはいえ，今もなお１日150トンほどに達しており，廃炉作業も困難を極めている。廃炉コストの試算も発表ごとに膨大なものに膨れ上がっている。

日本の政府は，福島原発事故後も原発依存度を可能なかぎり低減するとしながら，原子力をベースロード電源と位置づけて，原発の再稼働を進めてきた。しかし，既存の原発も経年劣化による維持コストの増大などから順次廃炉されるのは必然で，ベースロード電源と位置づけ続けることには無理がある。

一方で，国内での新規原発建設は困難との判断から，政府は原子力産業と一体となって海外での原子力発電所の建設受注を目指してきた。しかし，事業費の高騰や国民投票での反対等で，トルコ，ベトナム，リトアニアでの計画は頓挫・撤退に至っており，日立製作所がイギリス政府とともに進めてきた建設計画も事業費の高騰から凍結に至っている。原子力政策は大きな転換の時期にきているといえる。

世界の原発の動向

2018年７月１日現在，世界には413基の原発が稼働している。インドや中国は活発な原発計画があるが，実際にどの程度が稼働するかは見通せない。福島原発事故を契機としてドイツやイタリアでは脱原発の動きが加速した。また，原発の安全性が一層強く求められ，ヨーロッパでは１基の建設費が１兆円を超えており，新規の原発建設は難しい状況になっている。

（伴　英幸）

29　省エネとスマートシティ　Energy Saving and Smart City

省エネルギーとは

無駄なエネルギー消費を減らすことは，いつの時代でも重要であるが，地球温暖化が進行している現在，世界中のすべての人々が心がけるべきことである。

産業革命を経てエネルギー消費量が大幅に増えたこと等により，地球を覆っている温室効果ガス（CO_2等）の量が増えすぎて，太陽の熱が宇宙に逃げにくくなっており，地球の温度が上昇している。そのため，地球温暖化を防ぐためには，温室効果ガスを出さないエネルギー（太陽光や風力といった再生可能エネルギー）を使いつつ，省エネルギーをする必要がある。

家庭においてエアコンの設定温度を調整したり，電球を省エネ効果の高いLED（発光ダイオード）電球に変えるといった省エネが可能であるし，企業や業界でも，例えば，ZEB（ネット・ゼロ・エネルギー・ビル）のように，建物の建築計画自体を工夫するといった省エネの取り組みが進められている。これら省エネの取り組みを進めるのに欠かせないのが，関連する最先端の技術・製品等の開発・普及で，家庭や企業・業界といった枠を超えて，都市やまち全体で省エネ等に対応しようとする試みが「スマートシティ」である。

スマートシティとは

国土交通省では,「スマートシティ」を「都市の抱える諸課題に対して，ICT等の新技術を活用しつつ，マネジメント（計画，整備，管理・運営等）が行われ，全体最適化が図られる持続可能な都市または地区」と定義している。スマートシティとは別に,「スマートコミュニティ」という言葉もある。地球温暖化等の問題を考えると，今後は，太陽光や風力といった再生可能エネルギーを最大限活用しつつ，エネルギー消費を最小限に抑えていく社会が求められている。経済産業省では，「スマートコミュニティ」を「家庭やビル，交通システムをITネットワークでつなげ，地域でエネルギーを有効活用する次世代の社会システム」と定義している。

こういった次世代の都市・まちづくりにあたっては，再生可能エネルギーによる電力を効率よく供給していくことが非常に重要である。近年では，ネットワークを活用する次世代送電網である「スマートグリッド」という仕組みが登場した。経済産業省は「情報通信技術により効率的にバランスをとり，生活の快適さと電力の安定供給を実現する電力送配電網」と説明しており，太陽光発電等の電力供給システム，送配電ネットワーク，蓄電設備等から構成されている。

SDGsに示された環境・社会・経済の問題（台風・地震等の災害による被害や，経済低迷・雇用喪失等）は，世界のほかの国や地域だけの話ではなく，今や日本国内でも対策を迫られている。このような山積する多様な問題を解決するためのリソース（人・資金・モノ等）には余裕がないことを考えると，今ある資源をなるべく効果的・効率的に活用していくことが必要となる。

そういった状況の中で，スマートシティやスマートコミュニティといった試みを取り入れて持続可能な都市・街を実現することは，非常に重要な取り組みである。情報通信技術により様々なモノをネットワークでつなぎ，データを収集・分析・活用することによってより最適なサービスを提供することで，社会のシステム全体が今後さらに変化していくと考えられる。

スマートシティの事例

スマートシティというと，以前は環境・エネルギー等の個別分野に特化した取り組みが中心だったが，「環境」「エネルギー」「交通」「医療・健康」等といった複数分野に分野横断的に取り組む事例が増えている。

例えば，神奈川県藤沢市では，市とパートナー企業が官民一体となって進める「Fujisawaサスティナブル・スマートタウン」というプロジェクトを行っている。全体目標として，CO_2や生活用水の削減，再生可能エネルギーの利用率増加，非常時のライフライン確保といった項目を掲げている。具体的には，Fujisawa SST内に建てられるすべての戸建住宅に太陽光発電システム・蓄電池・スマートHEMS（Home Energy Management System）を設置して，家全体のエネルギー使用を最適にコントロールする等の取り組みが行われている。また，街全体でも，分散型の再生可能エネルギーシステムである「コミュニティソーラー」を設置し，平常時は電力を供給することでCO_2削減に貢献し，非常時は住人や周辺地域の人々の非常用コンセントとして開放している。環境・エネルギーのみならず，災害への備えや，人々の健康，コミュニティ，安心・安全な暮らしといった様々なニーズに応えるまちづくりが意識されている。同じ神奈川県の横浜市でも「Tsunashimaサスティナブル・スマートタウン」という同様の取り組みが始まっている。

世界に目を向けると，様々なスマートシティの事例がある。例えば，北欧にあるデンマークの首都コペンハーゲン市は，「Copenhagen Connecting」というプロジェクトを推進しており，2025年までにカーボンニュートラル（ライフサイクルの中で，CO_2排出と吸収がプラスマイナスゼロになること）の達成を目指している。また，都市だけでなく，シンガポールの「Smart Nation」のように，国家全体でスマートシティのような取り組みを開始している国も出てきている。

今後の展望

行政にとっては持続可能なまちづくりは今後考えて取り組んでいかなければいけないテーマであり，民間企業にとっても自社の製品や技術等を使ってもらえるビジネスチャンスと捉えられ，官民が連携した取り組みが期待されている。実際，スマートシティ関連技術等に関する市場は大きく，投資額は今後もどんどん増えるという予測もされている。特に，基礎となる革新的な技術の研究・開発や，それらを担う研究機関や民間企業等の人材育成に今後各国は力を入れていくと予想されている。こういった世界の動きも鑑みて，日本政府も「Society 5.0（超スマート社会）」という概念を掲げ，様々な社会課題に対応しようとしている。

一方で，このような急激な社会の変化から取り残される人々が出ないようにすることも大切である。例えば，スマートシティの構築に役立つ人工知能（AI：Artificial Intelligence）が，人間が行ってきた仕事を奪う可能性も指摘されている。

また，ネットワークで様々なものがつながると，サイバー攻撃によってセキュリティが突破されたりシステムが誤作動を起こすと，都市やまち全体が機能不全に陥るといった非常事態が起きる可能性も否定できない。こういった問題に対する備えや，実際に問題が起きてしまった際に速やかに対処できることが非常に重要となる。

今後想定されるこのような技術や社会システムの変化に対しては，それらにうまく対応し活用するとともに，持続可能な環境・社会を目指して，私達一人ひとりに何ができるか考え，行動に移していくことが大切であろう。

（遠藤理紗）

30　分散型エネルギーと市民参加

Decentralized Energy and Civic Participation

分散型エネルギーとは

太陽光発電，風力発電などの再生可能エネルギーやガスコージェネレーションなど，それぞれの地域で利用可能なエネルギーを分散型エネルギーと呼ぶ。また，原子力発電所や大型火力発電所のような大規模な集中型エネルギー供給システムに対して，分散型エネルギーを用いた小規模なものを分散型エネルギー供給システムという。火山噴火や地震災害などの際に，災害地域の発電所が停止しても，他地域の数多くの発電所は健全なまま維持されるので分散型エネルギー供給システムは強靭である。

2018年９月の北海道ブラックアウトは，一極集中の石炭火力発電に全電気の半分近くを依存していたために起こった。北海道には太陽光発電と風力発電が約170万kWあったが，北海道電力は周波数変動を恐れて，これらの電力の供給を抑制し，一定期間送電網につながなかった。既存送電網は，分散型電源を受け入れやすいシステムではなかった。

地球温暖化を受けた気象異変，近づく東海，東南海，南海地震などを前に，従来型の一極集中型システムから分散型システムへの変更は急務である。

エネルギー事業における市民参加とは

エネルギー事業における市民参加とは，市民による出資，市民による事業主体，そして市民への利益還元という三要素からなる。「市民」という言葉には，従来型のエネルギー企業（大手電力会社や石油・ガス会社など）とは違う主体という意味が込められている。個人のこともあれば，中小企業や地方自治体まで含むこともある。

NPO法人市民電力連絡会が毎年発行する「市民発電所台帳」の対象となる「市民発電所」は分散型小規模発電所で，その事業主体にはNPO法人もあれば企業もある。

よくある勘違いは，「市民」を非営利やボランティアに限定することである。市民が立ち上げた事業であれ，利益をあげなければ持続可能ではないし，働いている人には給料を支払わなければならない。

市民参加の三要素の意味

「市民出資」とは，市民による直接金融である。従来，市民のお金はまず金融機関に預けられ，金融機関の判断でいろいろな事業に投資される。出資者の意に反して原発や巨大開発や戦争に投資されることもある。それならば，目に見えるものに直接投資しようというのが「市民出資」である。

「市民による事業主体」は法人の設立及びその運営に市民が携わることである。形態としては，NPO法人，一般社団法人，株式会社などがある。

「市民への利益還元」は，被雇用者への給与支払い，地域内の人材や事業所を活用することで，地域内に雇用を生み出しお金を循環させることである。最近は「非営利型社団法人」とか「非営利型株式会社」というのもある。用語として間違いやすいが，利益をあげないという意味ではなく，出資者や株主には配当をしないという意味である。

市民参加ではない分散型エネルギーとは

市民参加の分散型エネルギー事業には，れっきとした株式会社もあり企業か否かでは区別できない。市民参加でも比較的大規模なものもある。そこで，三要素を備えていても市民参加ではないものは何かを考えてみる。

一つは，大きな電力会社やエネルギー企業

の資本傘下にあるもの。地域住民が役員として運営し，再生可能エネルギー発電を行っていたとしても，それが地域外の大手資本で設立されていたら市民参加型ではない。大きな電力会社とは旧一般電気事業者（東電など）を指し，エネルギー企業とはガスや石油などの大手会社を指す。利益の大部分を地域外に持ち出すからである。もう一つは，山中に巨大メガソーラーを作るような事例。地域主体ではあっても環境配慮に欠け，地域住民と対立しているようなものは，地域に利益をもたらしているとはいえない。

代表的な市民出資，市民事業，地域貢献事例

市民出資の草分けに，「北海道グリーンファンド」がある。生協の組合員有志が市民の出資を募り，１MW級の風力発電をつくった。北海道グリーンファンドは，その後も20基以上の風力発電を開発し，今や堅実な風力発電会社となっている。太陽光発電では，長野県飯田市の「おひさまファンド」が先駆けである。市民出資２億円を２か月足らずで集め，飯田市内38か所の保育園，公民館等の屋根に太陽光発電を設置していった。その後も市民出資で発電所をつくり，現在は350件，7000 kW以上の発電会社になっている。

2012年の再生可能エネルギー特別措置法（FIT制度）施行後は，地方金融機関からの融資も増え，市民事業はバイオマス発電，小水力発電や地熱（温泉熱）発電にも広がっている。日本中ではすでに1000以上の市民発電所がある（気候ネットワーク『市民・地域共同発電所全国調査2016』）。中には，売り上げをもとに地域支援基金をつくったり，地域通貨を発行しているところもある。

市民参加分散型エネルギーの課題と展望

再生可能エネルギーによる電気を買い取るFIT価格が年々下がっているため，小さな発電設備は採算性が悪くなってきている。地域貢献費用の捻出や，採算性そのものの確保が難しい。図１のように，市民発電所の設置数は2015年をピークに急激に減少している。今後はFITに頼る発電所拡大は難しい。また電気を供給するには送電網が不可欠だが，その構造が再生可能エネルギーを大量に受け入れるようになっていない。電力システム全体に大きな変化が求められる。

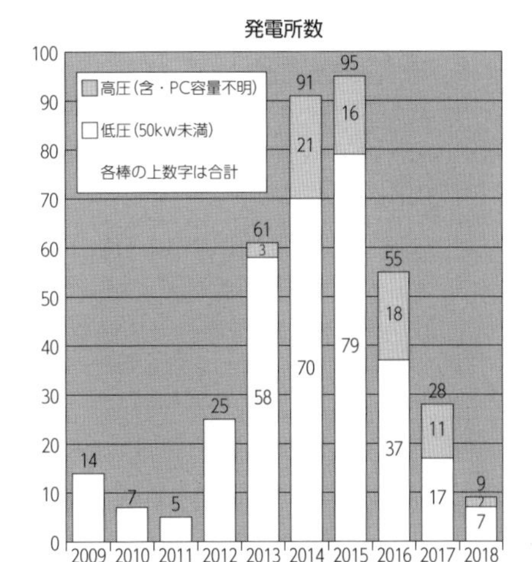

図１　市民発電所の設置数の推移
（出典：『市民発電所台帳2018』）

一方で，北海道ブラックアウトが顕在化させたことで現在の送電システムに潜む欠陥を改善しようという動きも見えている。

日本の電力システムはまだ，旧一般電気事業者が大きすぎる。例えば，旧一般電気事業者の発送電小売の分離に続く，発電種別，地域別のような会社分割，発電所そのものの競売などが求められる。

市民による「小売会社の選択」も進んでおり，すでに全国で１割以上の消費者が新電力に切り替えている。切り替えがさらに２割，３割と広がるようになれば，旧一般電気事業者も対応せざるを得なくなる。市民にはそれだけの力があり，これこそ究極の「市民参加」といえるかもしれない。

（竹村英明）

Ⅲ　生態系と物質循環

31　生物多様性と生態系　Biodiversity and Ecosystem

生物多様性とその危機

生物多様性とは，遺伝子，種，生態系の三つのレベルでの生物の変異性（多様性）を指す。地球上には，未だ正確な推定が難しいほど多様な生物種が生息する。こうした種には，個体間での遺伝的な変異が存在し，またこれらの種が生息する生態系にも気候帯や水，土壌条件などの違いによって様々な違いが存在する。このようなすべてのレベルでの多様性を生物多様性と呼び，人類の生存を支える基盤として位置づけられる。

人間活動に伴う自然資源の過剰な利用，気候変動，水質汚染など様々な要因により，地球上の生物は，未だかつてないスピードで絶滅している。IUCN（世界自然保護連合）では，２万６千種以上の生物が絶滅危惧種として指定されており，日本国内では，3675種が絶滅危惧種に指定されている（2018年現在）。人間活動に起因する種の絶滅を食い止めることは喫緊の課題である。

生態系とその機能

生態系とは，物理的な環境とそこに生息する生物群集の相互作用からなるシステムであり，物質の生産，循環，分解などの様々な生態系機能を持つ。生物多様性と同様に，生態系にも階層性が存在する。例えば，水田に水を供給するため池には様々な生物が生息し，土壌や水などの物理環境と作用しあうため池独自の生態系が形成されている。その一方で，ため池を取り囲む上位の水田生態系は，栄養塩の供給や動植物の移動分散などにより，ため池生態系の物理環境や生物群集を規定している。このように空間や時間のスケールを変化させることで，生態系を階層的に捉えることができる。近年の研究から，様々な生態系において，生物多様性が高いほど一部の生態系機能が高まることが報告されている。生物多様性と生態系の多機能性との関係を定量的に評価し，適切な生態系管理を行っていくための研究が進められている。

生態系からの恵み：生態系サービス

私たち人間は，水や食料をはじめとして，生態系から様々な恵みを享受している。こうした生態系から受ける様々な恩恵のことを生態系サービス(ecosystem service)と呼ぶ。生態系サービスは大きく４つの種類，①供給サービス，②調整サービス，③文化的サービス，④基盤サービス，に分類される。供給サービスは，生態系から供給される食料や水などの生活に欠かせない恩恵であり，最も身近に感じられるサービスの一つである。調整サービスは，気候調整や土壌浸食防止，花粉媒介など生態系が自然のプロセスを制御することで得られる恩恵であり，EcoDRR(Ecosystem-based Disaster Risk Reduction)といった近年の生態系を活用した防災・減災の取り組みにもつながっている。文化サービスは，レクリエーションや森林浴などによる癒し，人の文化的な営みを支えるものである。最後の基盤サービスは，前述の三つのサービスを支える土台であり，物質循環や土壌形成，一次生産などの生態系機能として捉えることができる。各種の生態系サービスは，私たち人間の福利(well-being)を根本から支えるものである。生態系サービスの持続可能な利用を実現していくためには，環境税(森林税や炭素税など)や各種の農業環境政策(補助金など)による取り組みだけでなく，生態系サービスに対して適切な対価を支払う(PES: Payment for Ecosystem Services)仕組みを企業活動の中に取り入れていくことが求められている（図１）。

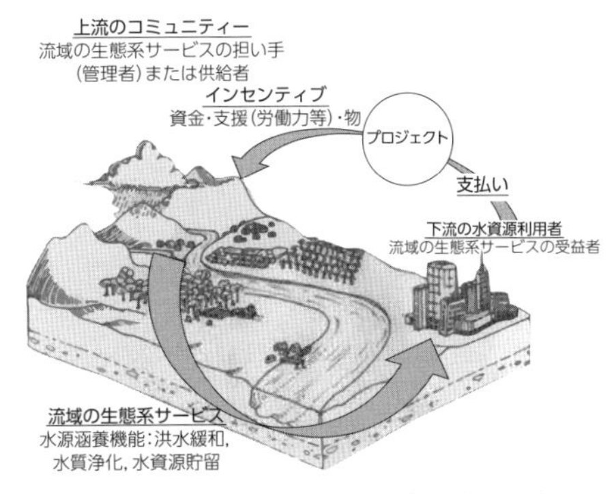

図1　生態系サービスへの支払い（PES）の概念図
（Smith et al.（2013）の原図に筆者が日本語訳を付加））

生物多様性保全に向けた国際的取り組み

1992年，ブラジルのリオデジャネイロで179か国が参加する地球サミットが開催され，生物の多様性に関する条約（通称：生物多様性条約）が採択された。生物多様性条約では，加盟各国に対して自国内での生物多様性戦略を策定することを義務づけている。また，締約国会議（COP）が２年に１度開催され，2010年に日本の愛知で開催されたCOP10では，2011年以降の新たな世界目標となる「ポスト2010年目標（愛知目標）」が採択された。2010年目標（生物多様性の損失速度を2010年までに顕著に減少させる）を達成できなかったことを踏まえ，愛知目標では，2011～2020年までの戦略計画（20の個別目標）が策定された。2020年に北京で開催予定のCOP15では10年間の取り組みの総括と新たな目標設定が行われる予定である。

2012年には，世界中の研究成果をもとに政策提言を行う政府間組織「生物多様性及び生態系サービスに関する政府間科学-政策プラットフォーム（IPBES：Intergovernmental science-policy Platform on Biodiversity and Ecosystem Services）」が設立された。IPBESでは，全世界及び世界４地域（アジア・オセアニア，アフリカ，南北アメリカ，ヨーロッパ・中央アジア）における生物多様性と生態系サービスの現状や課題を評価し，土地劣化や野生種の持続可能な利用，侵略的外来種などの個別テーマに対して詳細な分析と政策提言が行われている。IPBESでは，科学者と政策立案者が直接議論し，科学的な見地から効果的・効率的な政策を展開していくための重要な取り組みが進められている。また，2015年の国連サミットで採択されたSDGs（持続可能な開発目標）においても生物多様性保全と生態系サービスの持続性に関わる目標が複数設定され，社会と経済を支える基盤として位置づけられている。

生物多様性保全に向けた国内の取り組みと効果

国内では，生物多様性条約締結を受けて，1995年に日本の生物多様性国家戦略が策定され，生物多様性保全に向けた政策的取り組みが開始された。生物多様性国家戦略は，概ね５年ごとに更新され，2018年現在は，「生物多様性国家戦略2012-2020」のもとで，愛知目標の達成に向けて48の具体的な行動目標が掲げられている。その一環として，新たな国立公園の設置や，ユネスコエコパークの認定など様々な取り組みが行われている。

2002年には，自然再生推進法が制定され，環境省や国土交通省，農林水産省では，劣化・消失した生態系を再生し生物多様性を回復させるための自然再生事業（釧路湿原自然再生事業など）が展開されている。近年は，地域住民やNPOなどを主体とした「小さな自然再生」の取り組みも日本各地で行われている。雑木林の環境整備など，身近な環境に着目して地域の豊かな自然を守り再生していこうとする取り組みは，生物多様性の保全だけでなく，地域の活性化にもつながっている。

（小柳知代）

〔参考文献〕

Smith S, et al.（2013）*Payments for Ecosystem Services: A Best Practice Guide*, London: Defra.

32　里山・里海　Satoyama and Satoumi

里山・里海とは

里山・里海とは，人間の手が加わることで生物の生産力，生物多様性が高くなった，集落や漁村に隣接した山や沿岸海域のことである。

かつての欧米では人間と自然を切り離し，その間に緩衝地帯を設けて自然保護を行う動きが主流であった。しかし，日本には欧米のように人間と自然を切り離すのではなく，人間と自然の共生，つまり,「自然の恵みを少しずついただきながら，それを通じて自然の持つ力を高い状態に保ってきた」という文化がある。

また，一般に生物多様性は適度なかく乱がある場合に最も高くなるとされている。人間の手が季節的，経年的に加わる里山・里海は，人間と自然の持続可能な共生関係を維持している唯一の場所であるともいえる。

消えていく里山・里海

現在その里山・里海の消滅が懸念されている。その原因は，人口減少，高齢化の進行や産業構造の変化による里山林や野草地などの利用を通じた自然資源の循環の減少であるといわれている。

特に里山では，化学肥料の普及や燃料の供給システムの変化によって，また，里海においても干潟の埋め立てや海洋汚染などの環境破壊によって大きな環境変化が起きている。

里山・里海を次の世代へ残すためには

里山・里海を守り続けていくためには，隣接地域で人間が暮らし続け，人間の手が入ることが前提となる。そのためには，人口減少を少しでも抑えること，そして多くの人々が里山・里海について知ることが重要である。

人口減少については，子どもの出生率は地域差が大きいことが知られている。産後の職場復帰がしやすく，そして，保育所が完備され，子育てに対して親世代や社会の支援が手厚く，子育て時の収入が得やすい地域ほど子どもが生まれているというのが通説とされている。こうした地域を見習い，より子どもを育てやすい社会をつくることが里山・里海を次の世代へ残すための一つの方策となる。

また，環境省ではSATOYAMAイニシアチブをPRしている。これは失われつつある二次的な自然を見直し，持続可能なかたちで保全と利用をしていくためにはどうすべきかを考え，行動しようという取り組みである。

里山・里海から「持続可能な社会」を学ぶ

日本は自然災害の非常に多い国である。また，国際情勢も不安定な状況が続いている。私たちは生きていくのに必要な食料や燃料の多くを，他国から，あるいは，他の地域から入手しているが，ひとたび災害や戦争が起こればそれが途絶えてしまうという可能性をはらんだ社会の中で生きている。

しかし，里山・里海に目を向けてその暮らしの一部でも生活に取り入れることができれば，状況はまったく変わってくる。例えば，庭先で野菜を育てることや釣りをすることもその一つである。小さなことでも始める。その一歩が持続可能な社会をつくる一歩になる。

（佐々木啓）

⇨ 1 持続可能な社会，62 少子高齢化と人口減少社会

〔参考文献〕

藻谷浩介ら（2013）『里山資本主義 ―日本経済は「安心の原理」で動く』角川書店.
柳哲雄（2006）『里海論』恒星社厚生閣.

33　野鳥　Wild Bird

野鳥とは

「野鳥」は，日本野鳥の会（現，公益財団法人日本野鳥の会）の創設者，中西悟堂の造語である。中西は，鳥といえば捕獲して飼鳥か，食用かという時代において，「野の鳥は野に」を旗印に「鳥の科学と芸術との交流」を目指し，1934（昭和9）年に日本野鳥の会を創設，会報『野鳥』を発行し，また，1935（昭和10）年に著書『野鳥と共に』の出版など，「野鳥」という言葉を社会に広めた。「野鳥」は，単に生物としての鳥を示すだけではなく，自然と人とのあり方についての新たな提案を含む言葉であった。

野鳥と生態系保全

野鳥は生態系ピラミッドの上位に位置しており，野鳥が生息するためには，一定の広さの生息圏が必要である。野鳥を保護することは，その生息圏に含まれる動植物の保護，ひいては生態系の保全につながる。そのため，天然林，渓谷，里山，湖沼，湿原，海岸，干潟など一定の場所を対象とする生態系保全活動において，イヌワシ，クマタカ，オオタカ，サシバなどの猛禽類やガン・カモ・ハクチョウ類，シギ・チドリ類，コアジサシなどの水鳥が，生態系保全の指標種として，保全活動の評価や普及啓発に用いられることが多い。

また，絶滅危惧種であるイヌワシ，オオタカなどの猛禽類，トキ，コウノトリ，ガン類，ツル類などの大型水鳥類，アホウドリ，カンムリウミスズメなどの島嶼の鳥など，特定の種を対象とした保護活動も見られる。こうした特定種の保護活動も，その種の生息圏の保全が，生態系保全や人と自然との共生関係の再構築につながっている。

野鳥と持続可能な社会をつくる教育

持続可能な社会をつくる教育には，生態系への理解と，ほかの生き物への共感が重要である。その面で野鳥は優れた教材である。

(1) 身近に見られる大型の野生生物

野鳥を通じて，生態系のつながりと広がりを想像することができる。都市には都市の，田園には田園の，水辺には水辺の野鳥がおり，環境により生息種に違いがあることがわかりやすい。ツバメやスズメのように人間との関係が深い野鳥もいれば，絶滅の危機に瀕している野鳥もおり，人と自然との関係を考えるきっかけになる。

(2) 生態系のつながりがわかりやすい

野鳥は，比較的観察しやすいこともあり，植物との共生関係，捕食による虫などの個体数抑制，栄養塩類の循環など，生態系のつながりを説明するための素材として利用しやすい。一方，野鳥は農薬，特にDDTの影響により個体数が激減したことが知られており，人間が利便性を追求することが他の生物にどのような影響を及ぼすかを知る教材でもある。

(3) 教材化しやすい

野鳥は図鑑や参考書が豊富で，教育プログラムも多数紹介されており，巣箱やエサ台など，工作と組み合わせたプログラムもある。各地にネイチャーセンターやビジターセンターなどの野外観察施設があり，観察道具の貸し出しやガイドをする施設も多い。

（丸谷聡子）

⇨ 31 生物多様性と生態系

〔参考文献〕

品田譲ら（1994）「60年のあゆみ」『野鳥』573.
レイチェル・カーソン（1974）『沈黙の春』新潮社.

34　水　Water

地球上の水と水循環

水は生命の源である。水の惑星と呼ばれる地球の表面は，約70％が海洋に覆われている。地球の水の総量は14億km^{3}と推定されており，海水などの塩水が97.47％，淡水が2.53％の割合となっている。この淡水は氷や氷河，地下水がそのほとんどを占め，人がアクセスして利用できる河川や湖沼等の水として存在する淡水の量は，地球上に存在する水の量のわずか0.008％，約10万km^{3}にすぎない。

利用可能な地球上の淡水は有限である。また，水は海水や河川の水として常に同じ場所にとどまっているわけではなく，水は地球上を絶え間なく循環している。太陽からの放射エネルギーによって海水や地表面の水が蒸発し，上空で雲になり，雨や雪となって地表面に降下し，それが次第に集まって，地表水として河川等を流下し，あるいは地下水となって地中を流下し，やがて海に戻る。持続的に使うことができる水は，上述の河川や湖沼等の水として存在する淡水の絶えず循環している水の一部であり，一連の水の流れの過程で，わたしたちは日々の暮らしを支える都市用水（生活用水，工業用水），農業用水，発電用水等を確保している。

日本全体の水収支を見ると，年間の降水量約6,500億m^{3}のうち，約36％に当たる約2,300億m^{3}は蒸発散しているため，残りの約4,200億m^{3}が最大限利用することができる理論上の水の量である水資源賦存量となる。この水資源賦存量のうち，日本において1年間に実際に使用される水の総量は取水量ベース（2014年）で約800億m^{3}である。

SDGsの水の課題

安全な飲み水，農業・工業生産の水，生態系が必要とする水の確保・管理，都市化の進展，地球温暖化，洪水・渇水被害の深刻化など，水の問題は多岐にわたり，これらの問題が国際的紛争の引き金になるともいわれている。2015年９月には「持続可能な開発のための2030アジェンダの持続可能な開発目標（SDGs14）」が国連サミットで採択された。SDGsでは，目標６として「すべての人々の水と衛生の利用可能性と持続可能な管理を確保する」が設定され，2030年までに達成する目標が示されている。具体的なターゲットには，喫緊の課題と改善目標が下記のように記されている。

1　すべての人々の安全で安価な飲料水の普遍的かつ平等なアクセスを達成する。
2　すべての人々の適切かつ平等な下水施設・衛生施設へのアクセスを達成し，野外での排泄をなくす。女性及び女子ならびに脆弱な立場にある人々のニーズに特に注意を向ける。
3　汚染の減少，投棄廃絶と有害な化学物質や物質の放出の最小化，未処理の排水の割合半減及び再生利用と安全な再利用の世界的規模での大幅な増加させることにより，水質を改善する。
4　全セクターにおいて水の利用効率を大幅に改善し，淡水の持続可能な採取及び供給を確保し水不足に対処するとともに，水不足に悩む人々の数を大幅に減少させる。
5　国境を越えた適切な協力を含む，あらゆるレベルでの統合水資源管理を実施する。
6　山地，森林，湿地，河川，帯水層，湖沼などの水に関連する生態系の　保護・回復を行う。
a　集水，海水淡水化，水の効率的利用，

排水処理，リサイクル・再利用技術など，開発途上国における水と衛生分野での活動や計画を対象とした国際協力と能力構築支援を拡大する。

b　水と衛生に関わる分野の管理向上への地域コミュニティの参加を支援・強化する。

水の課題は，貧困，食糧問題，水やエネルギー，森林や気候変動などの問題と複雑に絡みあっており，SDGsのほかの目標（例えば，衛生的な環境，エネルギー問題，産業を支える技術，まちづくり，海の豊かさ等）の達成に関連する。それは水が私たちの生活に必要不可欠であることを示している。水問題の解決は多くの問題の解決への糸口となり，それは持続可能な社会の創造へとつながる。

流域における水循環の健全性の回復

水の問題の解決には，グローバルな視点が求められるが，気候変動による集中豪雨の頻発や危機的な渇水への対処，地下水位の低下や湧水の枯渇といった課題への対応については，それぞれの課題の要因，対策とその効果には相互に密接な関わりがあるため，個別の施策だけでは限界がある。流域ごとに施策が一体的に実施され，従来の施策と相まって効果を発揮していくことが不可欠である。地球上の陸地のあらゆる地点はいずれかの河川の流域に属している。わたしたちが課題に取り組む上では，流域を単位として適切な水資源の運用と管理，すなわち，健全な水循環を維持していくことが重要となる。

日本では水循環基本法（平成26年法律第16号）が成立し，政府は2015年に閣議決定された水循環基本計画に基づいて水に関する様々な取り組みを通じ，流域において関係する行政，事業者，団体，住民など，それぞれが連携して健全な水循環の実現に向けた活動を進める「流域マネジメント」の普及を重点的な施策として位置づけ，全国各地の流域の取り組みを支援している。各流域には，水源林の荒廃，渇水，湧水の枯渇や地下水位の低下，閉鎖性水域の水質悪化，洪水，都市化の進展による都市型水害，水インフラの老朽化等の様々な課題が見られる。それぞれの流域においては流域の特性や現状に即した施策を講じることが必要とされており，流域に暮らすすべての人々が一体となって考えていくことが求められる。

近年，日本各地で集中豪雨や大型台風による洪水により各地で甚大な浸水被害が発生している。その一方，毎年のように全国のどこかの河川で渇水が生じている。過去をたどると，先人はこのようなリスクに対して流域の特性に応じて様々な対策をとり，災害による被害や環境への負荷を軽減しつつ，水を利用するために営々と努力を続けてきことをうかがい知ることができる。

水利用を通じて流域の水循環は相互に密接に関係している。水が健全に循環し，それがもたらす恵沢を将来にわたって享受できるようにすることが重要であり，このことをすべての人々の共通認識として醸成し，次の世代へと継承していくことが必要とされる。水量，水質，水利用，地下水の状況など，捉えにくい水循環に関する様々な情報の視覚化と共有，取り組みにおける合意形成，科学技術の振興，人材育成をはじめ，多くの場面において教育が担う役割は大きい。

（吉冨友恭）

〔参考文献〕

沖大幹（2012）『水危機ほんとうの話』新潮社.
外務省，https://www.mofa.go.jp/mofaj/files/000101402.pdf
内閣官房水循環政策本部事務局（2017）『平成29年度版 水循環白書』日経印刷.

35　湿地・川・湖水　Wetland, River and Lake

特徴と問題の所在

湿地・川・湖水は，我々の生活に潤いを与え，生物多様性の維持に欠くことのできない自然資本である。また，海洋や大気からの影響を受け，またそれらに影響を与える水循環システムの一部である。

高度経済成長以降，湿地・川・湖水への負荷は増大し，様々な弊害をもたらした。日本四大公害の三つが水に関わる問題であることからもわかるように，湿地・川・湖水の問題は命に関わる深刻な問題に発展する。

以下の湿地・川・湖水に関する問題は，グローバルで解決困難な課題である。

(1) 湿地帯の減少

ラムサール条約によれば，湿地帯とは水深6m以浅の水域を指し，生物にとって成育場や再生産の場としても重要である。一方，浅水域であるがゆえに都市，空港，港湾，運輸，工場，農業地帯の造成のために干拓されやすい。その結果，生物多様性，生態系サービスが大きく損なわれてきた。1900年代以降世界的に湿地帯の減少が続き，今日までに世界の湿地帯の64%が失われた。日本では，明治大正時代と1999年とを比較すると61.1%が失われた。

(2) 地下水の枯渇

大規模な灌漑によって，地下水が干上がり水源の確保が難しくなっている。アメリカ大陸のグレートプレーンズでは，第二次大戦後オガララ帯水層の地下水を利用した灌漑によって，大規模農業が発展したが，1949年と2000年を比較すると地下水位は30m低下した。近い将来の枯渇が危惧されている。

(3) 水質汚染

1960年以降水質汚濁防止法等の制定により工業廃水等による水質汚濁，1990年代以降下水道や下水処理場整備により生活排水の流出による水質汚濁が改善された。一方，過度の人口集中や集中豪雨の増加によって，処理施設では処理できない下水が河川や海に直接放水され，大都市圏では未だ水質汚濁が改善されていない地域が存在する。

(4) 地下水汚染

硝酸性窒素・亜硝酸性窒素は，広範囲で問題化している地下水汚染源である。硝酸性窒素を含んだ水の摂取は，牛の起立障害や，ヒトのメトヘモグロビン血症を引き起こす。1990年代以降深刻化し，環境基準に追加された。硝酸性窒素の発生源は，主に化学肥料，家畜排泄物，堆肥，生活排水である。

(5) 海水温上昇に伴う水害の多発

我々にとって必要不可欠な真水は，大半が熱帯の海水の蒸発によってもたらされるが，近年の海水温上昇は，台風や集中豪雨を頻繁に発生させ，毎年のように各地に大きな被害を引き起こしている。

課題解決のために

このような湿地・川・湖水に関する問題の根本原因は，生態系サービスの一つである水循環システムの上限を超えたオーバーユースによるところが大きい。

国連SDGsのうち，「目標6　安全なトイレを世界中に」，「目標13　気候変動に具体的な対策を」，「目標14　海の豊かさを守ろう」が本項目に該当する。目標達成には，それぞれが関係性を保ちながら取り組むことが望ましい。そのためには，一人ひとりの内発性を大切にするESDの考えに基づき，国連や国，地方自治体，科学者，教育者そして一般市民が協働し，課題解決に取り組むことが求められる。

（佐々木剛）

36　森里川海　Forest - Countryside - River - Sea

暮らしを支える森里川海とその変化

日本の国土は豊かな自然環境を有し，森・里・川・海のつながりの中で，人々は食料や水，木材など様々な自然の恵み（生態系サービス）に支えられ暮らしてきた。そして自然に適切に手を入れながら，持続的に自然の恵みを利用する知恵も受け継いできた。

しかし，高度経済成長期を中心とする急速な日本の経済社会の変化は，過度の開発や利用を引き起こし，薪炭林などの二次的自然への人の働きかけを縮小させ，自然環境の質の劣化をもたらした。森里川海のつながりも分断されることにより，これまで人々が享受してきた自然の恵みも損なわれつつある。

こうした問題については，2002年の新・生物多様性国家戦略において，主として生態系の分断という切り口で初めて明確に提起された。そして同戦略では「森・里・川・海のつながりを確保する」ことを施策の基本戦略の一つに掲げ，現行戦略にも継承されてきている。

森里川海をつなぎ恵みを引き出すために

森里川海とそのつながりが有する機能は，国民の生活や経済活動支える重要な資本，いわゆる「自然資本」として捉えることができる。そうした考えに基づけば，森里川海という資本（ストック）の維持・再生を図りつつ，そこから生み出される有形無形の様々な恵み（フロー）を賢く引き出すことが重要である。

そのためには，第一に森里川海のつながりを回復し，必要な場合は人の手を入れ健全な状態を維持・回復すること。そして，その取り組みを支えるために，一人ひとりがストックを減ずることなくフローを持続的に利用できるようライフスタイルを改めることが必要である。

「地域循環共生圏」という考え方

森里川海は，河川などの生態系を通じて物理的に地域をつなぐだけでなく，森・里・川・海それぞれから生み出される食料や水などの生態系サービスの需給関係によっても，様々な地域をつないでいる。

限られた資源を持続的に利用し環境負荷を減らしていくためには，食料やエネルギーをはじめとする地域の資源を地産地消し，地域の中で持続的に活用する「自律分散型」の社会システムを目指すことが重要と考えられる。しかし，現実には各地域で完全に閉じた経済社会活動を行うことは困難であり，生態系サービス等の需給関係を通じて，各地域間で補完しあうことが必要となってきている。

現行の生物多様性国家戦略2012-2020では，より広域のネットワークの中で，自然的なつながりだけでなく，人や資金等の経済的なつながりを構築することにより，都市と農山漁村などが地域資源を補完し支えあう重要性を指摘し，その考え方を「自然共生圏」として提起した。これをベースに，“自然共生”のみならず，循環型社会，低炭素社会の考えを統合し，相乗効果を生み出しながら日本全体として持続可能な社会をつくろうというアプローチが，2014年の中央環境審議会で提起された「地域循環共生圏」の考え方である。

森里川海をつなぎ，その恵みを引き出すためには，こうした考えに基づき一人ひとりがライフスタイルを見直し，森里川海のある地域だけでなく国全体で支えられるよう，関係者が連携・協力していくことが重要である。

（奥田直久）

⇨ 73 環境省と環境基本計画

〔参考文献〕

環境省（2018）『環境白書』日経印刷.

37　自然保護　Nature Conservation

欧米における自然保護概念

自然保護とは，人手を加えずにありのままの自然を守ること(Protection)と狭義に定義する人もいるが，現在では，人による自然の持続的な利用を含めた自然の保全(Conservation)と定義されることが多い。

狭義の自然保護の考え方は，19世紀初頭に南米ベネズエラを探検し，発見した巨樹を天然記念物として保存することを提案したアレクサンダー・フォン・フンボルト，英国の湖水地方の風景が鉄道建設によって損なわれることを懸念し国有財産とすることを提案したウィリアム・ワーズワース，米国西部の原生自然が失われることに警鐘を鳴らし国家公園とすることを提案したジョージ・カトリンらの主張に遡ることができる。彼らの提案は，現在の天然記念物や国立公園として結実した。

一方，広義の自然保護の考え方は，20世紀初頭に米国のセオドア・ルーズベルト大統領によって提案された。ルーズベルトは，ホワイトハウス全国知事会において，「我々自身と将来の子どもたちを天然資源の浪費的な開発から守るため」天然資源の保全を提唱した。1948年に設立された国際自然保護連合(International Union for the Protection of Nature: IUPN)は，1956年にはInternational Union for Conservation of Nature and Natural Resources（IUCN）と改称された。

日本における「自然保護」の展開

日本では，戦前から自然保護という言葉は使われていたものの，国会議事録に登場するのは，1951年に衆議院外務委員会においてユネスコ憲章を説明するのに使われたのが最初である。同年に設立された日本自然保護協会は，1960年にIUCNに加盟したのを機会に，その英名をNature Conservation Society of Japanと称し，会報を『自然保護(Conservation of Nature)』とした。これ以降，自然保護(Nature Conservation)という言葉が一般的になった。

1971年に環境庁が設置されると，国立公園，鳥獣保護などの事務は，自然保護局に置かれた。そのため，国会における「自然保護」の使用頻度は，1970年代が最も多く，その後は自然環境保全，生物多様性保全などと言い換えられることが多くなる。1970年代には自然保護に関する書籍も多く出版された。沼田眞は「自然保護とは，自然を人間のために，よい状態で保存し，荒廃しないように利用・維持・管理をし，ひいては改造することまで含めた広義の概念である」と定義している。吉良竜夫は「生活必要物質の供給源としての自然（生物資源）の保全」に加えて「生物資源を生み出す根源としての遺伝子の保存」を含めている。福島要一は「人間が主体的に自然に働きかけ，また，自然によって生かされている，ということを歴史的にも，科学的にも明らかにした上で，歴史の法則，科学の法則を踏まえて行く」ことが自然保護であるとしたうえで，自然保護という概念は「決して固定的なものではなく，やはり発展的なものである」と述べている。

自然保護の概念の発展

自然保護の概念は，19世紀に始まる狭義の自然保護から，20世紀に天然資源の保全に発展し，さらに1980年代以降，持続可能な開発(Sustainable Development)，生物多様性(Biological Diversity)，生態系サービス(Ecosystem Service)，自然資本（Natural Capital）へと発展した。また，自然再生，生態系の再生（Restoration），生物多様性オフセット（Biodiversity offset）なども自然保護の概念から発展したものである。

1980年にIUCN, WWF, UNEP（国連環境計画）が出版した，『世界自然保護戦略（世界保全戦略）（World Conservation Strategy: WCS）』は，持続可能な開発，生物多様性の概念を生み出した出版物として知られている。

WCSには持続可能な開発が提唱されているものの，その定義は書かれておらず，その代わりに保全は，「将来世代のニーズと要望を満たす可能性を維持しながら，現世代の持続的な利益を最大とする，人類による生物圏の管理」と定義されている。ノルウェーのブルントラント首相が議長となった「環境と開発に関する世界委員会」が1987年に出版した報告書『我ら共通の未来（Our Common Future）』には，持続可能な開発は，「将来の世代のニーズを満たす能力を損なうことなく，現在の世代のニーズを満たすような開発」と定義されているが，これがWCSの保全の定義から来ていることは明らかである。

WCSは保全の三つの目標として，①生態系のプロセスと生命維持システムの持続，②種と生態系の持続的利用，③遺伝的多様性の保存，を掲げている。これは生物多様性条約の目的，すなわち①生物多様性の保全，②その構成要素の持続可能な利用，③遺伝資源の保全とその利用から生じる利益の公正・衡平な配分とほぼ一致している。また，WCSが遺伝的多様性の保全を提唱したことがきっかけとなって，1982年の世界国立公園会議や1984年のIUCN総会において，遺伝資源の保全に関する国際条約の必要性が決議され，1992年に生物多様性条約が採択された。WCSが提唱した生命維持システムの持続という概念は，人類が生きて行くための生態系サービスを指しており，1980年に提唱された自然保護の概念が，まさに現代的なキーワードの出発点となっている。

自然保護から自然保護教育へ

自然保護教育（Conservation Education）は，欧米では生態学に基づいた自然保護のための教育として，日本国内ではそれに加えて自然保護運動に基づいた自然観察会活動などの教育理念として発展してきた。1948年にIUCNが設立されるとすぐに自然保護教育に関する委員会が設立され，1949年には自然保護教育の基礎技術に関する会議が開催され，1958年のIUCN総会ではユネスコに自然保護のための教育の推進を求める決議を採択している。日本においては，1957年に日本自然保護協会が，文部科学大臣に「自然保護教育に関する陳情書」を提出し，1966年には日本で開催された太平洋学術会議において，自然保護教育の推進に関する決議が採択された。太平洋学術会議でオーガナイザーを務めた東京教育大学の下泉重吉は，自然保護教育の主要な柱は，しつけの教育，情操の教育，科学の教育であり，家庭教育，学校教育のほか，生涯教育として社会教育の中で推進すべきだと主張した。1970年代になると，自然保護教育は，全国に広がる自然破壊の波に対する自然保護運動，自然観察会運動の教育理念として位置づけられるようになった。1970年に米国で環境教育法が成立すると，国際的には環境教育という言葉が一般化したが，日本においては自然観察会運動の教育的理念として自然保護教育が永く用いられてきた。

（吉田正人）

〔参考文献〕

吉良竜夫（1976）『自然保護の思想』人文書院.
下泉重吉（1972）「自然保護教育をどう考えるか」『自然保護』123，日本自然保護協会.
沼田眞（1973）『自然保護と生態学』共立出版社.
福島要一（1975）『自然の保護』時事通信社.

38　大気汚染とPM2.5　Air Pollution and PM2.5

世界における大気汚染の歴史

大気汚染による健康影響は，すでに14世紀頃にロンドンで問題となっていたが，世界中で顕在化しはじめたのは産業革命によって化石燃料（石炭や石油）の利用が急速に拡大した18世紀後半である。石炭を燃焼すると呼吸器疾患の原因となる硫黄酸化物やすすなどが発生する。これを原因とした有名な事象が1952年12月のロンドン・スモッグ事件である。当時のロンドンでは，工場や発電所，ディーゼルバスに加え，家庭の暖房用としても大量の石炭が使われていた。この状況に無風状態の気象条件が重なったことで大気中の汚染物質が蓄積し続け，５日間で約4000人が亡くなる甚大な大気汚染問題が発生した。ロンドンではこの事件を契機に，工場などの排煙対策や燃料を石炭から石油に転換する対策を進めたことで徐々に事態は改善していった。

日本における大気汚染の歴史

日本で大気汚染が深刻化したのは高度経済成長期の1955～1973年頃である。この間，エネルギー消費量が約７倍に増加するほど産業が急速に発展したのと引き換えに，大気汚染や水質汚濁等の公害問題が各地で顕在化していった。そのような中で1967年には四日市ぜんそくの公害訴訟が提訴された。健康保護の目的等から，守られるべき数値目標（環境基準）を盛り込んだ公害対策基本法が成立したのもこの年である。翌1968年には工場等のばい煙対策を強化すること等を盛り込んだ大気汚染防止法が成立。その後，硫黄酸化物の対策を中心とした各種施策の着実な進展と，1973年のオイルショックによる経済成長の鈍化も伴って産業公害型の大気汚染が落ち着きを見せると，次に顕在化してきたのが都市・生活型の大気汚染である。主原因は急増した自動車であり，その排ガスに含まれる窒素酸化物と，これがもととなり生成される光化学スモッグ（光化学オキシダント）が次の代表的な大気汚染物質へと代わっていった。同時に，自動車を利用する市民も大気汚染の原因者に加わったことで環境問題は新たな局面を迎えた。今では自動車排ガス規制等の強化によって窒素酸化物の問題はほぼ解決し，残る大気汚染の課題は光化学オキシダントと，次に説明するPM2.5になっている。

PM2.5の健康影響と環境基準

大気中には，様々な大きさの粒子が多種多様な化学物質の混合物として浮遊している。これらを総じて粒子状物質（Particulate Matter: PM）と呼び，中でも粒径が2.5μm（マイクロメートル）以下のものをPM2.5と呼んでいる。PM2.5はその小ささゆえ（例えば髪の毛１本は太さ約70μm），呼吸によって肺の奥深くまで到達，沈着しやすいことから健康影響が懸念されている。健康影響には数年以上汚染物質に曝露されることで生じる長期影響と，数時間から数日間曝露されることで生じる短期影響の二つの側面がある。PM2.5の濃度上昇はそのどちらにも作用し，死亡リスクを有意に上昇させることがアメリカの疫学研究によって示された。こうした研究結果をもとにアメリカでは1997年に世界で初めて，その後各国でもPM2.5の環境基準が制定された。日本でそれが制定されたのは2009年である（長期影響への対応：年平均値15μg/m³，短期影響への対応：日平均値35μg/m³）。

2013年１月のPM2.5騒動

継続的な調査によれば国内のPM2.5はほぼ一貫して減少傾向にあることがわかり（図

1），これまでの工場や自動車の排ガス規制対策の効果によるものといわれている。

このような減少傾向にある中で，2013年1月に中国で深刻な大気汚染が発生し，越境大気汚染として日本への影響が報道されると，瞬く間にPM2.5は世間の関心事となった。中には「殺人微粒子が中国から大量飛来」といったセンセーショナルな見出しも踊り，あたかもPM2.5はすべて中国から突如飛来してきたという印象が持たれた。確かに西日本では一時的に日平均値の環境基準を超える日が観測されたが，そのレベルが特に高かったわけではなく，また経年的な傾向から見ても2013年の特異性は認められない。なぜ過熱報道が起きたのかについては，当時の日中情勢にその理由を求めることができそうだが，いずれにせよ科学的な根拠を伴わない社会騒動であったことは間違いない。なお，中国のPM2.5は急激に改善している（図1）。

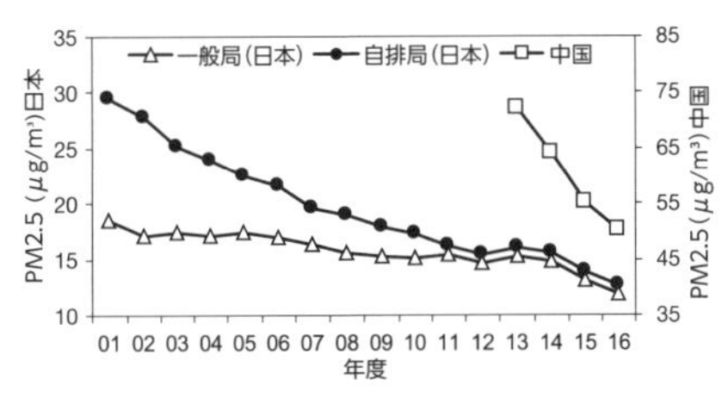

図1　日本と中国のPM2.5の推移

（参考文献より筆者作成。一般局は主に住宅街，自排局は交通量の多い道路沿いに設置された測定局である）

PM2.5に関する研究課題

PM2.5は発生の仕方によって一次粒子と二次粒子に分けられ，前者は燃料やたばこ等の燃焼や物の破砕，土壌や海塩の飛散，火山噴火等から直接発生するのに対し，後者は燃料や塗料，植物や火山等から発生したガスが大気中での化学反応により二次的に粒子化することで発生する。国内では二次粒子の割合が高く，PM2.5の根本的な解決のためには二次粒子の発生機構の解明が鍵となっている。しかし，その発生源は多岐にわたり，大気中での化学反応も考慮しなければならず，こうした難しさがPM2.5の解決を遅らせている。国内では現在，二次粒子の発生機構解明に向けて様々な研究が進められているところである。

大気汚染に関する環境教育

PM2.5に関する社会騒動は，科学的な視点を持って環境問題を客観的に捉えることの重要性を改めて明示した。これに応える手段の一つとして，科学的な視点を養う環境教育の推進が挙げられる。大気に関する環境教育の実施例は非常に少ないが，例えば専門装置を用いてPM2.5を見える化し（図2），これを軸に調査体験型の環境教育を実施している機関もある。森林や生物，水環境といった目で見てわかりやすいものに比べて大気環境は，まず『見える化』することが環境教育を行う上で一つの鍵といえる。全国の大学や行政の環境関連機関の中には，専門知識と設備を活かして環境の『見える化』を実現し，環境教育に活かしているところがあるが，往々にしてそのような専門機関は目立たず，活用されることが少ない。しかし，科学的で冷静な視点を養うには，全国各地にある専門機関の有効利用が今後の手助けになると期待される。

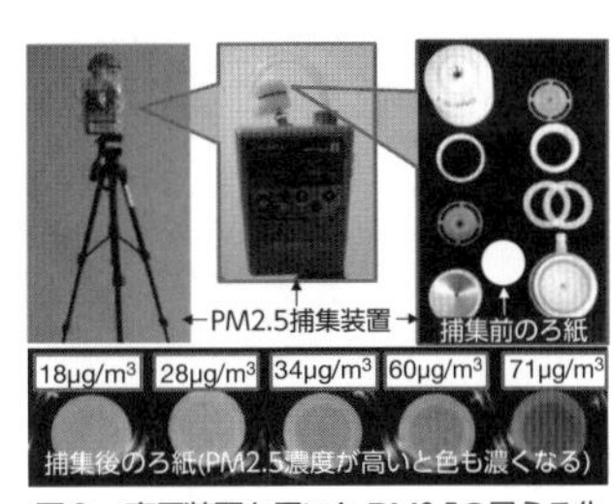

図2　専用装置を用いたPM2.5の見える化

（齊藤由倫）

〔参考文献〕

高崎経済大学地域政策研究センター（2015）『環境政策の新展開』勁草書房.

環境省，https://www.env.go.jp/council/07air-noise/y078-07/mat801.pdf

齊藤由倫ら（2017）「環境データを考察させる教育が児童・生徒にもたらす効果」『環境教育』26（3），71.

39　水質汚濁と土壌汚染　Water Pollution and Soil Contamination

日本と世界の水質汚濁

水質汚濁とは，人間の生活様式の変化や産業の発達によって，有機物や有害物質が河川，湖沼，海洋，地下水などの水域に排出されることで水質が悪化することである。水質汚濁の原因には，家庭からの生活排水，産業活動による工場排水，農業による農業排水，畜産による牧畜排水，大気汚染物質を含んだ降雨などによるものがある。過剰な有機物の供給による水質汚濁は，水域の富栄養化による藻類の異常繁殖，水域の貧酸素による水生生物の死滅をもたらすことがある。有害物質による水質汚濁は，魚介類への有害物質の汚染，人間への健康被害などをもたらすことがある。

日本における水質汚濁は，明治時代の急速な産業近代化，太平洋戦争後の1940年代の産業復興，1950年代の高度経済成長による工業化ならびに都市化により，大都市部を中心に進むことになる。また，1950年頃には工場排水による公害病である水俣病，イタイイタイ病などが社会問題となる。そのような中，1958年に旧水質二法が制定されるが，規制が不十分であった。そこで，1970年に水質汚濁防止法が制定されると，法体系の整備により産業界に起因する公害や水質汚濁の防止・改善に大きな成果が見られることとなった。

環境基準は，維持されることが望ましい基準として定められる行政上の政策目標である。環境基準達成率の推移は，水環境全体及び河川においては向上が見られるものの，湖沼や内湾・内海などの閉鎖性水域においては，低迷している。これらの原因の多くは，家庭からの生活排水による影響が大きい。湖沼，内湾，内海は，河川と違って水がとどまることが多く，その影響が特に大きくなる。

世界では，開発途上国において経済の急激な発展及び人口の急増に伴い，生活排水や産業排水の水域への未処理放流が増加し，水質汚濁問題が極めて深刻化している。水質汚濁の原因である各種の排水に由来する窒素，リンの流入により湖沼，内湾などでは富栄養化が進行している。アオコの大量発生，赤潮による漁業被害，上水の取水障害，さらには有毒藻類の異常増殖といった事態も生じている。

水質汚濁防止のためには，工場・事業所における排水基準の順守及び排水処理技術の向上，下水道の整備，合併処理浄化槽の設置などの措置を施すことで，流入負荷の削減に努めることが必要である。しかし，下水道システムの整備と維持管理には多大な費用と高度な技術が必要となるため，開発途上国にとっては経済的・技術的に負担が大きい。そのため，多くの場合において，現地の状況に適した他の手法を導入する必要が生じている。

中国の太湖（たいこ），巣湖（そうこ），洞庭湖（どうていこ）では，農業や工業化による産業発展や，都市化に対応して大量の水を供給する一方で，農業排水や工業廃水，家庭排水の急速な増加による水質汚濁が深刻な社会問題となっている。湖水は富栄養化して，藻類の大発生が頻繁に起こっている。また，農薬，フェノール，水銀，クロムなどの汚染物質が，低濃度で広く検出されているところもある。洞庭湖一帯では，水質改善や農業推進を目指す滋賀県と湖南省の３か年計画の連携プロジェクトが進められている。滋賀県は，琵琶湖で蓄積した水質改善の技術や環境保全型農業のノウハウなどを同省に提供している。

人為的な土壌汚染

土壌汚染とは，重金属，有機溶剤，農薬，油などの有害物質が土壌に浸透して土壌や地下水が汚染された状態のことである。その原因は，有害物質を使用している際に有害物質がこぼれたり，有害物質を含む排水が漏れたりして土壌の中に入ること，もしくは土の中に埋められた有害な物質を含む廃棄物が，雨などによって周りの土に溶け出すことで起こる。

日本における土壌汚染の始まりは，鉱物の採取・製錬などの際に起こった鉱害問題とされている。栃木県の足尾銅山では，1877（明治10）年頃から鉱石から銅を抽出する精錬の際に出る鉱毒水などの工業排水により，農用地に流入し蓄積することで，農作物の生育に被害をもたらした鉱毒事件が発生している。

日本初の公害病で四大公害病の一つであるイタイイタイ病の起こった富山県神通川流域での土壌汚染を受けて，1970年に公害対策基本法（現行，環境基本法）に「土壌汚染」を追加するとともに，「農用地の土壌の汚染防止等に関する法律」が制定されている。

近年は，市街地における土壌汚染の判明が増加してきたことで，土壌汚染に対する社会的関心の増大に伴って，土壌汚染対策の法制化の機運が高まり，2002（平成14）年に「土壌汚染対策法」が制定され，2003（平成15）年から施行されている。2009（平成21）年には土壌汚染対策法が改正され，2010（平成22）年に施行されて土壌汚染調査の実施要件の拡大などが図られている。土壌汚染対策法の施行後においても，基準不合格事例件数は横ばい状態となっている。また，土地取引などに伴う民間の調査によって判明することが多いという課題もある。

近年の土壌汚染の例として，豊洲市場の土壌汚染問題がある。この土地にはガスの製造工場があり，1956年から1988年まで都市ガスの製造・供給が行われていた際に，石炭から都市ガスを製造する過程において生成された副産物などによる７つの物質（ベンゼン，シアン化合物，ヒ素，鉛，水銀，六価クロム，カドミウム）による土壌及び地下水（六価クロムを除く）の汚染が確認されている。

さらに，土壌汚染状況調査の実施対象となる土地の拡大，汚染の除去等の措置内容に関する計画提出命令の創設など，指定区域内のリスクに応じた規制の合理化等の改正がなされ，2018年と2019年に段階的に施行されている。

自然由来の土壌汚染

自然由来の土壌汚染とは，人が汚染させなくとも，土壌中の重金属が基準値を超えている場合があることを指す。このような場合は自然由来の土壌汚染として取り扱い，土壌汚染対策法では対象外としている。ただし，自然由来の土壌汚染と人為的土壌汚染を区別することは難しく，一般的には目安とする値との比較や，その物質の使用履歴，汚染の分布，地理的条件から総合的に判断している。

日本は，火山が多く様々な鉱脈・鉱床が発達しており，深い地中にある重金属類が地震や噴火などに伴い，地表に運ばれることがある。また，盛り土，トンネル工事に伴う土壌の搬出などにより，もともと汚染がされてない土地に汚染が拡散される場合もある。そのほか，埋立地や市街地の海成堆積物から，重金属が溶け出すこともある。

世界的には，アジアにおいて地下水を灌漑用水としている地域でのヒ素による土壌汚染が懸念されている。この原因はヒ素が含まれていたヒマラヤの岩石が風化し，大河で運ばれて堆積し，地下水の中に溶け出して井戸で汲み出されたことで起こっている。また，日本国内においても，水質基準値を超える高濃度のヒ素が含まれる井戸水が見つかっている。

（冨田俊幸）

⇨ 35 湿地・川・湖水，45 循環型社会と廃棄物処理

〔参考文献〕

環境省　水・大気環境局，https://www.env.go.jp/press/ files/jp/107831.pdf
環境省　水・大気環境局，https://www.env.go.jp/water/ report/h30-01/28.html
国際湖沼環境委員会，http://wldb.ilec.or.jp/

40　農業と生物多様性　Agriculture and Biodiversity

農業の特質と生物多様性

日本の耕地面積は約450万ha（2015年現在）で森林（約2510万ha）と比較すると少ないが，それでも国土面積の約12%を占めており，しかも農業は多くの人々が生活する平野部に多いことから，人々が触れる自然環境に与える影響は大きい。

農業は工業等とは異なり，その生産過程の多くが自然条件に委ねられる特質を持つ。そのため，農業技術は生産物である農作物の成長に関わる自然環境をいかに利用あるいは制御するかを考えて発展してきた。

一方，農業も産業である以上，純粋に農作物を人々に提供するための生産という側面と，経済的な利益を生むための生産という側面を併せ持っている。

農業は本来，水と土と大気と太陽の恵みをもとに人の食料（農産物）を作り出し，これら農産物は他の生命を養い，最後にはもとの物質に戻っていくという，生命と物質の循環に支えられた環境との調和の中で営まれるべき産業であり，自然との共生を軸とした再生可能な生物資源の生産を通じて人類の繁栄の基盤を提供してきた。こうして農業は，水質の維持，流出水量の低減，土壌水分の維持，土壌浸食の抑制，花粉媒介の促進など，生物多様性の向上に貢献してきた。

しかし，近年の経済社会発展の中で生産性の向上と効率化を追求するあまり，自然界には存在しない化学肥料や農薬の過剰で不適切な使用，生産性向上のために農地の用排水条件の人工的改変等によるメダカ，ドジョウ等の水田魚類の生息環境の破壊，外来生物の導入による生態系破壊など，経済性や効率性を優先した農業が生物多様性に負の影響を与えてきたことも否定できない事実である。

農林水産省の生物多様性戦略

近年，以上のような農業が生物多様性に及ぼす負の影響が顕在化，問題視され，また国内外で生物多様性保全に対する関心が高まる中で，農林水産省も「生物多様性戦略」（2007年決定，2012年改定）を策定し，「農林水産業を持続可能なものとして維持・発展させていくために生物多様性を守らなければならない」との立場で，四つの基本方針と，三つの地域（田園・里地里山，森林，里海・海洋）別の方針を定めている。表1には田園・里地里山地域の取り組み項目を示した。

表1　農林水産省の生物多様性戦略

〈基本方針〉
1　生物多様性をより重視した農林水産施策の推進
2　国民各層に対する農林水産業及び生物多様性への理解の促進
3　多様な主体による地域の創意工夫を活かした取組の促進
4　農林水産業を通じた地球環境保全への貢献

〈田園・里地里山保全の取組〉
1　生物多様性保全をより重視した農業生産の推進
2　生物多様性保全をより重視した農業生産技術の開発・普及
3　鳥獣被害の軽減及び里地里山の整備・保全の推進
4　水田や水路，ため池等の水と生態系のネットワークの保全の推進
5　草地の整備・保全・利用の推進
6　里山林の整備・保全・利用活動の推進
7　農村環境の保全・利用と地域資源活用による農村振興
8　希少な野生生物など自然とふれあえる空間づくりの推進

（農林水産省『農林水産省生物多様性戦略』（2012年2月）より作成）

佐渡市の「生物多様性佐渡戦略」

新潟県佐渡市では，市民の生活が佐渡の生物多様性豊かな自然から多くの恩恵を受けて

きたことを踏まえ，2012年度「佐渡の生物多様性の保全・利用に関する基本戦略」を策定している。同戦略では「佐渡でふれあういのちのつながり―人とトキが暮らす島を孫の世代へ―」をキャッチコピーに，その実現のための目標期間を90年間（2100年まで）と定め，「生物多様性が育む佐渡の豊かな自然と暮らしを保全・再生する」基本理念のもと，三つの基本目標とそれぞれに対する具体的な施策の展開方向を定めている。

このうち，基本目標３「環境と経済が好循環する産業の育成」では，減農薬・減化学肥料による環境負荷の低減と生物多様性に配慮した施設等の整備により，環境再生に寄与する農林水産物の生産を促進している「朱鷺と暮らす郷づくり認証制度」が紹介されている。この認証制度によって生産された米は，従来の農法で生産された米よりコスト高になるが，むしろ佐渡の豊かな環境で生産された米としてブランド化し，消費者にその価値を伝え通常より高い価格で購入してもらえるよう工夫されている。こうした取り組みは，生物多様性と経済の好循環をつくり出す実践として注目される。

福岡県の「生物多様性戦略」

福岡県でも，県内の生物多様性保全の重要性と，開発と乱獲，過疎化による里山の荒廃，外来種による生態系のかく乱等の危機的な状況を踏まえて，2013年に「福岡県生物多様性戦略」をスタートさせている。

同戦略では，「生き物を支え，生き物に支えられる幸せを共感できる社会」を2050年に実現することを目標に，当面の10年間（2022年まで）に達成する４つの行動目標（①私たちの暮らしの中で生物多様性を育む，②生物多様性の保全と再生を図る，③生物多様性の持続可能な利用を図る，④生物多様性を支える基盤とネットワークを構築する）を掲げ，それぞれの目標について具体的な行動計画を策定している。特に④の生物多様性を支える基盤とネットワークの構築では，2050年の将来像実現に向けて，生物多様性保全に多様な主体がどのように関わるかがわかりやすく示されており（図１），参考になる。

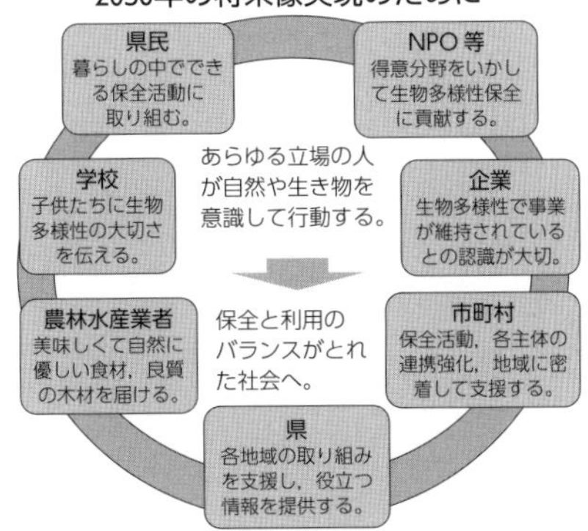

図１　多様な主体による生物多様性保全の取り組み
（福岡県環境部自然環境課パンフレット『ふくおかの豊かな自然と生きものを未来へ』（2013年）掲載図をもとに作成）

残された課題

福岡県の例のように，生物多様性の保全は，農業者，市民，行政など，多様な主体が連携・協力して取り組むべき課題であるが，これらの生物多様性保全の取り組みの成果を科学的に把握するための指標は開発されていない。今後は，それぞれの地域で，例えば，多くの地域で実践されている「市民参加による生き物調査」の成果等を組み込んだ生物多様性保全に関する評価指標の開発が望まれる。

（比屋根哲）

〔参考文献〕

日本学術会議農学委員会農業生産環境工学分科会，http://www.scj.go.jp/ja/info/kohyo/pdf/kohyo-21-h133-3.pdf
農林水産省，http://www.maff.go.jp/j/kanbo/kankyo/seisaku/s_senryaku/pdf/senryaku.pdf
佐渡市，https://www.city.sado.niigata.jp/admin/vision/biodiversity12/pdf.shtml
福岡県，http://www.pref.fukuoka.lg.jp/uploaded/attachment/38091.pdf

41　遺伝子組み換え作物　Genetically Modified Crops

遺伝子組み換え作物とは

遺伝子組み換えとは，ある生物のDNAに他種の遺伝子を組み込むことによってその生物の遺伝的性質（形質）を変えることである。遺伝子組み換え作物（以下，GM作物）とは遺伝子組み換えによって形質を変化させた作物を意味している。例えば，トウモロコシには，アワノメイガという害虫がいるが，この害虫に対して殺虫効果のあるタンパク質を作る遺伝子をトウモロコシのDNAに導入すると，アワノメイガに抵抗性のあるトウモロコシを作ることができる。

作物の品種改良のためには，突然変異によって優れた性質を持つようになったものを選抜し，かけ合わせるといったことが伝統的に行われてきた。それに対し，GM作物の場合は，種の壁を越えて，遺伝子を導入する点が大きく異なる。

GM作物の例

現在，実用化されているGM作物の多くは除草剤耐性作物と害虫抵抗性作物である。害虫抵抗性作物の例は上に述べた。除草剤耐性作物としては，除草剤に対して耐性を持つ細菌由来の遺伝子を組み込んだ大豆が代表的な例である。除草剤を十分な量で使用すると，ほとんどの植物が死滅して，耐性を持つ大豆だけが残るので，生産者の手間とコストを大幅に削減できる。

GM作物の栽培面積はアメリカ，カナダなどの主要農業国で年々増加している。2017年の世界総栽培面積では，大豆77%，綿80%，トウモロコシ32%，菜種30%が遺伝子組み換え品種で占められている。

GM作物をめぐる議論

遺伝子組み換えをめぐって多くの議論がある。それらはGM作物由来の食品の安全性，生態系の攪乱，在来農業への脅威，特定の大企業の農業支配力の拡大に分けられる。

食品の安全性については，内閣府食品安全調査会が，遺伝子組み換えによって食品中に含まれることになるたんぱく質の発がん，アレルギーなどの有害性の有無を審査している。発がん性があるという報告もあるが，アメリカ科学アカデミーの行った包括的研究（2016年）など多くの研究で人への有害性は確認されていない。しかし消費者の選択権の保証のため，食用使用が許可されている作物及びその加工品については，GM作物を使用する際の表示が義務づけられている。

生態系の攪乱はGM作物による野生動植物の置き換えによる生物多様性の喪失，交雑による組み換え遺伝子の拡散とそれに伴う除草剤・殺虫剤への耐性を持つ害虫・雑草の出現といったことが懸念されている。カルタヘナ法に基づき，環境省と農水省が野生動植物の生物多様性に影響を生じさせるおそれがないと認められたもののみを承認している。しかし，農水省も生物多様性への影響が起こりうることは否定できないとしており，耐性害虫・雑草はアメリカ等で既に確認されていることから，懸念が払拭されているとはいえない。

在来農業への脅威については，GM作物が在来作物に置き換わることによる作物の多様性の喪失が起こりうる。また，特定の大企業の農業に対する支配力の拡大としては，GM作物の特許を持つ企業による種子資源の独占，除草剤等の抱き合わせ販売等の問題が懸念されている。これらの問題はアメリカやメキシコでは顕在化しており，日本でのGM作物の導入拡大については十分な議論が必要とされよう。

（荻原　彰）

42　熱帯林の減少

Decrease and Degradation of Tropical Rain Forest

熱帯林の現状

熱帯林とは，熱帯域に分布する森林の総称であり，熱帯多雨林，熱帯季節林，熱帯サバンナ林などが含まれる。本稿では，現在森林減少が最も著しい熱帯多雨林を取り上げる。

熱帯多雨林減少の原因は地域によって異なる。アマゾン川流域の主な森林減少の原因は，大規模牧場と大豆農場である。ブラジルでは1980年代から食肉や大豆関連製品の製造が始まり，それに伴って，肉牛や大豆の需要が高まった。アマゾン川流域の熱帯多雨林は伐採され大牧場へと姿を変え，地力が下がる数年後には，貧栄養な土壌でも生育する大豆農場へと転換されている。一方，コンゴの熱帯多雨林減少の主な原因は，人口増加に伴う焼畑，薪炭利用の増加である。コンゴの人口は，2010年は7046万人，2018年には8925万人と急激な伸びを示している。焼畑への転換や薪炭の採取は今後ますます増えると予想される。最後に，東南アジア熱帯の森林減少の主要な原因は，商業伐採とオイルパームプランテーションである。マレーシアボルネオ島サラワク州では，フタバガキの大木を択伐する商業伐採が行われている。一度切られた森林は，25年生長させた後，２度目の伐採を迎える。しかし，森林が復活するのに25年はあまりに短い。そのため，２度目の伐採を終えた林には有用樹がほぼ残っていない。経済的価値を失った林は皆伐され，オイルパームのプランテーションへと姿を変えている。

熱帯多雨林減少による影響

広大な面積を有する熱帯多雨林は，大気中の二酸化炭素を吸収し，酸素を放出することで，大気のバランスを保つのに貢献している。その熱帯多雨林が減少すると地球温暖化が加速する。しかし，熱帯多雨林を失う影響はそれだけにとどまらない。熱帯多雨林は多様な生物の宝庫である。特に，東南アジア熱帯は生物多様性が特に高く，生物多様性を保全する際に重要である「ホットスポット」に指定されている。熱帯多雨林が減少すると，それだけ生物たちの生息環境は失われる。さらに，センサーカメラを用いた調査から興味深いことがわかった。二次林（焼畑休閑林）では，個体数こそ減るものの原生林に生息する哺乳類すべてが確認されているのに対し，オイルパーム林ではまったく確認されなかった。生態系劣化や生物多様性の喪失を招いているのは，焼畑ではなく大規模な商業伐採とリンクしたオイルパームプランテーションなのである。

熱帯多雨林を保全するためには

地球温暖化や生物多様性保全の観点からすれば，これ以上の熱帯多雨林減少は防ぐべきである。生長が早く薪炭に適した樹種の持続的な育成や，森林と農地が共存するアグロフォレストリーの普及などが，具体的な方法として考えられる。一方で，熱帯多雨林の減少や劣化は，私たち日本人にも大きな責任があることを忘れてはならない。日本は国土面積の66％を森林が占める森林大国でありながら，他国の木材資源に依存している。パーム油を「地球にやさしい」食器洗剤や，スナック菓子やファストフード店の揚げ油として利用している。熱帯多雨林の現状を憂うよりも，私たち自身のライフスタイルを見直すことが先決であるといえるだろう。

（畑田　彩）

〔参考文献〕

畑田彩ら（2013）『生物多様性の未来に向けて』東北大学大学院生命科学研究科生態適応センター.

43　砂漠化　Desertification

砂漠化とは

1996年に発効された砂漠化対処条約(United Nations Convention to Combat Desertification, 以下UNCCD)によれば，砂漠化とは，「乾燥地域，半乾燥地域及び乾燥半湿潤地域における種々の要因（気候の変動及び人間活動を含む。）による土地の劣化」と定義される。自然原因としては気候変動による干ばつや降水量の減少とそれに伴う乾燥化がある。人為原因としては人口増加による過放牧，過伐採，過開墾，過灌漑，そして焼畑農業が挙げられる。これらの人為的活動により，風食，水食による土壌浸食が起きて砂漠化が進行する。砂漠化には，表層土壌への塩類集積による土壌の劣化や，飛砂・流砂による風食が挙げられる。砂漠化が最も進行している地域は，アフリカ・サヘル地域である。砂漠化の背景には当該地域住民の貧困と急激な人口増加などの社会・経済的な要因が存在する。

砂漠化している場所と課題

世界の乾燥地は，陸地の41.3％を占め，世界人口の34.7％に当たる20億人が乾燥地で暮らしている。乾燥地に住む人々の大半にとって生活は厳しく，将来の見通しも安定しない。砂漠化は貧困をさらに悪化させ，新たな貧困を生み出す。2005年の推計では，砂漠化は乾燥地の10－20％の割合で生じている。

乾燥地域では，人々が作物，家畜，薪炭材などを自然資源に依存しているため，生態系の劣化により住民の生活環境が悪化する。短期・長期での気候変動は，作物，飼料，家畜の生産や，水の供給を不安定化する。一度，乾燥地の生態系が損なわれると回復は困難で，農業生産性の低下，貧困が加速される。

砂漠化の進行は，土地の炭素吸収能力の減少等により，気候変動へも影響を与える。乾燥地域の生態系にとって，植生の多様性の減少は，食料・燃料の提供など人間への影響だけでなく，家畜，野生生物の生物多様性へも影響を与える。

砂漠化の防止と対策

UNCCDは，1968年にアフリカ・サヘル地域における大干ばつにより，砂漠化問題に関する国連レベルの初会議が，ナイロビで開催されたことに端を発する。国や地域が砂漠化に対処するために，行動計画を作成し実施すること，また砂漠化の取り組みを先進締約国が支援することなどを規定しており，2015年8月現在，194か国とEUが締結している。この条約の内容は，具体的な対処案を砂漠化に直面するアフリカ諸国が，参加している国々へ提案し，それにかかる資金を先進国が援助する仕組みとなっている。日本は1998年からこの条約に参加しており，UNDP，FAO，UNEP等への資金拠出等を通じて積極的な砂漠化対処支援策を講じている。

政府の取り組みだけでなく，非政府組織（NGO）の役割が重視されており，砂漠化に効果的に対処するための住民参加型の取り組みが「UNCCD」対策行動の基本戦略でも採用されている。

（長濱和代）

⇨ 17 人口問題と合計特殊出生率

〔参考文献〕

Millennium ecosystem assessment, https://www.millenniumassessment.org

44　水産資源と漁業　Marine Resources and Fishing Industry

再生産システムの産物としての水産資源

海洋や陸水（河川，湖沼）に生息している水生生物のうち，人間が食糧あるいはその他の目的で利用する生物を水産資源と呼ぶ。水産資源は，埋蔵量があらかじめ決まっており，採掘等によって一方向的に減少していく石油，石炭などのエネルギー資源と大きく異なる特徴を持つ。水中では，植物プランクトンは動物プランクトンに捕食され，さらに小型魚，大型魚に捕食される。それらの死骸や糞は海底に沈殿し，微生物によって分解される。その結果生成された栄養塩は植物プランクトンの餌となる。水中ではこのような食物連鎖が繰り広げられており，水産資源は自然の再生産システムの中で生産されている。

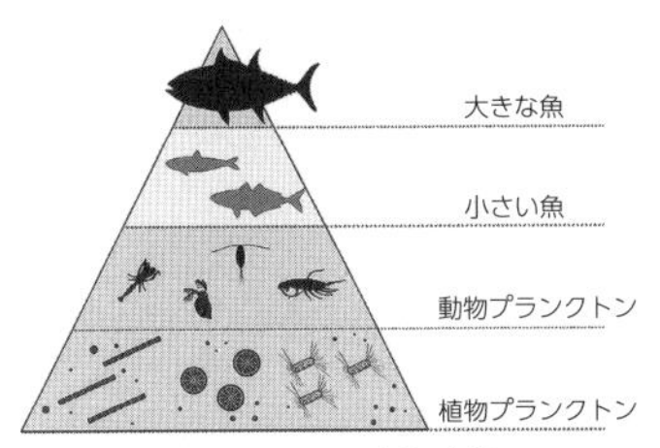

図1　水中での食物連鎖
（JAMSTECのウェブサイトの図をもとに著者作成）

日本近海における豊かな水産資源

日本は四方を海で囲まれており，その管轄水域は447万km²であり，世界第6位の広さを誇っている。北方からは豊かな植物プランクトンを含んだ親潮（千島海流）が南下し，南方からは温暖な黒潮（日本海流）が北上し，三陸沖を中心とする太平洋近海で交じりあっている。そこでは，冷水性の魚（サンマ，スケトウダラなど）と暖水性の魚（カツオ，サバなど）の両方の魚種が回遊，生息しており，水産資源に恵まれた海となっている。この地域は，歴史的に日本人の豊かな食文化の基礎を育んできた世界的に見ても多様な生物が集中しているホットスポットであり，世界3大漁場の一つともいわれている。このような恵まれた地理的条件により，日本人は歴史的に多くの水産物を消費してきたが，近年魚離れが進んでいる。

漁業の課題と資源管理の重要性

世界の水産物消費は，過去半世紀で約2倍に増大している。これは，戦後の世界的な人口増加や経済発展に加えて，水産物の優れた栄養特性に対する評価の高まりの影響が大きい。しかしながら，さらに大きな理由は，水産物は常温で放置した場合鮮度が急速に劣化するという流通上の弱点が，冷凍・冷蔵の技術革新により克服されたことである。これは，水産物流通のグローバル化をもたらした。また，漁船性能の向上，魚群探知機や高強度漁網の導入などの技術革新は，水産資源の効率的に漁獲することを可能とした。しかしながらその一方，乱獲（適正水準を超えた過剰な漁獲）や混獲（漁獲対象以外の種の漁獲）などが大きな問題となっており，水産資源の適切な資源管理が重要となっている。資源管理の考え方には，次のようなものがある。

①投入量規制：漁船の数や馬力の制限
②技術的規制：産卵期の禁漁，漁網の網目の大きさの制限
③産出量規制：漁獲量の制限

最近では，水産資源を適切に評価・管理し，持続可能な利用を目指すICTを活用したスマート水産業への転換が行われつつある。

（日置光久）

〔参考文献〕
笹川平和財団海洋政策研究所（2018）『海洋白書2018』成山堂書店.
水産省（2018）『水産白書 平成30年版』農林統計協会.

45　循環型社会と廃棄物処理　Sound Material-Cycle Society and Waste Management

江戸時代の循環型社会

中世のパリやロンドンでは，し尿や廃棄物が適切に収集・処理されず，大規模な伝染病流行の要因の一つとなっていた。その一方で江戸では，都市で発生したし尿を回収して農家に肥料として販売する「肥汲み」や，紙屑を回収して古紙に再利用する「紙屑買い」，燃え殻や灰を回収して肥料に活用する「灰買い」といった業者が活躍し，清潔な街であったという。そのほかに提灯の張替え，瀬戸物の焼き接ぎ，下駄の歯入れといった職業も記録されており，日用品を修理してできるだけ長く使う習慣だったことがわかる。つまり，日本では江戸時代，すでに循環型の社会が自然にでき上がっていたといえる。これは入手できる資源が限られていたことや，回収に手間をかけられるぐらい人件費が安かったこと等から，新しく調達する材料よりも回収物の価値が高く，経済的な動機づけが十分にあったことが要因である。

循環型社会が求められた背景と法整備

近代化が進み都市に人口が集中すると，そこから発生する廃棄物の量が飛躍的に増えたため，廃棄物を回収して適切に処理・処分することは，人々の生活を衛生的に保つために重要な役割を果たすようになった。しかし資源が豊富に手に入るようになり，所得が増加してそれらを容易に買えるようになると，相対的に回収物の価値が下がり，不要になったものを循環させて利用しようという経済的な動機づけが機能しなくなってきた。その結果，高度経済成長期には大量生産，大量消費，大量廃棄の経済・生活スタイルが定着し，資源枯渇の問題や，ごみを埋め立てる最終処分場の不足といった問題が徐々に顕在化してきた。

こうした背景を踏まえ，日本では2000年に循環型社会形成推進基本法が制定された。この法律では循環型社会を「天然資源の消費を抑制し，環境への負荷ができる限り低減される社会」と定義し，取り組みの優先順位を①発生抑制（リデュース），②再使用（リユース），③再生利用（リサイクル），④熱回収，⑤適正処分の順番で定めている。この原則にのっとって，循環型社会を実現するための個別品目のリサイクル法が次々と整備された。

表1　個別品目の特性に応じたリサイクル法

法律名（略称）	対象品目
容器包装リサイクル法	ビン，ペットボトル，紙製・プラスチック製容器包装等
家電リサイクル法	エアコン，冷蔵庫・冷凍庫，テレビ，洗濯機・衣類乾燥機
食品リサイクル法	食品残さ
建設リサイクル法	木材，コンクリート，アスファルト
自動車リサイクル法	自動車
小型家電リサイクル法	小型電子機器等

これまでの成果と課題

循環型社会の形成に向けたこれらの取り組みは，これまでに一定の成果をあげている。循環型社会形成推進基本法ができたばかりの2000年と，取り組みが進んだ2015年の日本の物質フロー図を比較してみると，社会全体における天然資源の投入量や最終処分されるごみの量は大幅に削減され，循環利用される物質量が増えている（次ページの図1を参照）。

近年，リサイクルに比べて取り組みが遅れていたリデュースとリユースへの本格的な取り組みの動きが見られるようになっている。

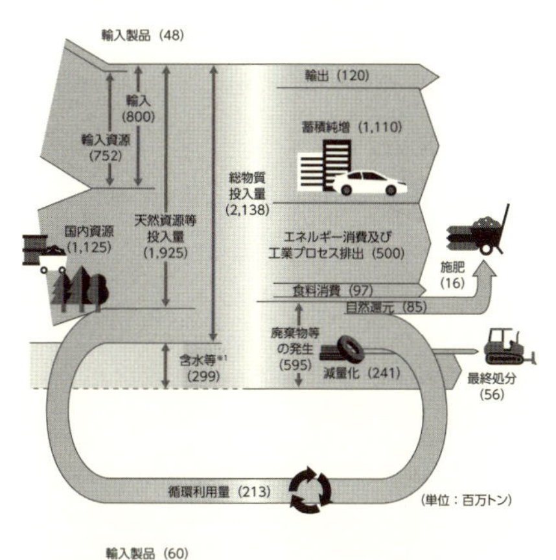

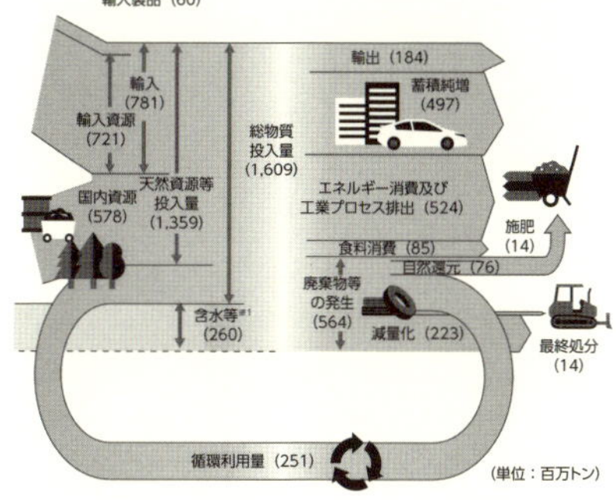

図１　2000年（上）と2015年（下）の日本の物質フローの違い
（環境省『平成30年版 環境・循環型社会・生物多様性白書』より）

循環型社会をめぐる新しい潮流

循環型社会形成を目指した取り組みは，欧州連合（EU）でも積極的に進められている。廃棄物管理の基本的な概念と定義を示した廃棄物枠組み指令（2008/98/EC）では，日本と同様に廃棄物の発生抑制を高い優先順位に定めているほか，埋立指令（1999/31/EC）では埋め立てる廃棄物の量や汚染物質の漏洩を最大限に低減することを求めている。

2030年までの国際社会の目標を示した持続可能な開発目標（SDGs）のうち，循環型社会に関わるものは目標12の「持続可能な生産と消費」に含まれている。これに関連する動きとして，近年欧州では「サーキュラーエコノミー（Circular Economy）」という概念が活発に議論されている。これまで無駄にされてきたもの（廃棄物だけでなく，空間や天然資源等も含む）を最大限に有効活用することによって，経済的にも環境的にも恩恵を得ようとする取り組みである。具体的には，環境負荷の低い原材料を使用する，生産工程で発生する副産物を活用する，製品寿命を長期化する等の取り組みが挙げられる。また，カーシェアリングや民泊等のように，新製品の製造を減らし，同じ製品を複数のユーザーが一緒に使うビジネスや，製品そのものではなく製品の機能（サービス）を提供するビジネスなど，新しいビジネスの創出にも貢献するとされている。

循環型社会に係るこれまでの取り組みと異なるのは，事業者が国や自治体の政策に協力するという立場ではなく，ビジネスの一環として，戦略的かつ主体的に取り組もうとしている点であろう。持続可能な生産と消費を標榜し，多様な関係者を巻き込んで循環型社会を目指そうとする取り組みは，今後日本でも本格化すると思われる。　　　　（森　朋子）

⇨ 2 SDGs（持続可能な開発目標），46 ごみ・分別・リサイクル

〔参考文献〕

松藤敏彦（2007）『ごみ問題の総合的理解のために』技報堂出版.
Lacy, P. et al. (2015) *Waste to Wealth*, Palgrave Macmillan.

46　ごみ・分別・リサイクル　Waste; Separating Rubbish for Recycling

ごみの発生と二つの制約

経済社会で生活する上で，生産・流通・消費の過程を通じて，使用価値のない不要な廃棄物(ごみ)が発生することは避けられない。特に人口の増加と経済の発展は，大量生産・大量消費・大量廃棄型の生活スタイルとともに，ごみの質的複雑化及び量的拡大を引き起こしてきた。UNEPによれば人口が97億人に達する2050年には，世界の資源採掘量は現在の２倍以上に達すると予想されている。

しかし地球の有限な資源を大量に使い，不用になると廃棄するという社会は，有限な天然資源の枯渇（資源制約）と処分場の逼迫（環境制約）を招くため，持続することが不可能である。

そこで持続可能な社会を目指すために，【資源採取→生産→消費→廃棄】という一方向型の流れではなく，まずごみの発生を減らす省資源化や無駄の排除を進め，廃棄する前には再使用や再生利用に取り組むという循環型の流れが求められるのである。

ごみの減量は，ごみの焼却や埋立処理による環境負荷を低減し，資源の循環利用による天然資源使用量の削減にもつながる。資源制約と環境制約に対応するこの社会のあり方が省資源・最少廃棄型の循環型社会である。

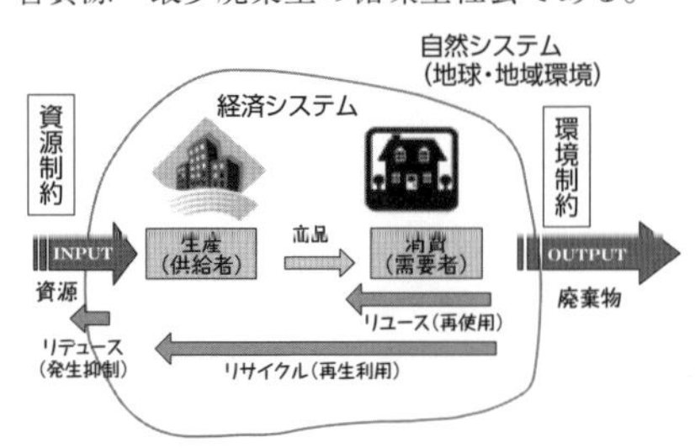

図１　経済活動による自然システムへの影響

（筆者作成）

循環型社会の指標「入口・循環・出口」

循環型社会の進展を評価するために，循環型社会基本計画では，①入口（資源投入１単位当たりのGDP：資源生産性），②循環利用率，③最終処分量を指標としている。そのうち，資源の循環的な利用を示す循環利用率は，

$$循環利用率=\frac{循環利用量}{循環利用量+天然資源等投入量}$$

で示される。

循環型社会形成推進基本法制定後，循環利用率は着実に上昇してきたが，近年は増減があるものの横ばい傾向が続いている。そのため生活者の意識と行動の変革を促すための教育がますます重要性を増している。

図２　日本の循環利用率の推移

（出典：『平成30年版 環境・循環型社会・生物多様性白書』）

3Rの取り組み

2000年に成立した循環型社会形成推進基本法は「循環型社会」を「[1]廃棄物等の発生抑制，[2]循環資源の循環的な利用及び[3]適正な処分が確保されることによって，天然資源の消費を抑制し，環境への負荷ができる限り低減される社会」と定義されている。同法によれば，廃棄物処理の優先順位は，[1]発生抑制（Reduce），[2]再使用（Reuse），[3]再生利用（Material Recycle），[4]熱回収（Thermal Recycle），[5]適正処分である，

と初めて法定化された。

このうち[1]リデュースReduce，[2]リユースReuse，[3]リサイクルRecycleが循環型社会を目指す基本的な取り組みであり，「3R」と呼ばれる。自治体によっては，リデュースにRefuse（不要な物は貰わず断る）を，またリユースにRepair（修理して使う）などを加えて「4R」「5R」の取り組みとして市民に推進を呼びかけているが，基本的には「3R」の取り組みと考えることができる。

3Rのうち優先順位の高いリデュース，リユースの「2R」は，リサイクルに比べると取り組みが進んでいなかったが，シェアリング・エコノミーの拡大や，一部自治体でのスーパーのレジ袋の有料化，さらに企業による飲料容器減量や長寿命製品開発など，行政や事業者による取り組みが少しずつ広がっている。

また，特定の業種や製品については，拡大生産者責任の考えから，資源有効利用促進法や個別リサイクル法などを通じて3Rが推進されてきた。

リサイクルは廃棄物を原料や素材に戻して資源として再生利用するものであり，排出時の分別が非常に重要である。家庭系ごみの場合，分別の種別や数は自治体によって異なるが，いずれも再生利用のための分別の徹底がキーポイントである。

また，工業製品などに蓄積されている鉱物資源を都市鉱山と見なし，回収リサイクルによって資源の有効活用につなげる動きが広がっている。2020年に日本で開催される東京オリンピック・パラリンピックの約5,000個の金銀銅メダルを，携帯電話などの小型家電から集めたリサイクル金属から作る「みんなのメダルプロジェクト」もその一例である。

都市鉱山という視点から考えると，日本は世界有数の資源大国であり，金は全世界の現有埋蔵量の約16％，銀は約22％など，世界の１割を超える金属が存在する。したがって，その活用は資源の有効利用を重視する持続可能な社会への重要なステップなのである。

家庭ごみの削減に向けた教育

循環型社会を目指す取り組みの目標は，リサイクル率の向上ではなくごみの削減である。家庭系ごみの削減のポイントは，焼却ごみに混入している資源ごみの分別回収，不要な容器包装物の削減，そしてごみの利用方策の拡大である。特に，新聞以外の雑紙の分別回収や，食べられる状態で廃棄される食品ロスの削減，生ごみのリサイクルシステムの構築などの取り組みが求められる。ごみは，循環資源になれば不用なごみではなくなるのである。

ごみの減量には，ごみの排出者が，ごみ処理や資源採取が環境に与える影響を認識し，責任者としての自覚を持ち，ごみ減量に向けた積極的創造的な行動をとることが必要である。物質循環のつながりと，経済生活の環境影響を意識させる視野を持った啓発が望まれる所以である。

日本の取り組みと世界への貢献

日本は，戦後の高度経済成長期を経て今日に至るまで，経済社会情勢の変化に伴う廃棄物の質・量の変化に起因する様々な廃棄物問題を経験し，それらを解決するために廃棄物・リサイクル分野における取り組みを発展させてきた。その結果，一人当たりGDPの大きさに比して，一人当たりごみ排出量が少ない社会を実現してきた。

経済発展途上国は，これまで日本が経験してきた廃棄物問題を近い将来に経験する可能性がある。こうした国々に，日本の経験を伝え，技術を移転することで，世界全体の環境負荷の削減に貢献することも期待されているのである。（花田眞理子）

〔参考文献〕

環境省，https://www.env.go.jp/press/102533.html
環境省（2018）『環境白書』日経印刷.
物質・材料研究機構，https://www.nims.go.jp/news/press/2008/01/p200801111.html
環境省（2013）『環境白書』日経印刷.

47　ライフサイクルアセスメント(LCA)　Life Cycle Assessment

製品の一生で考える環境負荷

ライフサイクルアセスメント（LCA）とは，製品・サービスの受益・消費における環境負荷を，【作る～使う～捨てる】までに関わった環境負荷の総量で評価する手法である。具体的には，【原材料調達（採掘・梱包・流通）～製造（製品製造・梱包材・輸送）～流通（製品管理・店舗での陳列）～使用（使用に伴う環境負荷・管理に伴う環境負荷）～廃棄（焼却・埋立・リサイクル処理）】など供給から消費までの各行程において，投入・排出される資源及びエネルギーに起因する環境負荷の総和で評価する。LCAでは，地・海・空・生物に対する，資源枯渇・自然破壊・汚染など多岐にわたる環境負荷が対象である。

LCAの主な指標

主な指標には，以下のようなものがある。

(1) ウォーターフットプリント(WF)：水に視点を当てたLCA。食料による負荷も高く，ご飯の場合，稲を苗から育て炊くまでの水の負荷は，食べる重量に対し1000倍以上となる。また水を含有しない電子回路などの製品でも，製造時の洗浄工程が水への負荷となる。

(2) カーボンフットプリント(CF)：地球温暖化に視点を当て，CO_2(＝カーボン)当量で評価したLCA。化石燃料・バイオマス・廃棄物の燃焼，また燃焼熱による電力消費，さらには水道の利用におけるポンプの電力や排水処理まで，CO_2排出は生活に密接に関係する。

(3) マテリアルフットプリント(MF)：生活や消費における環境負荷を，非金属鉱物・金属鉱物・化石資源・バイオマスなど関わった資源投入量の【総重量】で評価したLCA。製品自体だけでなく製造に関わった化石燃料の重量なども，国境も遡り合算する。国全体や国民一人当たりが消費する総資源の指標としても用いられる。

(4) 関与物質総量(TMR)：金属など直接利用する資源の採掘に伴う影響を，排出される岩石・土砂，使用した水，伐採される森林などの，総重量で評価したLCA。金１ｇではその1,100,000倍＝1.1tの岩石を採掘するが，選鉱した金１ｇを除くほぼ1.1tの残渣がそのまま廃棄物かつ破壊した環境の量となる。主な金属のTMRは，銀；48,000倍，銅；360倍，鉄；８倍とされている。

トレードオフ・環境効率・３ＲとLCA

環境に配慮した行動であっても必ずしも，複数の環境負荷の評価項目に対し同時に有効とはかぎらない。例えば，使い捨てコップと耐久消費可能なコップを，1,000回使用で比較すると，製造回数の多い前者がCFPへの負荷が高い。しかしWFへの負荷が高いのは，洗浄回数の多い後者である。違う指標が存在した場合には，優先順位を評価できない。このように，ある選択により環境負荷が低い側面と高い側面が同時に生じる状況をトレードオフの関係という。環境行動の選択においては，製造時の環境負荷は見落とされやすいため，LCAによる俯瞰的な検討を必須とする。環境効率や3Rの評価においても，LCAにより製造や廃棄における環境負荷を包括することで，適切な比較や判断が可能となる。

（海老原誠治）

〔参考文献〕

環境省，https://www.env.go.jp/recycle/circul/keikaku/ keikaku_4.pdf

環境省（2014）『ウォーターフットフットプリント算出事例集』環境省．

原田幸明ら（2011）『図解 よくわかる「都市鉱山」開発』日刊工業新聞社．

48　マイクロプラスチック　Microplastics

マイクロプラスチックとは何か

砂浜に行くと，流木などに混じってたくさんのペットボトル，発泡スチロール，ビニール袋などのプラスチックごみが見られる。流木等は海を漂流する間に分解されるが，プラスチック製のごみは本来長持ちするように（分解されないように）作ってあるので，漂流中に分解されない。分解されないということは，人為的に回収されないかぎり，海洋中にプラスチックが蓄積されていくことになる。プラスチックは分解されないが，太陽光による化学的なプロセスを経て劣化したり，波などの物理的な力により崩壊したりして小さくなっていく。このように微少なプラスチックのことをマイクロプラスチックという。その大きさに関しては公式の定義はないが，多くの場合５mm（ミリメートル）以下のものを指す。

マイクロプラスチック自体は排出されるといわれているが，吸着されたダイオキシンやPCBなどの有害汚染物質は生体に蓄積されていくことがわかっている。

マイクロプラスチックの種類

マイクロプラスチックは，その発生源の違いによって大きく二つの種類に分けて考えることができる。

①一次マイクロプラスチック（primary microplastics）

はじめから微小なサイズのプラスチックである。これは，人為的に微小なサイズで生産されたプラスチックである。例えば，角質除去のために洗顔料や化粧品にスクラブ（研磨）剤として含まれているものの中にビーズ状のマイクロプラスチックが使われていることがある。また，歯磨き剤や洗濯洗剤などにも同様のものが含まれていることがある。もう一つは，様々な製品を生産するための前段階の原料としてのマイクロプラスチックがある。これはレジンペレットと呼ばれている。

②二次マイクロプラスチック（secondary microplastics）

プラスチック製品が，自然環境の中で劣化，崩壊することで生じたものである。これは，我々が普段使っている多くのプラスチック製品が海洋に流出し，二次的にマイクロプラスチックになったものである。最近では，衣類の洗濯による合成繊維の脱落によるマイクロプラスチックの生成が指摘されている。

マイクロプラスチックに関する国際的動向

2015年６月に開催されたG7・エルマウサミットにおいて，生物と生態系に直接影響し，潜在的には人間の健康にも影響しうる海洋ごみ，特にプラスチックごみが世界的課題を提起していることが認識された。さらに，翌2016年５月のG7・伊勢志摩サミットにおいて，プラスチックの発生抑制及び削減に寄与していくことが合意された。また，持続可能な開発目標（SDGs）においては，「海の豊かさを守ろう」が目標14として取り上げられ，その中のターゲット14.1で海洋ごみ等による海洋汚染の防止，削減が示されている。

このようなプラスチックゴミ問題に対する国際的な動向に呼応して，経済界でも海洋汚染の防止に向けた様々な取り組みを始めている。例えば，子ども向け玩具メーカーのLEGOでは，プラスチックではない植物由来の材料で作られたレゴブロックの発売を発表している。また，ファストフードのマクドナルドでは，プラスチックストローの使用をやめ，紙製に変更することを表明している。

（日置光久）

Ⅳ　社会的・文化的課題

49　貧困と公正　Poverty and Equity

三つの貧困指標

貧困とは何か。絶対的貧困，相対的貧困，社会的排除という三つの代表的指標がある。

絶対的貧困は，人間として最低限の生活すら営めないような状態を指す。世界銀行による１日1.90ドル未満（2015年10月～）の基準が有名である。これは2005年時の最貧国15か国を対象に2011年時の物価データに基づき，各国の貧困ラインを平均した数値である（国際貧困ライン）。貧困ラインとは，その国でそれ以下の収入では最低限の衣食住のニーズが満たされなくなる値を意味する。

１日1.90ドル未満以下の絶対的貧困にある人々は，７億3500万人（世界人口の10％）(2015年)。主に後発開発途上国（LDC）の人々であるが，先進国における野宿生活者など究極の貧困状態の人々の存在を忘れてはならない。厚生労働省「ホームレスの実態に関する全国調査(概数調査)」(2018年)によれば，日本の野宿生活者数は4,977人と2003年の25,296人をピークに減少。数値上は改善が見られるが依然として約５千人存在する。さらに，最低限の衣食住のニーズが満たされれば貧困の解消といえるのか，という問題が残る。

相対的貧困は，主に先進国で，その国で標準的な生活を送ることができないことを不公正な問題として可視化するために用いられる。絶対的貧困が生存のための「最低限」の水準を示すのに対し，その社会での「平均レベル」の生活ができないという意味での貧困状態を示す。日本を含む多くの先進国が用いるのが，相対的貧困率である。これは，１年間の世帯の「可処分所得（手取り額）」の中央値の50％を貧困ラインとして，それ未満で生活する人の割合(50％未満という数字に明快な根拠はない。EUは60％未満である)を示す。

日本の相対的貧困率(2015年)は，15.7％と2012年より0.4％改善した。だが「OECD加盟国の相対的貧困率の比較」(2015年)では，OECD35か国(リトアニアを除く)中30位の16.1％(2012年の数値)(OECD平均11.59％)と，先進各国の中で貧困者の割合が高い。

子どもの貧困率は，貧困ライン未満の世帯で暮らす子どもの全子ども数に対する割合(子どもの相対的貧困率)である。2015年では13.9％であり，2012年よりも2.4％改善した。だが「OECD加盟国の子どもの貧困率の比較」(2015年)では，OECD36か国中27位の16.3％(2012年の数値)(OECD平均13.3％)と高い。

さらに，相対的貧困率や子どもの貧困率の数値の低下が，必ずしも貧困の削減を意味せず，物価上昇率等を考慮すると，むしろ貧困の拡大・深化を示すとの研究がある。他方，相対的貧困率と「日本における最低限度の生活水準」を具体化した生活保護基準で捉えられる低所得者の大部分が重なるため，相対的貧困率が日本の最低限度の生活水準を示す可能性が高いとする研究もある。ただし，これらの指標は所得のみに着目する点に限界がある。

社会的排除は，相対的貧困では1980年代以降の経済のグローバル化に伴い先進国に見られる「新しい貧困」という失業率の上昇や長期失業の顕在化に伴う完全雇用の達成不可能性や，非正規雇用の増大等の新しい社会問題へ対処できないため登場した新概念である。社会的排除は，従来の貧困指標が所得など経済面に偏した点を批判し，経済的・社会的・政治的・文化的側面やそれらが重なりあった側面から個人が排除されている状況を指す。

それゆえ，この概念のもとでの貧困は，「市民社会の個人として『自己決定』できな

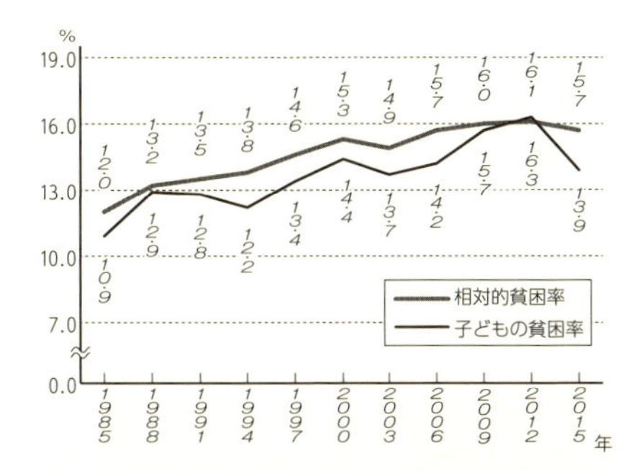

図１　日本の「子どもの貧困率と相対的貧困率の推移」
注：1)1994年の数値は，兵庫県を除く。2)2015年の数値は，熊本県を除く。3)子どもとは17歳以下の者をいう。4)等価可処分所得金額不詳の世帯員は除く。厚生労働省「平成28年国民生活基礎調査の概況」(2017年）より筆者が作成。

いために，自身の生活を形成していくことができない状態」「自由（権利）の欠如」と捉えられる。したがって，解決策（社会的包摂）は，誰もが社会に必要なメンバーとして生活できる状態になるための自由（権利）の回復（例：就労を含めた社会参加）となる。

貧困解決のための「基礎的潜在能力の保障」

センによって提唱された潜在能力（ケイパビリティ）説は，社会的排除としての貧困の由来を「基礎的潜在能力の不平等」に求める。したがって，社会的包摂による貧困解決には「基礎的潜在能力の保障」が求められる。基礎的潜在能力とは，「人が保持・享受している基礎的な財・サービスを用いて，したいと思うことをできる能力」である。ただしセン自身は，基礎的な諸機能（なしうること，なりうるもの）の固定的なリスト化は不適切と考え，具体的内容を示していない。

基礎的潜在能力説の影響下で作られた指標として国連開発計画（UNDP）の「人間開発指数（HDI）」(1990年～）がある。一国の開発レベルの評価に際し，経済成長だけでなく，人間及び人間の自由の拡大を究極の基準とするため，保健（平均余命），教育（修学状況），所得(一人当たり国民所得)という人間開発の三つの側面からなる多元的指標が有名である。

さらに国連開発計画は，『人間開発報告書2010』より，健康（①低栄養状態，②乳幼児死亡率），教育（③教育年数，④就学率），生活水準（⑤調理用燃料・⑥トイレ〈下水〉・⑦飲料水・⑧電気の利用状況，⑨家の床の状態，⑩耐久消費財〈資産〉の保有状況）という人間開発の３次元10指標からなる「多次元貧困指数（MPI）」という多元的指標を作成し，現在，二つの指標を併用している。

国連「持続可能な開発目標(SDGs)」(2016～2030年)の冒頭が「目標１：貧困をなくそう―あらゆる場所で，あらゆる形態の貧困に終止符を打つ」であり，世界中(国内･国際)の貧困の解決が求められている。経済学者ラヴァリオンは，主に途上国で使用される「絶対的貧困」と先進国で使用される「相対的貧困」の指標を併せ，世界全体に適用しうる「弱い意味での相対貧困線」を提唱している。

基礎的潜在能力を保障し，社会的包摂の実現により貧困が解決し，公正な社会が実現する。ただし格差是正の範囲に関し争いがあり，平等主義・優先主義・十分主義に大別される（分配的正義の理論）。

（松井克行）

〔参考文献〕

アマルティア・セン（1999）『不平等の再検討―潜在能力と自由』岩波書店.
後藤道夫（2017）「『相対的貧困率』の改善と貧困の拡大・深化―子育て世帯を中心に」『POSSE』36，216-229.
志賀信夫（2016）『貧困理論の再検討―相対的貧困から社会的排除へ』法律文化社.
玉手慎太郎（2011）「『基礎的ケイパビリティの平等』の定式化とその含意―センの規範理論の明確化のための一論考」『理論と方法』26(2)，339-354.
マーティン・ラヴァリオン（2018）『貧困の経済学 上・下』日本評論社.
山田篤裕（2018）「貧困基準」駒村康平編『福祉＋α 貧困』ミネルヴァ書房，24-39.
ジョン・ロールズら（2018）『平等主義基本論文集』勁草書房.

50　格差の拡大　Widening Inequality

成長の陰で拡大する格差

1990年から2017年にかけて，世界の名目GDP(国内総生産)総額は約3.4倍に成長した。しかし2015年のOECDの格差に関する報告書「In It Together: Why Less Inequality Benefits All」によれば，1990年から2011年に上位10％の富裕層の「実質家計可処分所得」は30％も増加したのに対し，下位10％の貧困層においては約４％の増加にとどまり，その所得格差は7.5倍と，過去30年で最大になった。主要各国では大きい順から，米国18.8倍（2013年），日本10.7倍（2009年），イギリス10.5倍（2012年），フランス7.4倍（2012年），ドイツ6.6倍（2012年），となっている。

この間，日本の場合は全体の可処分所得はほとんど上昇していないため，下位層の所得の減少率はより深刻である。2016年にユニセフが行った子どものいる世帯の「相対的所得ギャップ」（中間層からの下位層の乖離）調査では，日本は41か国中34位だった。同報告書では学力についても，全体の基礎学力の定着率は高いが，上位層と下位層の学力格差が比較的大きい国に入ると分析している。日本の下位層の学力の低さは，次世代に貧困が再生産される可能性が高いことを示している。

「相対的剝奪」による社会の分断

2016年の国際NGOオックスファム(Oxfam)の調査によれば，世界の最も裕福な62人の資産は，最も貧しい36億人の資産と同量である。富める者はますます富み，貧しい者はますます貧しくなる格差のスパイラルは国を問わず進行している。豊かなはずの先進国で下位層に置かれることは，自分が取り残されていると感じる「相対的剝奪」感を生み出し，その不満の矛先は，格差を生み出す構造（例えば，大企業優遇の税制）そのものではなく，身近な所属集団の基準を満たさない他者（例えば，生活保護受給者や在郷外国人）へと向けられることが多い。欧州では，急増する難民対応に政府支出が流れているとして，「反外国人」を掲げる極右主義政党の支持率が増えた。ドイツの世論調査では，富と社会的地位が公平に分配されていると判断できる場合には反外国人感情は生じにくいと分析されており，相対的剝奪による不平等感が，他者の排斥と社会の分断につながると理解されている。

共に生きる社会を目指して

現在欧州では，デンマーク発祥の賞味期限切れ食品を格安で提供するスーパーやレストラン，不用品を無料で交換するシェアエコノミーなど，既存の経済価値に頼らないサービスが活性化しており，これまでいわゆる生活保護などの公的な貧困支援が届きづらかった相対的剝奪の人々にも浸透する可能性を秘めている。これは，人々が他者との比較や競争心理から起こる排除や疎外の感覚から解放される領域をつくることで，格差を超えて地域で共生しうる社会をつくる取り組みといえる。SDGsが掲げる「誰も取り残さない」理念に照らせば，下位層に取り残された人の相対的剝奪がもたらす社会の分断の発生可能性にもっと目を向け，共に生きる社会を模索し続けていくことが重要だろう。　（高雄綾子）

⇨ 3 グローバリゼーション，49 貧困と公正，51 子どもの貧困

〔参考文献〕

ユニセフ・イノチェンティ研究所（2016）『子どもたちのための公平性』日本ユニセフ協会.

51　子どもの貧困　Child Poverty

世界的に見た子どもの貧困

国連SDGsの目標1は「貧困をなくそう」であり，貧困は世界的に解決すべき課題だ。2016年の時点で，全世界の労働者のほぼ10%は国際貧困ライン1日一人1ドル90セント未満の所得で家族と暮らしており，全世界の5歳未満の子どもの4人に1人が，年齢に見合う身長に達していない。また，別の貧困の尺度「多次元貧困指数」（所得面だけでなく，健康，教育，生活水準の三つの主要な次元において，人々がどのように取り残されているのかを示すとされている）を用いた推計によると，貧困の中で暮らす人々の半数が18歳未満の子どもであるとされる。

日本における子どもの貧困

先進国である日本において，「子どもの貧困」が社会問題として可視化され，対する取り組みが行われている。それまでは生存が可能かどうかというレベルの絶対的な貧困しか社会的に問題にされてこなかったが，いま問題とされている「相対的貧困率」（貧困線〈等価可処分所得の中央値の半分〉に満たない世帯員の割合）を，2009年になって政府が公表した。

厚生労働省「平成28年国民生活基礎調査」によると，2015年の相対的貧困率は15.6%，「子どもの貧困率」は13.9%である。前回調査（2012年）の16.3%より減っているとはいえ，依然子どもの約7人に1人が相対的貧困の状態にある。また，内閣府「平成26年版子ども・若者白書」によれば，日本の子どもの相対的貧困率はOECD加盟国の平均を上回る状態で，34か国中10番目であり，大人が一人の「子どもがいる現役世帯」の相対的貧困率は，大人が二人以上のそれに比べて高く，加盟国中最高水準である。子どもの貧困はどこか遠くの海外だけの問題ではない。

「子どもの貧困対策の推進に関する法律」が2014年1月に施行，「子供の貧困対策に関する大綱」が2014年8月に閣議決定された。官公民連携によるプロジェクトとして「子供の未来応援国民運動」も2015年からスタートし，民間から寄付を集める「子供の未来応援国民基金」もつくられ，草の根で活動するNPO等へ資金を提供している。

2012年に誕生した民間発の取り組みである「こども食堂」は，2015年頃から急速な広がりを見せている。2018年現在全国に2200か所以上あり，運営主体，地域，目的等に合わせた多様な形態（フードバンクと連携，学習支援や居場所機能を持つ等）が存在する。このこども食堂の広がりとともに，子どもの貧困への理解も進んでいるようだ。

学習支援やこども食堂は，SDGsの理念である「誰も置き去りにしない」の地域からの取り組みといえるが，背景にある社会のメカニズムの変革なしには問題は解消しない。子どもの貧困は，外から見えにくい生きづらさを子ども自身に抱えさせ，その後の人生を左右する機会の不平等も生み出す。親や家庭の問題として埋もれていたものが可視化されたいま，次のステップが望まれる。

（岩松真紀）

〔参考文献〕

国際連合広報センター，http://www.unic.or.jp/news_press/features_backgrounders/31591/
国連開発計画駐日代表事務所プレスリリース，http://www.jp.undp.org/content/tokyo/ja/home/presscenter/pressreleases/2018/mpi2018.html

52　飢餓と食料の配分　Hunger and Food Distribution

飢餓

飢餓（hunger）の定義は必ずしも一義的ではない。国際連合世界食糧計画（United Nations World Food Programme，略称：WFP）は「身長に対して妥当とされる最低限の体重を維持し，軽度な活動を行うのに必要なエネルギー（カロリー数）を摂取できていない状態」，また同じく国連の機関である食糧農業機関（Food and Agriculture Organization，略称：FAO）は，「生きるための最小エネルギーである基礎代謝量の1.2～1.4倍以下のエネルギーしか摂取できない状態」と定義している。

飢餓は，このような「慢性的」な「栄養不足」あるいは「栄養不良」と，一時的に発生する飢餓とに分けることができる。また，カロリー摂取はできていても，微量栄養素の欠乏や摂取不足の状態もあり，これを「隠れた飢餓」という。飢餓とよく似た言葉に「貧困」がある。両者の間には関連性はあるが，同義ではないので注意が必要である。貧困であっても飢餓ではないことはありうる。

FAOは飢餓の程度を表す指標として栄養不足人口，栄養不足蔓延率（Prevalence of Undernourishment，PoU），そして食料不安の経験による尺度（Food Insecurity Experience Scale，FIES）に基づく重度の食料不安蔓延率（Prevalence of Severe Food Insecurity）を用いている。これらの中の栄養不足蔓延率と食料不足蔓延率は，SDGsターゲット2.1の指標に採用されている。

栄養不足

栄養不足蔓延率と重度の食料不安蔓延率の間の相関は高い。また栄養不足人口はアジアが最も多くて2016年には約5億2千万人，食料不足蔓延率はアフリカが最も高く，特に東アフリカでは2016年に33.9％である。

これらのデータは，FAOが発行し，（公社）国際農林業協働協会によって日本語版に翻訳されている『世界の食料安全保障と栄養の現状（The State of Food Security and Nutrition in the World）』という年次報告書に掲載されている。英語版は毎年9月頃，日本語版はその半年後の3月頃公表される。特に，2017年版では，SDGsターゲット2.1と2.2に向けての進捗状況が検証されている。

近年，栄養不足蔓延率と栄養不足人口が上昇傾向にある。前者の栄養不足蔓延率は2000年の14.7％から2013年から2015年にかけて10.6％から10.8％にまで減少したものの，この減少の推移に歯止めがかかっている。FAOの予測値によると，2016年には11.0％に増加に転じた可能性があるという。栄養不足人口についても同様に，9億人を超えていた2000年代から減少して，2014年には7億7,500万人にまでその絶対数は減少したものの，2015年には7億7,700万人，2016年には8億1,500万人にまで増加している。

世界における飢餓状態を，国ごとの人口全体における栄養不足人口の割合を5段階で色別に可視化した「ハンガーマップ」がある。「世界の食料不安の現状」の統計に基づき，WFPが作成している。2014～2016年の栄養不足の人口の割合が表現されたハンガーマップ2017によれば，栄養不足人口が35％以上と非常に高い国は，アフリカ大陸にあるウガンダ，ルワンダ，ザンビア，ジンバブエなどの7か国，マダガスカル，北朝鮮となっている。ハンガーマップはWFPのサイトからダウンロードできるほか，A1サイズのものが頒布されている。いずれも日本語で書かれており，提示教材として活用できる。

食料の配分

現在，世界人口の9人に1人が慢性的な栄養不足である一方，10億人分の食料をまかなうことができる約13億トンの食品が毎年廃棄されている。これは，全世界で生産される食品の約3分の1に相当する。食料は十分にあるにもかかわらず，世界の誰もが十分な栄養や食料を入手できる状態にはなっていない。つまり，食料安全保障は実現できていない。

なぜすべての人々に食料が十分に配分できないのか。これには複数の原因が重層的に絡みあっており，専門家らによっても見方や分析が異なる。また，食料安全保障を実現するための条件や方策についても諸立場からの主張があり，一様ではない。地域の政治や経済，農業や土地利用のあり方，生活様式が大きく関わっているため，それらを考慮せず一概に語ることは難しい。

そのような中で，まずは紛争や内戦など平和水準の低さが飢餓の要因であること，さらにそこに干ばつや洪水などの異常気象が関係していることを押さえておく必要がある。平和の実現が飢餓や貧困の撲滅にとって極めて重要である。

食料事情の変化

20世紀の農業の大きな特徴ともいえる「緑の革命」は，科学技術によって穀物の増収に貢献した。品種改良や窒素肥料の使用などによって，主にアジア地域などで数億人の栄養不足を軽減したと評価されている一方で，小規模農家の貧困は必ずしも解消されておらず，所得の格差や地域による格差がかえって開いたという批判がある。同様に，1990年代後半から商用化された遺伝子組み換え作物が2050年に迎える世界人口96億人時代の食料安全保障をもたらし，小規模農家の貧困の緩和に貢献するという見方がある一方で，食料問題は自由貿易も含めて政治や経済の問題であり，ゲノム編集を含めた遺伝子改変などの科学技術をもって食料問題を解決するという見方は楽観的という立場もある。

経済成長に伴う新興国の食肉需要の拡大に伴い，飼料用の穀物の利用増加が考えられる。国や地域にもよるが，人は豊かになると牛肉を多く食するようになる傾向がある。一般的に，肉1kgを生産するのに必要な資料は，牛では11kg，豚7kg，鶏4kgといわれている。放牧による飼育ではなく，飼料穀物で肥育した場合には穀物飼料の消費が多くなるが，日本で育てられている肉用牛のほとんどは遺伝子組み換えトウモロコシなどからカロリーを摂取している。飼育牛用の穀物や肉の価格が上昇すると貧しい国や地域の人々の食料事情に影響すると考えられている一方で，すべての先進国が肉の消費量を半減させたとしても途上国の食料事情の改善にはあまり関係しないという専門家もいる。

日本は食料供給の多くを海外に頼っているために，将来の食料安全保障の確保や世界の食料安全保障の強化に強い関心を持っている。

カロリーベースで約6割を海外依存している日本に暮らす私たちが，食料の公正な配分のためにできることを考える必要がある。2015年度の食品廃棄物等のうち，本来食べられるにもかかわらず，捨てられてしまう食品ロスの推計値は646万トンであり（環境省，2018年），WFPが世界全体に行う食料援助量の約2倍に相当する。食品ロスの削減に向けて行政，市民，事業者が様々な取り組みを始めており，身近な取り組みを学びにつなげる工夫ができる。なお，食品ロスの削減はSDGsターゲット12.3と12.5に設定されている。

（石川聡子）

⇨ 49 貧困と公正

〔参考文献〕

国際連合食糧農業機関（2018）『世界の食料安全保障と栄養の現状 2017年報告』誠文堂.

環境省，http://www.env.go.jp/recycle/foodloss/general.html

53　食と農　Food and Agriculture

なぜ，食と農に注目するのか

現在の日本では，高度経済成長期以降食の利便性が高まり，飽食の時代を謳歌している。食を得るうえでは，生産領域である“農の領域”を無視できないが，日本の農の存在は意識しなければ身近に感じられない。食料自給率が40％を割り込んでいても，さほど危機感を抱くことなく生活している現状からもこのことは容易に推察できる。持続可能な社会を形成するには，生命や生活が維持でき，意識できる土台が必要である。“食と農の領域”は，この基礎といえる。

一方，近年，日本の至る所で自然災害に見舞われ，防災意識が高まる中で緊急時に食を確保することの重要性が再認識されている。このことは災害対策基本法（2013年６月改正）７条「住民等の責務」の３項にも規定され，地方公共団体の住民は，食品，飲料水その他の生活必需物資の備蓄その他の自ら災害に備えるための手段を講じなければならないと明記されている。

しかし，生命と生活を支える“食と農の領域”は，いつから分離されるようになったのか。持続可能な社会を形成するために，食と農が分離，分断されている現状を問い直す必要がある。

高度経済成長期の食と農の領域の変遷

高度経済成長期は「全国総合開発計画（全総）」（1962年）によって道路やその他の交通インフラをはじめとする社会資本の整備が進み，都市化，工業化，商業化が進んだ時期である。

“農の領域”の変遷を見てみると，戦後直後は，日本の総人口に対する農家人口比率が50％を下回るものの，就業人口に対する農業就業者割合は50％を超えていた。これは戦後しばらく農村型社会が継続していたことを物語っている。ところが，高度経済成長期以降都市部の人口割合は50％を超え，都市型社会に転換した。農村部から都市部への人口移動によって農村人口が減少しただけでなく，農業従事者数の割合や農業を中核的に担う基幹的農業従事者割合が急速に低下し，兼業化が進んだ。

さらに，都市部では住宅団地の供給によって生活スタイルは食寝分離が進み，他方，農村部ではイエムラ制度を維持していた価値観が変化した。これらは，日本が長く継承してきた村落共同体に基づく地縁社会の維持や価値観が，急速な都市化の流れによって変容した時期ということができる。

工業化がもたらした産業構造の転換は第２次産業で多くの労働者を必要とし，男性のみならず，女性の労働力も求められるようになった。“食の領域”の変遷としては，女性の社会進出の高まりとも連動し，インスタント食品に代表されるように簡易な食事の普及と外食産業の成長が進んだ。“食の領域”で調理の簡略化が求められ，テレビ番組では「３分クッキング」などの料理番組が支持された。

この時期の“農の領域”は，兼業化が進んでいた。これを支えたのは様々な栽培技術の進展が挙げられるが，特に機械化の進展は大きな影響を与えた。さらに，農業生産技術の向上は，新たな課題を生み出した。米生産の余剰問題である。生産調整（減反政策）により水稲栽培を抑制しながらも，備蓄米は増加の一途をたどった。

加えて“食の領域”において，戦後日本人の食生活が変化し，主食である米の消費が減少したことも一因である。そこで，学校給食において米飯給食が導入され，米の消費拡大の一翼を担うようになった。

70年代に入り，２度のオイルショックを経て低成長期を迎えても経済的豊かさは享受，継続された。“食の領域”では，グルメ志向が進み，メディアでは多様な料理番組が放送されるようになった。これは現在でも継続されている。

消費型社会における食と農の領域

バブル経済期に入ると，“食の領域”は，さらに多様化する。グルメ志向が継続的に進む一方で，低成長期から表出してきた問題として食物アレルギー等の身体的変調への対応に注目が集まるようになる。健康志向に対する関心も高まりオーガニック食品にも注目が集まるようになった。一見，グルメと健康は，相反するもののように思われるが，経済的な豊かさに基づく「飽食の時代」から派生してきていることなのである。

“食の領域”の多様化は，“農の領域”にも影響し，生産方法や販売方法などの付加価値化を引き起こし，有機農産物に対する需要も増大させた。地産地消や分離した“食と農の領域”を一体的に捉えようとする考え方もこの時期に普及したものである。この多様化の流れは農村生活に対する再評価が行われるようになり，「スロー概念（スローライフ，スローフード）」の普及や，農村回帰への関心も高まった。同時に経済的にはグローバル化が進展し，外食産業はさらなる成長を遂げた。

一方で，“農の領域”では，鳥インフルエンザや狂牛病（BSE），口蹄疫，豚コレラ等に代表される家畜の感染症問題は，「食の安全性」と連動するようになった。産地形成によって集約化，企業化，大規模化が図られた“農の領域”にとって，家畜の感染症は個別の経営体のみならず，周辺の産地に対しても大きな打撃を与えるようになった。これらは“農の領域”におけるグローバル化への対応がもたらす新たなリスクである。グローバル化への対応が，生産現場である“農の領域”と消費現場である“食の領域”を分断し，さらに“農の領域”では生産者も分離，分断されるという事態を招いた。

持続可能な食農教育の展開

教育現場では“食と農の領域”の分離等に対する課題から“食農教育”が展開されてきた。しかし，この“食農教育”は食と農を「つくる」と「たべる」を一体的に取り扱うことに重点が置かれた。社会，経済，環境の課題を包括した持続可能な食と農を議論する教育は，環境教育・ESDにおける議論を待たねばならなかった。

改めて“持続可能な食農教育”は，“食と農の領域”と社会，経済，環境を包括的かつ持続的に捉えた教育である。この担い手は，学校教育と地域学習が連携し，地域実践への参加・参画が保障された学習から生み出される。青少年期から地域で学び，居場所を保障し，愛着を形成することが重要になる。

また，学校教育は，食と農を一体的に取り扱う“食農教育”から脱し，地域と連携する教育への足がかりとして，画一性に重点が置かれる教育実践から，多様性に重点を置いた教育実践への転換が求められる。具体的には，①味覚教育により他者との違いを共有，共感し，尊重する力量形成。②食物アレルギー学習により，自分と他者が食べられるものが同じではないことを理解し，命の教育とも連動させた学習の展開。③フード・マイレージを活用した環境に配慮した行動主体を形成する学習の展開。④農地とその周辺の自然環境（湿地や河川など）と地域社会との関わりを重視した学習の展開などが挙げられる。

（野村　卓）

〔参考文献〕

野村卓（2016）「環境教育における食と農の教育論」朝岡幸彦編『入門 新しい環境教育の実践』筑波書房，103-124.
岸康彦（1996）『食と農の戦後史』日本経済新聞社.

54　情報化と知識基盤社会　Informatization and Knowledge-based Society

情報化ないし情報化社会

世は情報で溢れている。科学技術や経済・産業・文化等が発展し，深化した情報が増えたことに加え，テレビや出版，インターネット，特にSNSといった情報伝達の手段も発達してきた。手段の発達に伴って情報発信は容易になり，情報の量は膨大になっている。

このように情報が多く流布していることに社会や人々が大きく影響を受ける状態が情報化と呼ばれる。そのような影響を受けた社会が情報社会や情報化社会と呼ばれたりしている。なお，タイトルでは「情報化」の英語表現としてinformatizationをあてたが，コンピュータが主導的な役割を果たしていることからcomputerizationが使われることも多い。

情報化によって現代人は日常的に様々な利便を享受している。情報化社会の進展に伴ってそうしたことの地域的格差は以前よりは少なくなってきている。

しかし，情報化の進展は，その情報をいかに活用するかという点では，むしろ格差を拡大させている。IT起業家が巨万の富を築いているばかりでなく，GAFAと称されるグーグル，アップル，フェイスブック，アマゾンなどの巨大情報企業が世界の企業の株価総額ランキングでは上位を占めるようになっている。これらの企業が日々独占的に蓄積しているビッグデータの価値が今後大きな利益を生み出すという予測がこれらのIT企業の高株価の理由の一つと見られている。

このように功罪のある情報社会を，内閣府の第５期科学技術基本計画は，Society 4.0と位置づけている。同計画は，日本が目指すべき未来社会の姿をSociety 5.0と呼び，具体的には「サイバー空間(仮想空間)とフィジカル空間（現実空間）を高度に融合させたシステムにより，経済発展と社会的課題の解決を両立する，人間中心の社会」としている。

知識基盤社会とは

知識基盤社会とは，知識･情報･技術があらゆる領域での活動の基盤として重要な社会のことである。このような社会の出現が情報化の進展によってもたらされていることはいうまでもない。知識基盤社会はknowledge-based societyの訳語である。この表現には，knowledge society，knowledge-based economyといった類似の表現がある。

知識基盤社会という表現は，日本では2005（平成17）年の中央教育審議会答申「我が国の高等教育の将来像」で用いられて以来，初等中等教育の学習指導要領における「生きる力」重視の説明にまで使われているようになっている。同答申は知識基盤社会の特質として，①知識には国境がなく，グローバル化が一層進む，②知識は日進月歩であり，競争と技術革新が絶え間なく生まれる，③知識の進展は旧来のパラダイムの転換を伴うことが多く，幅広い知識と柔軟な思考力に基づく判断が一層重要になる，④性別や年齢を問わず参画することが促進されることを挙げている。

この４つの特徴から浮かび上がる知識基盤社会は，「国境に守られることのない厳しい競争の待ち受けている社会」という側面を持ち，それ故に「柔軟な思考力と判断力を高め，様々な立場の人々が協力して課題解決に参画することが求められる社会」であるともいえる。知識基盤社会は単にコンピューターネットワークによる検索型社会と受け止められがちであるが，このような様々な社会的スキルが重視される社会である。

思考力と判断力の重要性

情報化社会，知識基盤社会にあっては，多く流布する雑多な知識や情報との関わり方が重要である。断片的な知識をランダムに蓄積しても総合的理解は得がたい。それ故，知識や情報を適宜取捨選択し，それらの関係性を体系的に捉えることが重要である。

こうしたことには思考力や判断力こそが求められる。知識や情報の記憶はハードディスク等の記憶媒体が人間に代わって行えるが，知識や情報の取捨選択はAIが発達している今でもまだまだ簡単ではない。AIがどれだけ発達しても，各人の主観を反映した思考のためにはそもそも各人の思考力が必要である。

複数の学説間での検証が必要な場合もある。例えば，環境問題の深刻さに対する見解や環境問題を引き起こしかねない経済・開発政策の妥当性について意見は分かれる。地球温暖化についても，懐疑的な立場や相対的に重視しない立場は少なくない。また，国民の大多数が避けたいということで，ダイオキシン類対策特別措置法が作られた一方で，ダイオキシンの汚染状況や毒性に疑問を呈した研究も存在する。放射能汚染リスクのある原子力発電利用の是非をめぐる議論に一つの正解がないことや，持続可能な社会の具体的な方向性の理解もこうした例である。

利害損得が絡む問題では，意図的に誤った情報が発信されたり，判断を誤らせたり混乱させたりすることも行われている。そうした中で適切な理解をするには学習者自身の思考力や判断力がやはり重要である。専門機関や専門家等の権威が出す情報といえども，誤っている場合や主観の混じっているものもあるために，そうしたものを信じればよいというものでもない。

知識や情報の取捨選択にあたっては，科学的な誤りか，異なる価値観として尊重すべきことかの見極めができることも重要である。多様な価値観を認めようとして，科学的に誤った情報を尊重するなら危うい。科学的に思考して誤った情報をきっちりと判断する力を磨くとともに，価値観・倫理観を磨くことも重要である。

より望ましい社会の構築のために

ここまでで見てきたように，情報化社会，知識基盤社会をより望ましい社会にするには，市民一人ひとりが，価値観・倫理観を磨き，柔軟な思考力と判断力を持つことが重要である。

さらに，多様な他者との対話を通して課題を解決する能力を育むことも重要である。例えば遺伝子組み換えやクローン作製等の技術は，社会に必要な倫理観が醸成される以上のスピードで進んでおり，科学技術利用に必要な社会的コンセンサスには民主的な社会的意思決定が欠かせないためである。昨今，重視されるSTEM(Science, Technology, Engineering and Mathematics)教育ではこうした側面も加味して，多様な他者との対話を通して課題を解決する能力をしっかりと育むことも，求められている。

文部科学省も，こうした趣旨から思考力や判断力の教育を促しているものの，教育現場や学習・教育の当事者にあっては旧態依然とした知識・情報の記憶こそが学習であり教育であると捉えられている向きが少なくない。より望ましい社会の構築のためには，思考力や判断力，そして価値観や倫理観を磨き，参画し，他者と協力した上で問題解決に臨む力が望まれている。

（楠美順理）

〔参考文献〕

文部科学省中央教育審議会初等中等教育分科会「現行学習指導要領の理念」http://www.mext.go.jp/b_menu/shingi/chukyo/chukyo3/004/siryo/attach/1403784.htm

55　宗教と民族　Religion and Ethnic Group

宗教とは

世界中の人々は地域や民族を問わず，超自然的な力や存在と呼ぶべきものに関係する態度，行為，信念の体系を持っており，研究者はそれを宗教，あるいは世界観やコスモロジーとして把握し，比較研究を行ってきた。

民族と宗教に関して，国家や地域社会内で複数の宗教を許容している例，特定の宗教を国教と定めている例，アラブ諸民族やキリスト教の諸民族のように複数の民族が一つの宗教を信奉している例，ユダヤのように民族と宗教が一致する例など，多様なあり方がある。

近代的な「宗教」の概念は，17～18世紀の西欧の啓蒙主義とともに成立し，キリスト教以外にも宗教が複数存在すること，キリスト教自体も宗教であるという認識が生まれた。そしてキリスト教やイスラーム，仏教は伝統的宗教と見なされるようになった。1970年代から伝統的宗教とは異なるスピリチュアリティを探求する動きが広がった。その過程で，地球環境問題とともに自然の力や生命力に注目が集まり，自然との共生を見いだすなどの考え方が生まれた。

日本では，宗教の概念は明治初期に翻訳語として広まり，キリスト教がその典型であった。神道は国家政策に基づき，道徳であり宗教ではないとされた。日本には古来，神棚や仏壇にカミやホトケを祀る習慣があるが，その基盤には地縁や血縁の絆がある。西洋から入ってきた宗教は仏壇や神棚を否定することが多く，人々は自らの社会や文化の崩壊を危惧して，宗教の概念に違和感を感じ，「怖い」「騙される」などの負のイメージを抱くようになった。先祖や地域が維持してきた年中行事や祈願，儀礼は民俗行為であり，宗教ではないと見なしてきた。初詣に神社や寺に出かけるが，多くの人々が「自分は無宗教」と答える理由もこのためであるようだ。

現在日本では宗教概念には負のイメージが強い。9.11以来顕著になった宗教とテロリズム，イスラーム原理主義の報道，オウム真理教事件，新興宗教信者による勧誘行為などにより警戒心が生じた。一方で，教会での結婚式や教会を模した会場で式を挙げるといった行為が見られるのは，西欧の伝統的宗教であるという認識，カトリックの私立学校・大学が存在していること，戦後長らく日本人の中に欧米志向があったことも背景にあるだろう。

民族とは

民族（ethnic group/nation）とは，言語，宗教，衣食住などの生活様式を共有し，共通する帰属意識を持つ集団と説明されてきた。しかし，これらの区分は明確で揺るぎないものではなく，すべてが一致するということでもない。他の集団との共通性や差異は，何かが重なり，何かがずれ，帰属意識も時と場合によって変動する。したがって，固定した「民族」は実在しないことになるが，社会的経済的な差別・被差別の結果，「民族」が標識として，ある範疇の人々を指して用いられることが多い。しかし，弱者集団に対して用いられがちな用語ではあるが，差別された側では時間の経過とともに，自己主張のために積極的に「○○民族」という用語を用い，結束や連帯が生まれることがある。生活環境や日々の生活習慣を共にして育った人々の間には，ある種の共属感覚が醸成される。差別・被差別の状況の中で，「民族」が問題になると，多くの場合指導者の煽動によって，通常は意識されない漠然とした共属感覚が，「民族」という共属意識となって表面化し，団結の道具となる。

民族と宗教

民族問題は，何らかの権利の奪いあいや，主張の対立から発生する。その一つの要素が「宗教」である。主にヨーロッパにおいて，キリスト教とイスラームのせめぎあいは歴史的にも長く続いてきた。また，宗教内に宗派が派生し，その宗派同士の対立が発生してきた経緯がある。ある特定の宗派の集団が，宗派を特徴づける要素のもとに集結し，同様の生活様式を維持することによって，宗教を主とした民族が生まれる場合がある。グローバル化の中で，民族同士の対立に第三国が関与することで，その問題は大きくなり，紛争や戦争となる危険性がある。

現代の「民族」のラベリングの中には，闘争や紛争といった対立的要素とは無縁に，何かと共存するイメージを持つ事例がある。例えば，自然環境と共存共生する様子を連想させる「先住民族」を挙げることができる。社会経済・歴史的な経緯の中で，「先住民族」となった彼らは近代国家の中で下層社会に置かれ，従属的な立場に位置づけられた。その結果，彼らの居住地域は生活の現代化が遅れ，伝統的な生活様式を維持し続けてきた。そして，その伝統的な生活様式は，自然環境との親和性を保ち，「エコな人々（民族）」「自然の中に生きる人々（民族）」として見なされるようになった。アフリカの「ブッシュマン」，北米の「アメリカ先住民族」，南米の「ヤマノミ族」，日本の「アイヌ民族」などが挙げられる。こうした「自然環境と親和性が高い民族」は新たなステレオタイプなイメージをつくり出す。スピリチュアルな感性が豊かで，自然信仰をし，ときには宗教的な雰囲気を醸し出す様相もある。しかし，こうしたステレオタイプが当該集団の人々を固定化された概念に閉じ込めることによって，「我々と異なる人々」とする眼差しにさらされる新たな苦難をもたらしていることもある。

持続可能な社会をつくるために

平和で持続可能な社会をつくることを目指す教育について，宗教と民族の観点から考えた場合，まず人間が何かを信仰することは自然なことで恐れることではないことを理解する必要があろう。日本には「八百万（やおよろず）の神」というように森羅万象に宿るカミがあちこちにいる。

昔からそれぞれのイエに家業繁栄や先祖祭祀を中心とする「イエの宗教」があるように，会社にも社業繁栄の祈願や創業者への尊重を核とする宗教的・象徴的表現形態が存在し，社屋の屋上に稲荷などの祠があることも珍しくない。

「困った時の神頼み」をするのは誰にでもあるだろう。何かにすがることで自己を解放し，希望を持とうとする行為を理解し，日本の児童生徒が持つ「宗教は怖いもの」という感覚を払拭させるべきである。宗教の多様性を理解し，民族と宗教の関係性について，発達段階に応じた理解を深められるような学習活動を考える必要がある。

グローバル化の進展とともに教室の多文化化が進行し，多様な宗教的・民族的背景を持つ児童生徒が身の回りに存在するようになった。彼らの振る舞いや服装を受容し敬意を示すこと，同時に自分が違和感を覚えることや理由を伝えるなど相互理解を深める態度を養うことが求められる。関わりあう中で，宗教的・民族的背景による「異なり」に自分がどう意思決定するか。これが宗教と民族の観点から考えた持続可能な社会につながるのではないだろうか。（中山京子）

〔参考文献〕

鈴木正崇（2009）「宗教」日本文化人類学会編『文化人類学事典』丸善，434-435.

中山京子（2012）「人種・エスニシティ・民族」日本国際理解教育学会編『現代国際理解教育事典』明石書店，31.

56　移民・難民と多文化共生

Immigrants, Refugees and Multicultural Symbiosis

日本における外国人

現在，日本における外国人登録者数は，一貫して増加傾向にあり，2018年には在留外国人数は263万7,251人になっている（法務省入国管理局）。しかしその外国人の多くは様々な偏見に悩まされており，日本人と外国人との間に好ましい関係ができているとはいえない。

ここでは，「移民」「難民」に焦点を当て，「国際的な人の移動」について概観した上で「多文化共生」社会のあり方について述べる。

「移民」とは

国際移民の正式な法的定義はないが，移住の理由や法的地位に関係なく，定住国を変更した人々を国際移民と見なしている。３か月から12か月間の移動を短期的または一時的移住，１年以上にわたる居住国の変更を長期的または恒久移住と呼んで区別するのが一般的である。また，正当な手続きをとらずに入国・滞在する「不法移民」，永住権や市民権を持った「合法的移民」というように，その性格によって区別される場合もある。

「移民」を排出する国には，経済的格差の拡大，経済状況の悪化，限られた教育機会などのプッシュ要因がある。また「移民」の受け入れ国には，労働力の不足などの課題もあろうが，産業基盤が安定しており，広い教育機会，学ぶべき技術があるというプル要因がある。つまり「移民」とはマイナスの要因を持つ国からプラスの要因を持つ国への「国際的な人の移動」を意味するという見方もできる。そのような「移民」を受け入れる国には，人々の移動の自由を認め，健康で文化的な生活を保障することが，その前提として必要であると考えられる。つまり，受け入れ国には「移民」の人権を保障し，「差別のない社会」を実現するための努力をすることが大前提となるはずである。しかし，先進諸国をはじめ，様々な国で「移民排斥」を叫ぶ声があげられ，ヘイトクライムも起きているのが現実である。

「移民」を受け入れるかどうか，また「移民」に市民権を与えるか否かについての判断は「移民」の立場に立って判断されるものではない。その判断は，受け入れ国の政治や文化，歴史に根ざし，その時の受け入れ国における労働市場の構造や経済的状況が大きく関係する。例えば，過去には，日本からアメリカに渡った「移民」は「安い賃金で優れた仕事をする」「本国に仕送りをするため地元でお金を使わない」等の理由から，仕事を奪われたアメリカ人労働者から反発を受け，移民排斥運動にまで発展し，「排日移民法」の制定に至ったということがある。また，日本からブラジルに渡った「移民」の多くは，コーヒー農園で働いていたが，居住環境や食糧事情は劣悪であり，生活費を稼ぐことさえままならなかったともいわれている。

このように受け入れ国における「移民」の人権は，これまでも十分な保障がなされていなかったという現状があり，その状況は今も改善されているとはいえない。

「難民」とは

難民条約では，難民を「人種，宗教，国籍，特定の社会集団の成員や政治的意見ゆえに，迫害を受ける十分に根拠のあるおそれを有し，国籍国の外にあって，国籍国の保護を受けられないか，受けるに消極的な者」と定義している。

世界中の難民問題を担当する最大の国際機関であるUNHCR（国連難民高等弁務官事務所）は，難民問題の恒久的解決のために三つの方式を示している。その第一が，第一次庇護国（最初に難民が流入した国）での保護である。国際法上の原則として「ノン・ルフールマンの原則」がある。これは難民をその原因となった国や地域への強制的な送還を禁止するというものである。なぜなら，それは難民が重大な人権侵害を受ける危険のある国や地域への送還を意味するからである。しかし，第一次庇護国も流入してきた多数の難民を永久に受け入れ，定住することを許すとはかぎらない。なぜなら，これまで多くの難民を受け入れてきたのはトルコやパキスタン，レバノンなど，経済的に豊かとはいえない国々だからである。第二は，第三国定住である。これは，難民が一次庇護国では保護を受けられない場合，他国（第三国）が受け入れるという制度である。このことで，難民は避難先の国から第三国に移動することにより，保護を受け，長期的に定住することが可能になる。日本も第三国定住先として難民を受け入れている。第三は，本国への自発的な帰還である。しかし，大量の難民を発生させた国に平和がもたらされるためには長い年月と，多くの国際的な支援が必要となり，難民発生の原因となった問題を解決することは非常に困難である。

そもそも難民は，政治的・経済的・文化的に迫害を受け，やむを得ず母国を離れざるを得なくなった人である。母国で深刻な人権侵害にあい，深い心の傷を負った人々であるにもかかわらず，十分な保護や支援を受けることもできないという現状がある。

シリアからヨーロッパに流入した難民の数は，2015年だけで100万人を超えたともいわれ，「難民危機」と呼ばれた。その後，ヨーロッパでは「移民」「難民」に対する反発が強まり，難民受け入れを積極的に打ち出したドイツのメルケル首相も窮地に立たされた。つまり，「難民」を受け入れる側の人々が，「深刻な人権侵害」を受け，救いを求める人々を排除するという「迫害の再生産」をしている。このようなことが地球的な課題といえる難民問題をより複雑にし，解決に向けての国際的な対応を遅らせる原因の一つとなっている。

多文化共生とは

多文化共生とは，異なった文化を持つ人同士が交流し，互いを尊重すれば成立するというものではない。それは，様々な相互の関係性における不公正を，公正で共生が可能な関係性へと再構築することを示唆する。

例えば日本において，2018年，外国から単純労働者を受け入れることができるように出入国管理法が改訂された。それは昨今，深刻化しつつある労働者不足への対応を急ぐ必要があったためである。つまりここで受け入れられることになった外国人労働者は，日本の産業を支えるための「労働力」なのであり，社会・政治制度に吸収する必要のない「人材」である。

このように，「共に同じ社会に生きる人」として受け入れられない外国人労働者と私たちの間の不公正な関係を，公正で共生可能な関係性へと再構築するためには，私たちが受け入れる対象を「人として共に生きる他者」として認めることが重要なのである。

異文化に対する偏見をなくし，社会的な不平等，差別，貧困，社会的・政治的弱者が直面する抑圧などの問題を積極的に解決するための具体的な行動の第一歩は，現実に個人間および集団間に生起する社会的な不平等や差別を見過ごしてきた自分自身に気づくことである。そのように自らを問い直すことが，内なる国際化が進む社会において発生する様々な問題を，人と人との関係性の中で解決することにつながる。つまり，多文化共生社会の実現に向けての取り組みは，単に異文化に対する偏見をなくすように努力することだけではなく，不寛容な社会を構成している私たち自身の態度や行動・考え方を見つめなおすことである。

（山中信幸）

57　ジェンダーと性的マイノリティ　Gender and Sexuality Issues

セックスとジェンダー，セクシュアリティ

ジェンダーは，生物学的な性別（セックス）とは区別し，社会的，文化的につくられる性別，として説明される。ジェンダー視点は，性別のいずれかに対して，他方よりも社会的な資源が集中している社会を問題とする。

このような偏りを是正するジェンダー平等の実現は，環境問題の解決を目指す取り組みの中でも重視されている。環境と開発におけるジェンダー視点の重視は，それらの多岐にわたる諸側面を横断する価値として押さえられてきた。「誰一人取り残さない」持続可能で多様性と包摂性のある社会の実現を目指すSDGs（持続可能な開発目標）においても，17の国際目標のうちの５番に位置づけられ，「ジェンダー平等を達成し，すべての女性及び女児の能力強化を行う」としている。

他方，LGBT(レズビアン，ゲイ，バイセクシュアル，トランスジェンダー)を含む性的マイノリティについて，SOGI(sexual orientation〈性的指向〉，gender identity〈性自認〉)に関わるセクシュアリティの多様性を保障するための取り組みが進められている。このようなセクシュアリティの多様性保障とジェンダー平等の実現は，重なりながらも，完全に一致するものではない。後者は男女に二分される性別の間に生じる格差，例えば，男性に賃労働を，女性に育児を含む家事労働を割り当てる性別役割分業を中心とした問題を取り上げるのに対し，前者はそのような性別の二分そのものや異性愛主義を問題とする。

ジェンダー平等の実現を目指す教育

ジェンダー平等の実現に関わって，教育課題は山積している。確かに，かつて存在した高等学校家庭科女子のみ必修（1974～1993年）は，教育の機会，及び，内容を性別によって異なるものとすることが国内外で問題とされ，是正された。今日，このような教育の制度に関わる形式的な不平等は，それほど明確には存在しない。

しかしながら，学校で働く教員が身体的に表現する性別と，彼女ら，彼らの学校内における位置・役割が重なって児童・生徒に伝えられ，学校教育を通して性別役割分業が再生産されてしまうこと（「隠れたカリキュラム」）が指摘される。子どもたちに伝えられる教員の性別と位置の関係については，垂直，及び，水平の二面から整理することができる。

まず，垂直的な側面を取り上げれば，教育機関で働く女性教員は，小学校で62.2％，中学校で43.3％，高等学校が32.1％であり，学ぶ内容が高度になるにつれて，教える人の性別の偏りがある(文部科学省「学校基本調査」2018年度)。さらに，例えば，６割を超える教員が女性である小学校であっても，学校長の女性は全体の２割弱である(男性校長15,489人に対し女性は3,778人。文部科学省，同前)。また，水平的な側面で見れば，中等教育，及び，高等教育機関の教員は特定の教科・科目を担当するが，高等学校における英語(女性18.4％，男性10.1％)や国語(19.8％，9.2％)といった語学，音楽(2.3％，0.7％)，家庭科(10.1％，0.2％)といった科目は，現状，女性教員が多く担当している科目である(文部科学省「学校教員統計調査」2016年度)。

このような状況に対し，女性管理職や理系女性研究者の支援が国レベルでも行われている。校長になる女性を増やす，あるいは，理系教科を担当する女性教員を増やすということは，教員が高度な専門性を要する職種であることを考えれば，その養成機関である高等教育段階での解決策の検討も必要である。ジ

ェンダー平等の実現を目指す教育の実質的な転換は，長期的な展望のもとで，このような多方面にわたる再検討を要する。

セクシュアリティの多様性を保障する教育

2015年４月，文部科学省は，各都道府県や指定都市の教育委員会などに向けて，「性同一性障害に係る児童生徒に対するきめ細かな対応の実施等について」が通達され，翌2016年４月には，「性同一性障害や性的指向・性自認に係る，児童生徒に対するきめ細かな対応等の実施について（教職員向け）」が公表された。このように性同一性障害，及び，性的指向と性自認の多様なあり方に「きめ細やかな対応」を求める動きは，それまでの学校における性的マイノリティに対する配慮の欠如を考えれば画期となった。

確かに，2017年に行われた10年に１回の学習指導要領改訂にあたり，小学校体育科目のそれは「思春期になると」「異性への関心が芽生える」，中学校の指導要領では「身体の機能の成熟とともに」「異性への関心が高まったりする」とされ，セクシュアリティの多様性を保障する教育の展開には未だ難問がある。

しかしながら，性の多様性を意識的に取り入れた性教育実践などが，このような難問に取り組むべく全国のいくつかの学校では積み重ねられつつある。また，非異性愛者やトランスジェンダーを中心とする性的マイノリティは，学校のみならず，家庭，職場，地域社会の中で生きづらさを経験しているが，学校教育以外の教育の場，例えば公民館や男女共同参画関連施設においてもセクシュアリティの多様性を理解するための取り組みがある。

このような取り組みでは，まず，存在自体がないものとされてきた性的マイノリティとその経験を理解することが求められる。さらに，その生きづらさの理解にとどまらず，何によって彼女ら，彼らに対する配慮を欠いてきたのか，性的なマジョリティはなぜマジョリティであるのか，マジョリティであることが，性的なマイノリティに対してどのように影響を与えるのかなどが問い直される。このような教育を通して，より一層現在の社会と自身を深く理解し，セクシュアリティの多様性保障が目指されているのである。

ジェンダー平等とセクシュアリティの多様性保障をつなぐ

高校家庭科の男女共修実現も決して短期的に成し得たものではなかったことを考えれば，教育の実質に関わる変化はより一層時間を要する。しかしながら，社会は確かに変化している。例えば，同性カップルのパートナーシップを保証する自治体は，2015年の渋谷区を嚆矢として，現在拡大の途上にある。その中，2017年４月，大阪市に住む男性同士のカップルが里親として子育てすることが全国で初めて認められた。数年前には，多くの人にとってこれらのことが実現するとは予想さえされなかったはずである。教育は，現在を維持，強化するとともに，現在を未来の根拠とせず，新しい価値を生み出すことができる。

世界経済フォーラムは，2018年12月，世界各国の男女平等の度合いについてのジェンダー・ギャップ指数を発表し，日本は調査対象の149か国中，110位であった。同指数は政治，経済，教育，健康の４分野における男女平等の度合いを取り上げるが，日本は識字率や就学率，平均寿命に関わる教育，及び，健康分野は上位国と差がないが，政治や経済分野における女性リーダーが少ないことをもって低位に位置づくとされる。教育の実質に関わる課題は，識字率や就学率のみでは測れない。政治や経済分野におけるリーダーの育成はまた，教育の課題でもある。

性によって誰一人制限されない社会に向けて，ジェンダー平等の実現とセクシュアリティの多様性保障を重ね，両者をつなぎ合わせる教育課題への地道な取り組みが不可欠である。

（冨永貴公）

58　NPOと市民社会　Non-profit Organization and Civil Society

NPOとは

NPOとは，Non-profit Organizationの略で，民間の非営利組織を指す。その定義は定まっていないが，広い意味では，民間で営利追求を目的としない組織全般を指し，PO（Profit Organization：営利組織・企業）と対をなす言葉である。

似た言葉にNGOという言葉もある。これは，Non-governmental Organizationの略で，民間の非営利組織全般を指す。NPOとほぼ同義であるが，GO（Governmental Organization：政府）と対をなす言葉である。

今日の社会は，地球温暖化等の環境問題や頻発する自然災害／震災，国内外での貧困や人権侵害，地域社会の高齢化・過疎など，様々な課題を抱えている。こうした課題を解決するには，例えば環境問題解決に資するビジネスや地域の活性化策，差別を乗り越える新たな価値観の創造／共有など，新たな仕事・価値を創っていくことも必要である。

様々なNPOが，こうした社会課題の解決と新たな社会価値創造に向けて，国内外で活躍し，成果をあげている。その結果，国内外でNPOを取り巻く制度も整備され，NPOの数や参画者・支援者が拡大している。

一方，政府や企業も，様々な社会課題解決や新たな社会価値創造に活躍している。以下，政府や企業と比較しつつ，なぜNPOが必要とされているのかを見ていく。

	PO	NPO
GO	×	政府
NGO	企業	NPO（・NGO）

図1　NPO（・NGO）と政府・企業

NPOは政府にできない役割も果たせる

社会の抱える様々な課題解決の重責を担っている組織としては，まず政府がある。

政府の財源は税金であるため，住民の多くの同意が得られそうにないものに，税金を費やすことはできない。政治家・議員は，選挙で有権者から選出されるので，選出された地元の人々の多くが望む政策の形成に尽力する必要がある。したがって，例えば，途上国の困っている人達向けに税金を使うことは，地域・国の納税者の多くに同意が得られそうもなければ，行いにくい。また，新たに発生した社会課題に対して，まだ政府としての予算をつけていない場合には，取り組むことができない。政府による法制度の整備や予算策定には一定の期間を要する。

これに比べ，有志の市民が参画・支援するNPOは，迅速な対応が可能である。政府の取り組みからこぼれ落ちてしまう少数者や，政府に直接声を届けることができない，まだ生まれていない将来世代のためにも，NPOは活躍することができる。

また，政府は，（特に，民主主義が確立していない国等で）権力を乱用し，市民を弾圧したり，賄賂を受け取る等の不正を犯すケースもある。そのため，NPOが政府の監視機能を果たすケースも少なくない。

NPOはお金を稼げない社会活動もできる

NPOには，「無給のボランティアの集まり」とのイメージもある。確かに無給の方だけで運営しているNPOもある。しかし，有給のスタッフが仕事をしているNPOも多数ある。

企業は，仕事をしてくれる社員に対し給与・賃金を支払う責務があり，そのために稼ぐ必要がある。近年，多くの企業は，稼ぐだけでなく，社会貢献活動にも尽力しているが，稼げない事業ばかりをやっていては，会社自体が存続できない。

一方，NPOには，社会のために，無給で仕事をしてくれるボランティアスタッフがいる。社会課題の解決のために，寄付をし，会員となり会費を納めてくれる方々もいる。そうした支援や参画に支えられて，NPOは，企業が取り組むことが難しい，お金を稼げない活動・事業にも，取り組むことができる。

NPOは利益も出せる

NPOに無給のスタッフや寄付・会費が集まるのは，何らかの社会貢献をしたい，してほしいとの人々の想いがNPOに集まるからである。

そうした人々の想いを具体的な成果に結びつけるには，専門的能力を有していたり，献身的努力を惜しまないなどの有給スタッフが必要となる場合もあるため，NPOの多くには有給スタッフがいる。また，活動を進めるには，交通費や通信費など，様々な経費も必要となる。他国では，公務員より年収が高いNPOスタッフもいる。

環境・自然保護活動，震災被災者支援，困窮者や人権被害者支援などの活動には，粘り強い，継続的な活動が必要となり，資金がなくなったから投げ出すことは避けるべきである。資金不足による活動中止を避けることが重要であり，そのためには資金的蓄えも重要である。

最初に，NPOは「非営利」組織を指すと述べたが，NPOには，営利事業を行うことも法律で認められている。非営利活動に加え，出版事業等の営利事業を行っているNPOも多い。NPOは，継続的に成果をあげるために，利益もあげるべきである。

利益をあげることができる点では，NPOと企業は同じだが，生み出した利益の使い方が異なる。企業は，株式を発行し集めた資金で利益を生み出した場合，利益の一部は資金提供者（投資家）に分配（配当）する。一方，NPOは利益を生み出した場合，それを資金提供者に分配してはいけない。NPOは，社会貢献のために利益を生み出してよいのであって，資金提供者に分配するためではないからである。NPOの「非営利」とは，「利益をあげてはいけない」ということではなく，「利益をあげることが目的ではない」ということである。

NPOと市民社会〜一人ひとりにとってのNPO

NPOは，市民がつくる点を強調する場合は，市民社会組織(Civil Society Organization：CSO)と呼ばれることがある。NPOは，市民が社会に主体的に参画し，よりよい社会を創っていくための組織である。

私たちは，ほかの仕事に就いたり，学校に通いながら，空いた時間で，NPOのボランティアやインターンをすることができる。そうした時間をとれない場合でも，気に入ったNPOに会費を納めたり，寄付をすることで，社会に貢献できる。

30年前に比べ，国内に多数のNPOができ，市民一人ひとりが，自分の状況や好みに合わせ，NPOを選び，様々な関わり方ができるようになってきた。

NPOの活動に参加したり，多様なNPOのことを知ったりすれば，現代社会が抱える様々な社会的課題やそれに対する解決手法について知ることもできる。NPOは，企業や政府など，多様な組織と連携しており，NPOを知ることは，政府や企業等を知るための手助けにもなる。社会に出た後の自らの生き方，職業や余暇の過ごし方等の可能性を考えることにも役立つ。NPOに関わることで，これまで知らなかった自分の才能に気づいたり，すてきな友達にも出会えるかもしれない。

NPOは，市民一人ひとりが，社会を知り，自分の人生をより楽しく，充実したものとし，仲間をつくり，よりよい社会を創っていくための，一つの便利なツールでもある。

（足立治郎）

59　ライフスタイル　Life Style

ライフスタイルを扱う目的と環境負荷

ライフスタイル（Life Style：生活様式）には多様な理解が存在するが，個人の生活・行動と便益として捉えた場合，取り巻く社会環境に対して負荷を与えている。

物質的豊かさや利便性の追求だけでなく，栄養摂取・排泄などの最低限の生理的活動や，医療・安全など基本的人権の維持まで，必ず生活には環境負荷が生じる。この時，選択されたライフスタイルと，その影響で生じた環境負荷の関係を，整理・評価し，または選択肢を提示することが，ライフスタイルを環境問題において扱う目的である。

ライフスタイルによる負荷の抑制と便益

例えば休日の過ごし方で，ドライブと　近所の散歩とでは，行動・体験も環境負荷も大きく変わる。しかし，最終的な目的（便益）が「気分転換」であり，行動を変えた際でも満たせる場合，ライフスタイルの選択による負荷の抑制が容易である。一方，中長距離の通勤通学においては，ルート・距離・頻度の自由度が下がり，かつ一定の身体的負荷を伴うため，マイカー・交通機関から，徒歩・自転車への変更は比較的難しい。しかし，健康や交通費削減，時にはトレーニングジムのかわりとしての便益により，選択されることも少なくない。このように，価値観を変えることで，個人の便益と負荷の削減を達成することは，環境問題において，好ましいライフスタイルの変容といえる。一方，冷蔵庫や洗濯機を持たず，負荷の低いライフスタイルも想定しうるが，利便性などにおいて失う便益が大きいため，選択されることは，現代日本において現実的には困難といえる。

ライフスタイルとバイアス

環境負荷が低く，利便や経済的な便益を損なわないライフスタイルであっても，選択されるとはかぎらない。例えば，エアコンなどの負荷を下げるため，クールビズが定着した一方で，1970年代末に提唱された「省エネルック」はほとんど普及しなかった。理由としてファッション性などが指摘されるが，このような抵抗感はバイアス（Bias；偏見）とも呼ばれる。バイアスは，個の嗜好だけでなく，文化・世論・社会への帰属意識に関係して，ライフスタイル選択に影響する 。

家庭ごみ分別の動機を考えると，洗浄や分解など時には煩雑な作業であっても，上回る道徳感・協調・義務感など社会への帰属意識が便益といえる。行動に視点を当てると，分別や区分の方法など，個人の意思でなく自治体による。牛乳ビンなどのリユースにおいても，破損せず衛生的な回収システムが整ってはじめて選択可能となる。以上のように，行政・インフラ・ライフラインなど様々な社会環境もライフスタイルの選択に影響する。

ライフスタイルと環境効率

前述の，散歩とドライブとでは，負荷の差は自明である（微少な水分摂取の差や靴底の減りの負荷は十分に小さいため除く）。一方，小型家電やペットボトル等のリサイクルと，物を少しでも長く大切に使うこと（リデュース）を事例とした場合，両方とも環境行動であるがその評価は同じではない。LCA（ライフサイクル　アセスメント）で考えると，リサイクルでは再資源化・再製造の負荷が必須であり，その負荷は決して小さくはない。このように環境行動には，効率に基づく序列が存在する。3Rにおける環境効果は，

リデュース＞リユース＞リサイクル

の順である。ライフスタイルの評価においては，Life Cycleを通じ俯瞰的，かつ，あらゆる環境負荷に横断的な判断が必要とされ，特に環境【効率】が求められる場合，LCAによる検証は不可欠である。

ライフスタイルが変容し，選択される3Rが変化することは，消費者における消費・使用・便益の変化と同時に，供給者における製品・サービスの提供の変容，すなわち産業と労働内容が変容することである。

前記のように，ライフスタイルの選択においては，利便性・経済性・バイアス・社会環境など，多岐の要素が影響する。これを踏まえ，低負荷なライフスタイルへの変容を意図して，製品・サービス・社会システム・生き方・経済活動などを設計・提案することを，広義でエコデザインという。

ライフスタイルの集合と経済

生活のため，多くの個人が労働を行うが，この集合が経済活動である。最終的に製品・サービスの提供に帰着するが，多くの場合，投入される資源と排出物に応じて環境負荷が生じる。経済活動に対応して環境負荷が生じている状態をCoupling（カップリング）という。この時，資源の流れは一方通行で直線的である。このような経済構造をLiner Economy（ライナーエコノミー）という。

上記に対し，経済活動と環境負荷抑制を両立させる試みがCircular Economy（サーキュラーエコノミー）（図１）である。図１では，資源の流れと量が，矢印の方向と太さでモデルとして簡略化している。矢印の方向と数が変わったぶん，産業の種類も多様化する。また資源が循環したぶんだけ，環境負荷が抑制される一方，産業と経済は維持・発展できる。その状態をDecoupling（デカップリング）という。ライフスタイルにおいてCircular Economyが持つ意味は，シェアリングエコノミーやRRRDRのような産業・経済の変化に合わせ，消費・使用・廃棄・労働，生活の全体に影響を及ぼすことである。

（海老原誠治）

〔参考文献〕
原田幸明ら（2011）『「都市鉱山」開発』日刊工業新聞社.
環境省，https://www.env.go.jp/recycle/circul/keikaku/keikaku_4.pdf

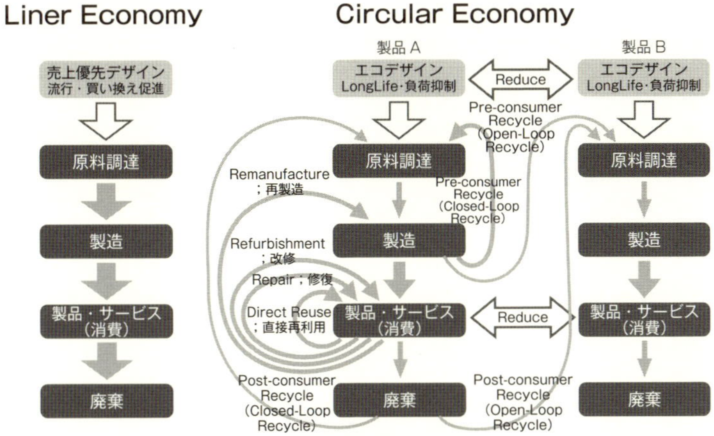

図１　経済と環境負荷のモデル
（EUによるCircular Economyの概念を参考にして筆者が作成）

60　都市化と治安　Urbanization and Public Security

都市化の進行

産業革命以降，都市はめざましい変容を遂げてきた。都市人口は増加傾向にあり，その背景には，都市内部の人口自然増，農村から都市への人口流入に加え，都市的環境の拡大が挙げられる。交通機関の発達や産業構造の高度化などに伴い，都市周辺の農村部（山村，漁村含む）が次第に都市化しつつある。

都市化そのものは正と負の両側面を併せ持つが，不十分な都市計画・開発により治安の悪化，交通混雑など様々な問題を引き起こしている。ここでは，都市化が非行や犯罪などの治安を脅かす問題との関係性に焦点を当て論じる。

農村コミュニティの質的変化

都市化は，通常，都市固有の文化形態が農村部に浸透する過程を意味する。農村社会は一次産業に依拠した経済によって支えられ，そこでは人々が直面する生活問題に対して共同体として助けあうことが当然とされてきた。彼らの生活様式は伝統的な習慣に基づく社会規範の影響を受けやすく，習慣を破る行為をした者には村八分にし，集団内部の非行や犯罪を抑止するシステムが形成されていた。

しかし，都市住民の農村居住による混住化や農家離れが進むと，地縁や血縁等で固く結ばれた共同体としてのゲマインシャフト（共同体組織）から，利益や機能を第一義とするゲゼルシャフト（機能体組織）へとコミュニティが変貌していった。そこでは，隣近所の顔も知らないといった共同性なき空間が発生することも珍しくない。

住民間の異質性や匿名性の高まりは，社会規範の遵守意識を低下させるとともに，他者に対して無関心となり，時には世間を騒がす社会事件を引き起こすこともある。例えば1964年アメリカ合衆国ニューヨーク州で起きた「キティ・ジェノヴィーズ事件」では，住宅地を歩いていた女性が夜道で突然暴漢に襲われた。その時叫び声が周囲の人に響き渡ったものの誰も助けようとしなかった。このように，共同性が失われ異質性と匿名性の高い開放的な社会においては傍観者効果が働き，住民の協力行動が機能しない場合が想定される。住民の生活と共的世界は分離しつつある。

都市の環境管理と治安

地域経済の衰退や財政赤字を背景に，老朽した社会インフラ・建築物が放置されるなど，都市の環境管理がないがしろにされるケースが都市周辺部でも起きている。

そうした中，環境犯罪学者ジョージ・ケリングは，割れた窓を放置していると割れガラスが増え，やがて街全体が荒廃するという「割れ窓理論」を提唱した。この理論は，環境管理の不十分が非行や犯罪の温床になりやすいことに注目したものであり，割れ窓や落書き，張り紙，ポイ捨てなど軽微な秩序違反行為の取り締まりを徹底的に取り締まることが治安回復に有効と指摘している。犯罪多発都市のニューヨーク市でこの理論を援用しいち早く実践がなされた結果，今では世界各地に広がり日本においても草の根的な実践運動が展開されている。同運動は，地域空間を個人所有に基づく私化の視点ではなく，社会全体に関わる共同体的視点から捉え直すものである。住民組織やボランティア等と一緒に協働する「割れ窓理論」実践運動は，犯罪抑止に向けた都市空間の改善のみならず，住民一人ひとりの防犯に対する当事者性を醸成する仕組みとしても期待されている。

（岩﨑慎平）

61　社会資本の劣化　Deterioration of Infrastructure

社会資本とは何か？

社会資本とは，一般的には公共の福祉のための施設を指し，主として中央政府や地方公共団体等の公的団体によって建設・管理されている学校，病院，道路，港湾，工業用地，公営住宅，橋梁，鉄道路線，バス路線，上水道，下水道，電気，ガス，電話などが含まれる。社会的経済基盤と社会的生産基盤とを形成するものの総称で，これらが基盤となって日常生活が正常に機能するとともに，経済発展が進められることになる。

社会資本の劣化が進行する現在

社会資本はモノや財のかたちで存在するため，完成した後にはそれを維持していくためのコストが必要となる。しかし維持のためのコストは膨大になるため，厳しい予算編成に際しては十分な確保ができなくなる可能性がある。日本では，1960年代以降のいわゆる高度経済成長期に，社会資本の整備が急速に進んだ。そのため，今日では，その時期の前後に設置された社会資本が老朽化・劣化してきている時期にあたり，その改修や建て替えなどの課題が存在する。

中央自動車道・笹子トンネルで，2012年12月２日に９人の犠牲者を出す事故が発生した。トンネルは1977年12月20日に供用開始されたので，35年後に発生した事故ということになる。この事故は，材料・製品に係わる事項，設計に係わる事項，施工管理に係わる事項，点検方法や実施体制に係わる事項に関する様々な要因が複数作用し累積された結果発生したものと考えられているが，供用開始後から35年を経たという点からも，劣化や老朽化を無視することはできない。

社会資本の劣化への対応

供用開始から年数が経ち，劣化してきている社会資本は無数に存在する。日本より先に社会資本の整備が進んだ米国では，1980年代にすでにそれらの劣化が深刻化している。劣化した社会資本の改善のために，1960年代以降ガロン当たり４セントに据え置かれてきたガソリン税を1983年には９セントに，1990年に14.1セント，1994年に18.4セントと引き上げることで，社会資本の改修のための財源確保を確実に行ってきた。この米国の経験と教訓は，社会資本の劣化が進む日本において，政府や地方公共団体のみならず，多くの関係者が共有し学ぶべき点である。

社会資本の劣化に関する教育の課題

多くの地域が経済的に疲弊し，かつ少子高齢化が進行しつつある日本においては，各地で老朽化してきている社会資本の改修予算の確保は今後ますます厳しくなる。しかしそれでは公共の福祉と相反することになる。そこで，持続可能な開発という視点を持って，国家予算もしくは自治体予算の全体を俯瞰しつつ，社会資本の劣化を改善できるよう財源の確保を確実に目指すことが重要である。そのためには国民の合意形成が当然必要となる。したがって，主体性を持った市民の育成という観点を考慮したシティズンシップ教育やESDの推進が，社会資本の劣化を迎えた日本においてますます重要な課題となっている。

（高橋正弘）

〔参考文献〕

スーザン・ウォルターら（1982）『荒廃するアメリカ』開発問題研究所.

国土交通省（2014）『国土交通白書 2014』日経印刷.

V　地域をめぐる課題と取り組み

62　少子高齢化と人口減少社会

Declining Birthrate, Aging Population and Population Reduction Society

少子高齢化による人口減少社会の到来

少子高齢化は，子ども（15歳未満人口）の数が減る少子化と，65歳以上の高齢者（以下「高齢者」）が増える高齢化が同時に起きる社会現象である。日本では，2018年総人口に占める子どもの割合が12.3％と44年連続して減り，高齢者の割合が過去最高の28.1％を記録するという，他の先進諸国にも例のない少子高齢化に直面している。このことは特に，地方でその影響がより深刻で，世代を超えた連続性を揺るがし，経済や社会保障に大きな影響を与える社会問題となっている。

少子高齢化の要因とその影響

将来の人口予測に有用な一人の女性が生涯に平均何人の子どもを産むか推計した数値である合計特殊出生率の低下が1970年代の2.0前後から1.5以下まで徐々に進んだ直接的な要因は，女性の婚姻年齢の上昇や非婚就業志向の高まり，そして若年層の非婚化・晩婚化といった結婚行動の変化によるものである。その背景には，女性の高学歴化や社会進出もあるが，仕事と家庭の両立や子育てを妨げる日本社会の実態が存在している。このことは働く人々の将来への不安や豊かさを実感できない大きな要因になっており，社会の活力低下にも影響を及ぼしている。

少子化の社会現象と並ぶ高齢化の要因は大きく分けて，年齢階級別の死亡率の低下による65歳以上人口の増加と少子化の進行による若年人口の減少の二つである。医療の発達や食生活の改善で日本人は長生きになり，65歳以上が人口全体に占める割合（高齢化率）は2018年に27.7％になり，日本は世界でも最高水準にある。図1は，年齢階級別人口のこれまでの動きと将来の姿を示したものである。2012年から2020年にかけて，60歳未満人口は583万人減少する一方，60歳以上人口は243万人増加すると見込まれている。

日本の総人口はすでに2010年から減少局面に入っている。14歳以下の若年人口の減少は，将来の生産年齢人口の減少，すなわち将来の労働力の減少を意味するものであり，このような構造的な要因が人口減少問題を経済的側面としての労働生産性や社会保障に影響を及ぼしている。人口減少の進行を食い止めることは難しいが，少しでも緩和する方向の対策

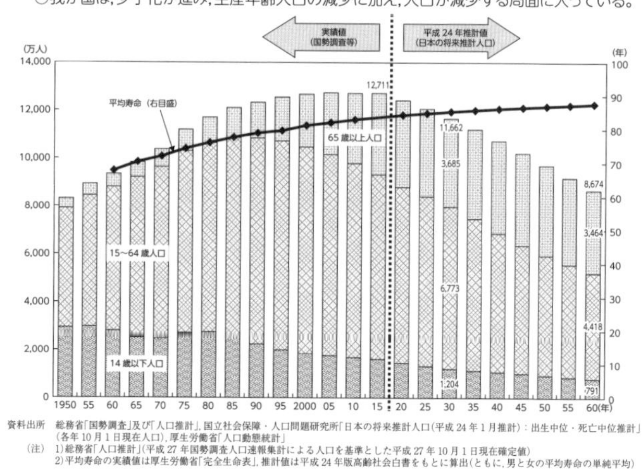

図1　日本の人口の推移（出典：厚生労働省『平成28年版 労働経済の分析』）

が必要であり，その解決策として従来の日本社会における働き方を見直し，誰もが活躍できる社会に向けた取り組みが期待されている。

ワークライフバランスの導入と働き方改革

その取り組みの一つが仕事と生活の調和（ワークライフバランス）の実現である。ワークライフバランスは，仕事と生活のどちらを重視するか，という取捨選択ではない。生活の充実によって仕事がはかどり，私生活も潤うといった，生活と仕事の相乗効果・好循環のことを意味する。ワークライフバランスの実現には，働きながら育児・介護をするための制度・環境を整えること，性別を理由とした差別の禁止や格差を解消していく考え方を含む男女均等推進という働き方の見直しが軸になっている。ワークライフバランスの重視は，少子高齢化に対する出産・育児対策と高齢化に対する働き方改革につながっている。

女性が活躍する沖縄の社会と地域の強み

沖縄県の合計特殊出生率は，1975年（2.88）から2017年（1.94）まで常に全国1位となっている。この背景には，沖縄県が他の都道府県に比べて，共同社会的な精神が残っていることが挙げられる。子どもを産めばなんとか育てていけるという出産・育児をはじめ生活の様々な面を地域で支えあうという社会の存在である。日本では，地域におけるつながりの希薄化等が懸念され，核家族による子育てが一般化し，子育て家庭において孤立感などから不安や負担を抱えやすくなっている現状にある。子どもの安全や安心できる子育てについて，地域社会が役割を担い，必要な支援体制を確保していくことは，人口減少社会への対応に不可欠な要素である。

生涯現役社会と労働力の多様化

日本では労働力人口が減少する中，高齢者の労働力人口は年々増加傾向にあり，65歳以上の就業者数は1970年に230万人であったが，2015年には729万人と3倍以上に増加している。図2に見られるように，就業者数に占める高齢者の割合も上昇傾向にある。日本では就業意欲のある方々が多く，生きがいや健康のために，元気なかぎり働きたいと生涯現役で働くことの意思を持つ高齢者が増えているのも事実である。このような高齢者の活躍は，経済全体として重要であり，今後も高齢者の就労参加を促進するために高齢者の意欲に応じて働くことができる多様な就業形態を可能にする環境の整備が求められる。

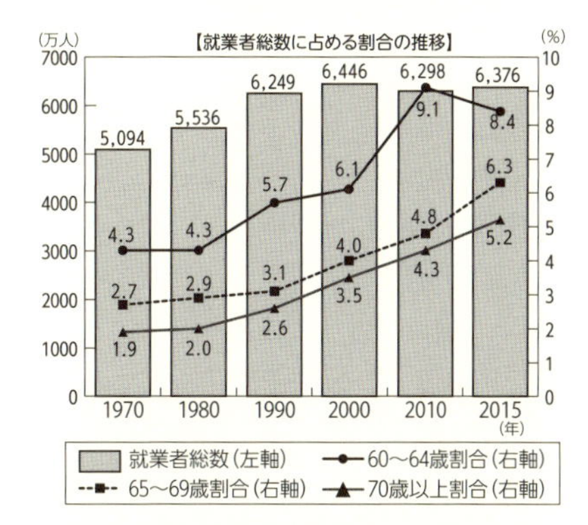

図2 就業者総数に占める高齢者の割合の推移
（出典：厚生労働省『平成28年版 厚生労働白書』）

ライフコース（人生の道筋）やライフスタイル（生活様式）は個人の自由な選択が尊重されるべきである。しかし，高齢者，障がい者等を含むあらゆる立場の人々が労働に参加するという持続可能な全員参加型社会の実現が求められている。（大島順子）

⇨ 17 人口問題と合計特殊出生率

〔参考文献〕

厚生労働省（2016）『平成28年版 厚生労働白書』
厚生労働省（2018）『平成30年版 労働経済の分析』
内閣府（2018）『平成30年版 高齢社会白書』
内閣府沖縄総合事務局（2014）『沖縄ミニ経済レポート vol.2 沖縄における専業主婦の就労意識について』

63　田園回帰　Return to Rural Living

田園回帰の意味と現況

「食料･農業･農村白書」によると，田園回帰とは,「農村の魅力の再発見により，都市と農村を人々が行き交うこと」であり，その含意は「Uターン」や「Iターン」,「Jターン」といった「移住」だけではない。小田切徳美は，移住という人口上の動きを狭義の田園回帰（人口移動論的田園回帰）とし，広義の田園回帰として移住者が地域の人々とともに新しい農山村をつくるという「地域づくり論的田園回帰」と,「交流人口」や「関係人口」なども含めて，都市と農村の双方向への流動化が進み，新たな共生関係を形成するという「都市農村関係論的田園回帰」を提起している。

次に人口移動の現況について見てみよう。2013年から名古屋圏や大阪圏は転出超過に転じたのに対し，東京圏は2013年以降も毎年約10～12万人の転入超過による人口増加が続いている（総務省「住民基本台帳人口移動報告」)。一方で，国勢調査に見られる全国の三大都市圏を中心とした都市部から過疎地域への移住者数は，2010年280,874人，2015年249,545人と減少傾向にあるものの，都市部からの転出者に占める割合は４％前後と横ばいに推移している（総務省地域力創造グループ過疎対策室)。2015年の移住者数の年齢層は，20代が21.8%，30代が22.8%と若年層が約45%を占めている。また，都市部から過疎地域への移住者数は人口減に伴い減少傾向にあるが，都市部から転出した移住者数に占める過疎地域への移住者の割合は，2000年は4.18%，2010年は3.83%，2015年は3.76%とほぼ横ばいに推移している。

田園回帰という潮流とその背景

昨今の田園回帰は，若者を中心としたものであるが，田園回帰は特定の世代の一過性の流行ではなく，1970年代から続く潮流である。三大都市圏から地方へ転出する，いわゆるUターン現象が起こりはじめたのは1970年代のことであった。1980年代に入ると，出身地とは関係なく，田舎暮らしそのものを目的とした「Iターン」と呼ばれる移住者が登場しはじめる。1990年代になると,「定年帰農」や「田園就職」が注目され，リタイアした中高年の新規就農が田園回帰を後押しした。1998年には日本労働組合総連合会の呼びかけで「ふるさと回帰運動」が始まり，2002年には地方移住の相談や支援を行う，特定非営利活動法人100万人のふるさと回帰・循環運動推進・支援センターが設立された。2005年には，週末田舎暮らしや季節ごとの地方暮らしを勧める「二地域居住」が提唱された。

このように田園回帰は当初，リタイアした中高年層の第二の人生を送るための地方移住・農村回帰であった。この傾向に転機が起こったのは，2008年のリーマンショックである。この時期を境に田園回帰の主役は若者へと変化する。この変化は国の「集落支援員」や「地域おこし協力隊」などの若者を地方の過疎地域に派遣する制度や地方創生政策の推進による後押しがある。だが，それ以上に経済不況による雇用の不安定化や，相次ぐ若者の過労死等の労働問題を背景とした，若者たちのライフスタイルや働き方に対する価値観の転換がある。（斉藤雅洋）

〔参考文献〕

小田切徳美ら（2016）『田園回帰の過去・現在・未来』農文協.
総務省地域力創造グループ過疎対策室,
http://www.soumu.go.jp/main_content/000538258.pdf

64　エコツーリズム　Ecotourism

エコツーリズムとは

エコツーリズムの定義は国や組織により異なるが，環境省では「自然環境や歴史文化を対象とし，それらを体験し，学ぶとともに，対象となる地域の自然環境や歴史文化の保全に責任を持つ観光のありかた」とする。「エコツーリズム推進法」(平成19年法律第105号)においては「自然環境の保全」「観光振興」「地域振興」「環境教育の場としての活用」を基本理念としている。エコツーリズムの考え方に基づいて実施されるツアーがエコツアーである。エコツアーを展開することだけがエコツーリズムではないので注意したい。

エコツーリズム略史

エコツーリズムの考え方は，1970～80年代，東アフリカや中米の発展途上国における自然保護対策から誕生したとされる。日本での普及は，90年前後より小笠原(89年～)，西表島(91年～)，屋久島(93年～)など島嶼部から始まり，全国組織であるエコツーリズム推進協議会等で議論が深められた。2004年に環境省エコツーリズムモデル事業が開始，対象地域を自然豊かな地域（知床や屋久島等）とともに，多くの観光客が訪れる地域（裏磐梯や富士山北麓等），さらには，里地里山の身近な自然地域（飯能や飯田等）とし，日本におけるエコツーリズムの展開を多様なものとした。08年には議員立法によるエコツーリズム推進法が施行され，地域（自治体）主導型のエコツーリズムが進みつつある。18年9月現在，全体構想認定の自治体は15となっている。

エコツーリズムの手法

エコツーリズムはマス・ツーリズムの弊害を克服するオルタナティブ・ツーリズムとして提起された。近年は自然保護や環境保全への理解の深まり，インバウンドへの対応に伴う観光ニーズの多様化の中で，観光が第三次産業にとどまらず，第一次産業，第二次産業に加え日常生活圏をも含むようになってきており，従来の非日常を体験する観光のカタチから，それぞれの地域で嗜好される食文化や地域に根づいた伝統などの「異日常」での体験・交流が求められるようになっている。また,「地域の宝さがし」に代表されるように地域住民の参加による地域の主体性が強調されることもあり，エコツーリズムは，観光と地域との共生が実現する現代的な観光現象となっている。それぞれの地域に適合したルールとガイダンスに基づいてエコツアーが展開され，自然観光資源のモニタリングも行われる。

持続可能なエコツーリズムとするために

エコツーリズムはコミュニティベースドツーリズム（CBT）とも呼ばれるように地域づくりとの親和性が高い一方で，日本では行政の主導により推進されたことで持続性に問題が生じる場合がある。例えば，2009年に全体構想認定第一号となった埼玉県飯能市では，ガイドの高齢化とボランティアベースでのエコツアーの持続性が課題となっている。「資源の持続なくして観光は成立せず，地域住民の参画なくして資源は守れず，経済効果なくして住民の参画は望めず」(海津・真板 1999)という言葉通り，自然観光資源の保全，人材育成とともに経済効果を意識した地域振興がなければエコツーリズムの持続は困難となる。

（平井純子）

〔参考文献〕

海津ゆりえほか（1999）「What is Ecotourism」，エコツーリズム推進協議会編『エコツーリズムの世紀へ』エコツーリズム推進協議会，18-34.

65　耕作放棄地　Abandoned Farmland

増え続ける耕作放棄地とその原因

「耕作放棄地」とは，世界農林業センサスにおいて「以前耕作していた土地で，過去1年以上作物を作付けせず，この数年の間に再び作付けする意志のない土地」と定義される統計上の用語である。2015年の統計調査によれば，耕作放棄地の総面積は42万3,064haとなり，富山県(42万4,800ha)とほぼ同じ大きさが遊んでいることになる。2000年に比較して東京ドーム1.7個分(約8万ha)もの耕作放棄地がこの十数年で増大したことになる。

耕作放棄地増大の原因とそのメカニズムは複雑であると考えられ，人的，経済的，社会・制度的，政策的，立地的要因などのあらゆる問題が相互に関わりあいながら進んでいる。

農業就業人口の平均年齢は66.4歳となり(2015年農林業センサス)，農業の担い手の減少や高齢化は進み，特に中山間地域では後継者不足に悩まされ耕作放棄に至る例が多い。また，シカ，イノシシやサルによる農作物被害や畦畔の崩壊は農家の営農意欲を低下させるだけでなく，山際の農地では十分な獣害対策を講じることができないなどの理由により，そのまま耕作放棄地となっている。

耕作放棄地の拡大による影響

耕作放棄地がもたらす影響は深刻である。いったん森林・原野化が進行してしまうと農地の再生には相当な時間と労力，それに関わるコストを要する。また，耕作放棄地は雑草の繁茂，病害虫が発生する要因となり，周りの営農環境に悪影響を与える恐れがある。さらに，廃棄物の不法投棄や災害時の危険性が増すなど，農業生産だけでなく地域の生活環境の安全上の支障が生じる可能性がある。

特に中山間地域で著しい影響を受けるのが，農業を悩ます獣害である。里と山との緩衝機能が低下して，耕作放棄地は獣害の蔓延の原因となっている。これまで山際の農地は人間の生活圏として，野生動物の侵入に一定の役割を果たしてきたが，耕作放棄地の拡大とともに野生動物の活動範囲が広がり，野生動物が人間の生活圏に容易に入ってくることを許し，耕作放棄地は獣害に拍車をかけている。

耕作放棄地の生かし方

水田は米作りだけでなく，生き物を育み，地域の魅力を醸成する力がある。ここでは，使われなくなった水田を有効利用する「コウノトリ生息地保全水田ビオトープ維持管理業務委託事業」（兵庫県豊岡市）を紹介する。

豊岡市はコウノトリもすめる豊かな環境の創造を目指し多彩な取り組みを進めてきた。水田ビオトープは，湿性の動植物の保全や再生を目的にした水管理，年1回の荒起こしや代かきなど生き物を意識した最低限の管理を行い，耕作放棄地をビオトープ化（地域の動植物が生息・生育する空間の創出）する。さらに，小学校区に一定規模の水田ビオトープが設置され，環境学習の場としても役立っている。このように耕作放棄地は様々な生き物が集う場所として生かされている。

耕作放棄地から考える持続可能な社会

耕作放棄地は見方と生かし方を変えるだけで発展する可能性を秘めている。絶滅が危惧されている動植物の避難地となったり，都市住民の自然体験の場になったり，と失われつつある自然と日本の持続可能な暮らしの文化を取り戻すこともできる。農家にかぎらずこれまで耕作と関わってこなかった地域に住むすべての人々が，一緒になって行動を起こしていくことが大切である。　（田開寛太郎）

66　獣害　Damage Caused by Wildlife

獣害の内容

獣害とは野生の獣類（哺乳類）による人間及び人間生活に対する被害の総称である。その主な内容は農林業被害，人身被害，衛生面での被害，所有物被害などである。農作物被害は日本では毎年200億円前後で推移し，その大半をシカやイノシシによる被害が占めている。獣類による被害面積は1990年からの20年間で拡大傾向にあり，特にシカは被害面積で獣類の75.6%，被害量で86.7%，被害金額で43.7%を占めている。被害が増加した理由としては獣の生息地の拡大，狩猟による捕獲圧の低下，そして耕作放棄地の増加や過疎・高齢化による人間活動の低下が挙げられている。人身被害については，特にクマによる被害が顕著である。ブナやミズナラなどの堅果類の凶作年にクマは人里近くに大量出没し，多くの人身被害が起きる。例えば日本では2010年度にはクマによる人身事故により142名が負傷，２名が死亡し，また3,000頭以上のクマ（ツキノワグマ及びヒグマ）が捕殺されている。

獣害対策としては，一般的に被害管理（被害発生原因の把握と柵や網などによる被害対策など），生息地管理（生息地の整備など），そして個体数管理（野生動物の個体数や生息密度の推定や管理など）の三つを総合的に実施することが有効といわれている。

獣害対策①　被害管理

獣害を軽減させる上で直接的な手段が被害対策になるが，近年では電気柵やワイヤメッシュなどが開発され，これらを効果的に設置・運用することで多くの被害を軽減できるようになった。一方で，効果的・継続的に被害対策を行っていく上では，個々の住民の意識や行動が重要で，また集落全体を柵で囲むなど集落ぐるみの取り組みが有効である。これらの対策を進めていくためには，野生動物に対する地域社会の考え方や付きあい方についても把握することが重要で，つまり獣害を解消するためには自然科学だけでなく，人々の意識や社会構造などを明らかにし，よりよい共存のあり方を考える社会科学からのアプローチも必要である。

獣害対策②　生息地管理

生息地管理としては，例えば野生動物と人間とのすみ分けを行うために農地と森林の間に緩衝地帯（バッファー）を設置することで野生動物の出没を減少させ，被害を減らすことができる。また，本来あった生態系をできるかぎり復元させることも重要とされている。日本にはかつてオオカミが生息し，シカ類など植食動物の調整機能を介し生態系の自然調整を促進させる役割を果たしていたと考えられる。近年では欧米など多くの国々でオオカミなど一度絶滅した野生動物を再導入し，生態系プロセスを復元する試みが行われている。

獣害対策③　個体数管理

個体数管理については主な担い手は狩猟者になるが，日本では1970年代には50万人いたとされる狩猟者が2009年には15万人以下になった。「鳥獣の保護及び狩猟の適正化に関する法律」などの鳥獣対策を進めるための法制化が進められているが，個体数管理をより促進するために2014年に鳥獣保護法が改正され，保護からより管理に焦点を当てた内容に改訂された。（桜井　良）

⇨ 31 生物多様性と生態系，32 里山・里海

67　地域づくり　Community Building

私たちの日常と地域づくり

「地域づくり」は多義的であり，また様々な主体のイメージで語られる，包括的な言葉である。しかしその中核に，地域の自立性・内発性の意が託される点では一致している。「自立性・内発性」には，地域に関わらずにいられない，行為と主体的な認識が生まれ，展開するプロセスが含まれている。

ではそうした自立性・内発性は，どのような背景のもとに，生まれてくるのだろうか。

社会の変化の中の地域づくり

地域づくりの主体は今日，地域を構成する住民，自治体だけでなく，企業やNPOまで広がりを見せている。

地域づくりのムーブメントが起こる＝内発的に地域づくりが求められる背景も，そうした主体が広がる理由も，時代の事情を色濃く反映している。

地域づくりに相当するものとして，内務省主導による地方改良運動や農林省主導による農山漁村経済更生運動のように，国家主導で地域の疲弊化に対応する動きは戦前から存在した。また戦後一転して新しい憲法のもと，荒廃した郷土の振興に寄与する社会教育施設としての公民館設置が推進された。ただし広がりは地域の自発性に依拠したものでもあった。

住民自らによる展開を示す言葉としての地域づくりは，1970年代前半から使われはじめた。当時の高度経済成長による生活環境悪化に対する住民運動に，地域づくりという言葉が託されることがあった。当時は「地域主義」「内発的発展」の議論も行われた。さらに地域づくりの言葉が一般化するのは，高度経済成長の限界に直面し，新たな動きが顕著になる1980年前後からである。外部資本に依存せず地域の内発性・主体性によって世界に通用する産品を生み出し地域経済を活性化しようとする動きがその頃から芽生える。代表として大分県の一村一品運動がある。

実際に今日的状況につながっているのは，経済のグローバル化が進展し，社会構造が大きく変化した1980年代後半以降の動きであろう。当時，経済のグローバル化を転機として，首都圏を中心に大都市へ，資本，労働，市場，教育・文化，情報等の集中が進み，過度の集中と競争が起こった。大規模リゾート開発が進んだのもこの時期である。一方地域の側では高齢化問題が進行するとともに，過疎化は農村部だけでなく地方中小都市にも広がった。生活や経済環境の変化・衰退に直面した各地では，地域おこし・産業おこしが盛んに行われるようになった。

この頃，地域側ばかりでなく，国も本格的に地域づくりをうたいはじめている。1988・89年度に当時の竹下内閣が施策化した「ふるさと創生一億円事業」は地域づくりを全国に意識づける画期となった。景観まちづくり（景観法制定2002年），観光地域づくり（観光圏整備法制定2008年）といった考え方の提案・施策推進が始まるのも，2000年代初頭のことである。ここで念頭に置かれる地域には，海外との経済交流・訪日外国人の増加等が託されていることに注目しておきたい。

現在，東京一極集中と地方の人口減少への危機感をもとに全省庁的に進められている「地方創生」政策（2014年～）も，方策としてはこれらの延長線上にあるといえる。

地域の担い手意識の変化

こうした中で，誰にとっての，どんな「地域」をつくるのか，をめぐる考え方も変化しつつある。背景には，地方部における人口減が今後深刻に進展するという予想がある。

例えば図1でいえば，右上の「定住者」住民が，長く想定されてきた地域の主体であり担い手であった。地方部の定住人口を増やす抜本策を見いだすことは簡単ではない。だが将来定住者に転じる可能性も持つ「関係人口」を増やすことは，工夫次第で可能である。応援したい自治体に寄附し，所得税・住民税の控除を受け，時に地域ならではの返礼品を享受する「ふるさと納税」制度は，その地にルーツがなくても地域に関わる人になる，一方法である。二地域居住など新たな働き方・住み方の模索・支える取り組みも登場している。

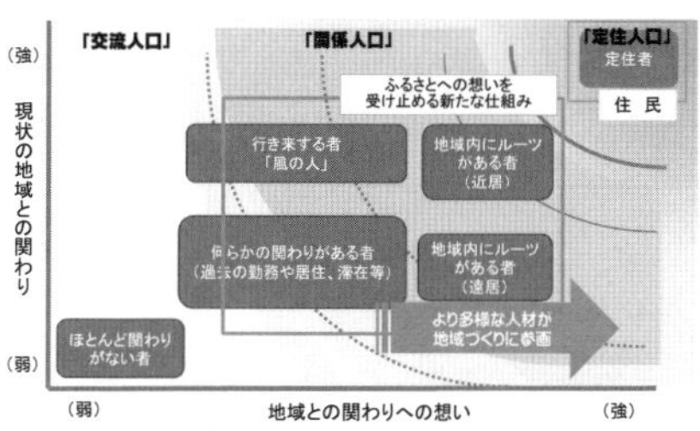

図1　地域外の人材と地域との関わりの深化
（総務省これからの移住，交流施策のあり方に関する検討会『同研究会報告書』平成30年1月より）
http://www.soumu.go.jp/main_content/000529409.pdf

IT環境・ソーシャルメディアの活用

こうした地域づくりの新たな動きを加速させている背景として見逃せないのは，IT環境やソーシャルメディアの発達である。

ネット通販市場の拡大，物流の変化は，消費環境において都市と農村の差を縮める側面を持つ。テレワーク（ICTを活用した場所や時間にとらわれない柔軟な働き方）の導入により，企業や個人が地域ならではのビジネスや働き方を生み出す例も出ている。SNSを使いこなす人々にとっては，地方に移住しても，全国はおろか世界の友人とつながる感覚を得続けることが可能である。こうした新たな環境の登場は，働き方・暮らし方の選択肢を増やし，変容させてきた。

ただしIT環境やソーシャルメディアの発達は，功罪を併せ持つ。そこで生まれる新たなつながり・つながり方が，新たな社会的連帯を生み出すこともあれば，フェイクニュース拡散のように一定の操作された意図に人々を巻き込む危険性もある。ふるさと納税も返礼品のオトク度合だけが話題になって広がるのなら，地域に「関係する人」を増やそうとする本来主旨からは，かけ離れてしまう。

対面関係をはらむ魅力的な場の創造

ネット上の関係だけでは不安とする感覚も多くの人が抱いている。そこに，フェイストゥフェイスの関わり方や様々な「場づくり」など，新たな模索も広がっている。

例えば都心部・農村部に限らず，空き家・空き店舗・自宅など様々な手法で人と人がつながる居場所を生み出すコミュニティカフェが広がっている。場を介して社会問題解決をはかる高齢化対応の認知症カフェ，格差と関係の貧困に取り組む子ども食堂などの発展形も生まれている。また地域の公共図書館をはじめ，公共施設でも多様なニーズと生き様を受け止める「滞在型」の工夫が行われつつある。

その際，アート，スポーツ，音楽といった文化が，単に文化の享受を目的とするだけではなく，地域及び社会をつくるプロセスに重要な役割を果たしうる点にも注目しておきたい。ライフスタイルは多様化しているが，人・社会・知と出会う可能性は絶えず模索され，その実践知も着実に蓄積されつつある。

（岡　幸江）

〔参考文献〕
伊藤守ら（2017）『コミュニティ事典』春風社.
国土交通省，http://www.mlit.go.jp/common/001047113.pdf

68　地域再生・地方創生　Local Regeneration and Local Creation

社会的背景

近年，少子高齢化や人口減少により，都市部では中心市街地の空洞化が進んでいる。一方農村部では限界集落が増加し，またまた経済のグローバル化に伴って林業などの自然資源活用型産業が衰退し，森林や農地が荒廃している。一方，地方自治体は税収減少や地方交付税削減により政策的予算が減少し，道路や上下水道，公共施設などの社会基盤（インフラストラクチャー）の維持管理が困難になってきている。

これらにより，中心市街地（商店街）や集落において，祭りなどの各種行事や清掃活動等の共同体活動の維持が困難になり，空き家の増加やごみの不法投棄により景観や衛生状態が悪化した空間が拡大し，新規居住者や外国人との経済格差や文化の違いによる軋轢や犯罪の増加などの現象が生じている。

こういった問題や課題の解決策の一つが「地域再生」「地方創生」である。

「地域再生」「地方創生」の定義

「地域」と「地方」について，特に明確な定義があるわけではないが，一般的に「地方」は英語でいうとregionであり「東北地方」など広域的な空間領域を指す場合と，「中央」の対義語として用いられる場合が多い。「地域」は英語でいうとlocalであり「地方」よりも狭い領域を指す場合が多く，市区町村などの基礎自治体あるいはそれよりもやや広いか狭い空間領域を指す場合が多い。さらに狭い空間領域を指す言葉として「地区」（district）がある。これは共同体（コミュニティ）活動の単位である。「地域」は「地区」レベルを指すこともあり，三つの用語の中でも最も使用範囲が広い。

「再生」と「創生」についても明確な違いがあるわけではないが，前者は以前の状態に戻す（回復，復元）意味合いが強い言葉であり，後者は新たな価値や活動を生み出すことや未来づくりに意味の重点が置かれているといえる。また「地域活性化」の「活性」は活動を活発にすることを意味しているが，問題の生じていない地域に対しても用いられる用語である。

以上のことから「地域再生」は，市区町村や地区レベルにおいて発生している社会的・経済的課題や環境問題を解決するために，地理的空間や人的関係を改善・修復する取り組みということができる。一方「地方創生」は政府の政策用語であり，意味は一般名詞である「地域創生」と変わらない。「地域創生」とは，将来にわたり予測される社会的・経済的課題や環境問題を解決するために，空間や組織に新たな価値や活動を生み出す取り組みということができる。

地域再生政策の系譜

イギリスでは1977年に政府の政策報告書「中心市街地のための政策（Policy for the Inner Cities）」が公表されて以降，労働党と保守党の両政権下で，数多くの地域再生政策が実施されている。特にイングランドの地域再生政策は，社会的・経済的な荒廃地域（deprived area）の改善を通じて，地域間格差を是正することに焦点が当てられているという。自治体に対する集中的な財政支援措置を「近隣地域再生資金」制度を活用して行う点が大きな特徴である。1980年代から始まった「グランドワーク」は，パートナーシップで実施する環境改善活動である。

一方日本では，2005年に制定された地域再生法に基づき2007年に閣議決定された「地域再生総合プログラム」が政府の総合的な取り組みとしての出発点である。これは自治体が地域再生計画を策定するとともに，政府が地域再生総合プログラムを策定し，自治体を財政的に支援するというものである。

これを引き継いだものが，安倍政権下のアベノミクスの主要政策の一つとして掲げられた「地方創生」である。政府は2014年，地方創生法を制定し，2015年に「まち・ひと・しごと創生長期ビジョン」と「まち・ひと・しごと創生総合戦略」（いわゆる地方創生総合戦略）を策定した。その上で，すべての地方自治体に地域版地方創生総合戦略の策定を促した。この特徴は，人口減少を前提とした人口ビジョンを策定した上で，「安定したしごとの創出」，「地方への人の流れの創出」「結婚・出産・育児の希望の実現」「時代にあった地域づくり・地域連携」の政策を体系的にまとめ，重要業績評価指標（以下KPI）によって実現可能性を担保しようというものであるが，全国一律の取り組みは様々な矛盾をはらんでいる。

地方創生の施策は2015年に国連総会で決定されたSDGs（持続可能な発展目標）とリンクするかたちで整理されるようになってきている。政府は，地方創生総合戦略基本方針を毎年改定しており，例えば2018年の基本方針では，2020年のKPIとして都道府県・市町村のSDGs達成に向けた取り組み割合を30％と定めている（2017年度実績１％）。これを先導する都市として「SDGs未来都市」が2018年６月15日に行われた政府の第５回SDGs推進本部会合で決定され，29の「SDGs未来都市」と10のモデル事業が選定された。

関連する地域再生・地方創生政策

地方創生総合戦略以外の政策として，都市部においては1998～2000年に制定・改正された「まちづくり三法」による地域再生策が挙げられる。これは土地利用用途の規制を促進するための「都市計画法」，大型店出店の調整の仕組みを定めた「大規模小売店舗立地法」（大店立地法），中心市街地の空洞化抑制を目的とする「中心市街地活性化法」の三つの法律を指している。中心市街地活性化法の主要政策としては，タウンマネジメント機関（Town Management Organization, TMO）の導入がある。これは中心市街地における商業振興やまちづくりをマネジメントする機関である。また，まちづくりのプラットフォームとしてまちづくり協議会が全国各地で設立されているが，近年はシンクタンク機能を備えた「アーバンデザインセンター」が各地で設立されている。

一方，自然環境分野の地域再生政策として，河川，湿原，干潟，藻場，里山，里地，森林，サンゴ礁などの自然環境を保全・再生・維持管理することを目的とした自然再生推進法が2003年に制定された。これに基づき，環境省，国土交通省，農林水産省が湿地や里山，河川，農地などにおけるモニタリング（生物調査）や住民やNPOによる再生活動を支援している。また2010年に策定された生物多様性国家戦略の施策展開のために「里地里山保全活用行動計画」や「生物多様性地域戦略」が策定されており，さらに環境省は地域の持続可能な発展も視野に入れた「つなげよう，支えよう森里川海プロジェクト」を2015年に開始している。

他方，地域再生の担い手確保の取り組みとして，農林水産省の「田舎で働き隊」を発展させ，総務省が「地域おこし協力隊」を2009年に創設した。これは都市地域から過疎地域等に移住し，一定期間，地域に居住して，地域ブランドや地場産品の開発・販売・PR等の地域おこしの支援，農林水産業への従事，住民の生活支援などを行うものである。地方の過疎地域において，地域おこし協力隊員が地域再生の重要なキーパーソンとなっているケースが増加している。　（中口毅博）

⇨ 62 少子高齢化と人口減少社会，63 田園回帰

69　小さな拠点　Small Center

「小さな拠点」の背景とその広がり

2014年，国土交通省は，「国土グランドデザイン2050」を発表した。この方針では，三大都市圏には，リニア新幹線でつなぐスーパーメガリージョンを構築し，大都市の国際競争力を強化することとした。一方で地方は，人口が減少し税収が減っても存続できるよう，「コンパクト＋ネットワーク」に基づいて地域再編することとした。

こうした地域再編の方針に基づき，中山間地域では「小さな拠点」を各地に構築していくこととしている。「小さな拠点」とは，小学校区や旧町村の区域において，各集落に散らばる生活サービス機能（医療・介護，福祉，教育，買い物，燃料供給等）を一つの中心集落や施設に集めた拠点を指す。この「小さな拠点」となる中心集落や施設と各周辺集落とを公共交通機関で結ぶことで，地域を維持していくこととしている。

「小さな拠点」として様々な施設が集合することでこれまで別々の施設を使っていた世代の交流が促進したり，地域課題に対して多面的にアプローチしやすくなる。さらに施設を集約し一体化・複合化することで，少ない財政支出で効率的な運営が可能になる。例えば，学校と公民館が一体となり，子どもから大人までの地域の学びの拠点づくりによって，施設の利用による日常的な子どもと大人の交流や市民による学校支援が行われる。

内閣府地方創生推進事務局が行なった「小さな拠点の形成に関する実態調査調査結果(2018年)」(以下，実態調査）によると，これまでに全市町村の約28％に当たる496市町村において，1723箇所の「小さな拠点」が生まれている。

「小さな拠点」づくりによる地域衰退の危険性

「小さな拠点」を形成していくためには，公共交通機関の整備によってどの集落に住む住民も行政サービスを享受できるようにすることが，必要不可欠である。しかし，実態調査によると約16％の箇所において「小さな拠点」と周辺集落を結ぶ公共交通機関が未整備のままになっている。また，全国の中山間地域では，採算が合わないことから路線バスが撤退し，高齢者を中心に「交通弱者」をつくり出してしまっている状況がある。地域交通ネットワークが未整備のまま，周辺集落から生活サービス機能を撤退し「小さな拠点」に集約することで，周辺集落の住民は十分な行政サービスを受けられなくなる可能性がある。

一方で，文部科学省は「公立小学校・中学校の適正規模・適正配置等に関する手引」を策定し，地方を中心に学校統廃合が進められている。「小さな拠点」を置く基準として小学校区が位置づけられているが，その小学校区が学校統廃合によって大きくなってきている。学校統廃合による校区の拡大に伴い「小さな拠点」がカバーする周辺集落の範囲が広くなることで，住民が不便な生活を強いられることになる。

これらから「小さな拠点」の構築によって，拠点集落に住民が集まる一方で，不便で住みにくい周辺集落の人口が減少することが想定される。それにより，周辺集落の衰退に拍車がかかり，これまでの地域社会のあり方がゆがめられる可能性を持つ。

（石山雄貴）

〔参考文献〕

内閣府地方創生推進事務局，https://www.cao.go.jp/regional_management/img/effort/h30jittaichosa.pdf

70　社会関係資本　Social Capital

社会関係資本への注目

人々のつながりを示す社会的ネットワークや，この関係に基づく信頼や互酬性の規範が，人々の協調行動を生み出し，当人だけでなく他の人々にも広く便益をもたらすことがある。この公共財としての性質を持つ社会構造を社会関係資本（Social Capital，以下SC）と呼ぶ。

SCの概念は，20世紀初頭から存在したが，世界的に大きな注目を集めたのは，1990年代のパットナム（Robert D. Putnam）の研究以降のことである。パットナムは，SCの概念を用いて，イタリア各州の政治・経済の格差や，20世紀のアメリカ社会の変化を説明した。この研究では，人々が相互に協力し積極的に市民活動に参加する規範や文化が根づいた社会は，そうでない社会と比べて，政治や経済，教育，福祉分野で高い成果をあげることが示されている。

パットナムの研究以降，政治学・経済学・社会学・教育学・医学・公衆衛生学等の各領域で，定量的指標を用いてSCの国家間・地域間比較や，経年的変化の測定が行われてきた。世界銀行やOECD等の国際機関における政策的関心も高く，日本でも，厚生労働省の「健康日本21（第２次）」や文部科学省の「公民館等を中心とした社会教育活性化支援プログラム」等の福祉・教育・地域政策において，SCが鍵となる概念として用いられている。

SCは，地域の持続可能性を高める上でも重要な役割を果たす。例えば，互酬性の規範，つまり相互に助けあう文化が根づき，信頼しあっている地域では，防災や復興への動きが活発になることが知られている。また，日頃から関係が緊密で，協力関係を築きやすい地域では，個々人が持つ資源やネットワーク，アイディアの共有がなされやすいため，再生可能エネルギーの普及など，地域の持続可能性を高める創発的な取り組みも生じやすい。

社会関係資本の醸成における教育の役割

このように，SCは政策レベル，実践レベルで注目を集めてきたが，その醸成過程や要因には不明な点も多く，今後の研究が待たれる。SCの醸成過程に関しては，地縁団体やNPO，協同組合等の市民社会組織の活動が，地域の協力関係を生み出すと考える「社会中心アプローチ」と，公共政策の役割を重視する「制度中心アプローチ」が存在する。ただし，双方のアプローチは排他的なものではない。適切な公共政策により，市民社会組織の活動を活発にし，組織間の良好な関係を構築することができる。

学校教育や社会教育は，SCを醸成する有力な方法である。学校教育の場では，サービス・ラーニング（ボランティア活動と組織化された学習を組み合わせた教育手法）や課題解決学習において，異なる価値観を持つ保護者や地域住民等と対話や協働を進めることで，児童・生徒が様々な市民的特性を身につけ，社会的ネットワークを広げていくことができる。

公民館等の社会教育の場では，講座やワークショップへの参加を契機に，地域課題を認識し，解決のための活動に携わる例が見られる。こういった目的が明確な活動だけでなく，趣味や教養のサークルへの参加も，つながりを広げ，結果的にSCを醸成する場合がある。このことから，人々が集まる公共空間の設計や，共に活動できる機会の提供が重要となる。

（荻野亮吾）

〔参考文献〕

坪郷實編（2015）『ソーシャル・キャピタル』ミネルヴァ書房．
露口健司編（2019）『ソーシャル・キャピタルで解く教育問題』ジダイ社．

71　パートナーシップ　Partnership

パートナーシップと地球サミット

パートナーシップとは，協力関係や連携，提携を意味する。様々な立場に立つ国々や人々のパートナーシップの重要性が特に強調されたのは，1992年の「環境と開発に関する国連会議（UNCED：通称地球サミット）」の採択されたリオ宣言であった。この宣言では持続可能な開発のために，「各国および国民が（中略）パートナーシップの精神で協力しなければならない」と明記された。同時に採択された行動計画書「アジェンダ21」でも，各国のみならず非政府組織を含む民間参加が奨励されるべきとされている。このような考え方をもとに日本の環境基本計画では「循環」「共生」「国際的取組」と並んで「参加」が長期目標に掲げられ，以後，多様な主体の参加によるパートナーシップの促進が提唱されるようになった。

パートナーシップの特徴と広がり

環境問題の解決や持続可能な開発に向けた行動のためには，関係する主体との協力・連携が重要であるという考えから，「パートナーシップ・協働」という言葉が多く使われる。

パートナーシップで重要とされている事項として，①対等な関係，②情報を共有し意思決定に参加，③特性や能力を生かした役割を分担，などが挙げられる。その前提として各主体が目的を明確に共有することや信頼関係を十分に構築することが欠かせない。これらのことに配慮し，十分に対話をしながら，活動の効果を上げることが期待されている。

アジェンダ21，環境基本計画を受け，環境庁（当時）が国連大学と共同で「地球環境パートナーシッププラザ（GEOC）」を1996年に開設し，地球環境に関する環境情報とパートナーシップの拠点を定めた。NPOなどの民間スタッフとの協働で運営され，行政や企業，NPOの環境取り組みに関するセミナーやシンポジウムの開催，国際プロジェクトの実施などを行っている。

自治体でも民間とのパートナーシップ促進に関連した施策が増え，市民協働課などの部署が設置された。企業では社会貢献活動やCSR活動の高まりに平行して，NPOとの協働事業など，パートナーシップ型の課題解決に向けた動きが増えていった。

2015年の国連サミットで採択されたSDGsの最後の目標17は「パートナーシップで目標を達成しよう」である。課題解決や目標達成の鍵を握るのがパートナーシップであるという認識の広がりを示すものである。

パートナーシップの可能性

パートナーシップによる課題解決は，多様な主体や意見が反映されることから，新しい資源や協力者の発見，アイデアが生み出されるなどのプラス効果が期待される。一方で信頼関係を構築するために多くの時間が費やされることや，言語や考え方の違う主体同士の翻訳係や，会議や活動の進め方に精通した人を投入するなど，精密なプロセス管理が重要となっている。このプロセスに伴走できるコーディネーターの役割がパートナーシップ推進の鍵といえるだろう。今後さらにパートナーシップ促進を進めるには，パートナーシップによってどれだけの課題解決ができるのか，できたのかを示した事例とそのポイントを明確に提示することや，パートナーシップ型の課題解決に長けたコーディネーターの育成が必要であろう。

（星野智子）

72　PBE(地域に根ざした教育)　Place-based Education

場に注目した学びの流れと意味

Place-based Education（PBE）は「場」や「地域」に注目した学びである。人類は誕生以来，場から学ぶことによって今日まで命をつなぎ，文化や伝統を紡いできている。しかしながら現代社会には，改めて場から学ぶことに注目する理由がある。

PBEという言葉は1980年代頃から英語の文献に登場するようになり，21世紀に入ってから広く使われるようになった。現在，PBEにあたる日本語は定まっていない。「場の教育」や「地域に根ざした教育」などと使われる。

日本では150年ほど前に始まった「近代学校教育」が，明治後期には国民国家を目指すための道具となった。そのことに対する批判や反省も込めて，「地域や土地に根ざした教育」の重要性が100年以上前からうたわれた。その後も地元・地域から人を切り離してしまう学校教育や都会中心主義への対抗運動として存在した。

英語圏でPBEが広がった理由の一つに，明治時代の日本同様，学ぶほど地域から切り離されていくことや，内容が学び手の文化や社会に沿っていないという問題意識があった。先住民族など同化政策のもとにあった政治的マイノリティにとっては，アイデンティティや民族としての存続に直結する重大な問題で，PBEは教育を自分たちの手に取り戻し，文化や社会に適した教育を実現する運動となった。

少数民族にかぎらず，人々や子どもたちが生活や活動の「場」に注目することで，存在する不正義や環境課題を明らかにし，改善していく動きにつながっている事例もある。

早くから地域に根ざした教育の重要性を唱えていたRural School and Community Trustは，PBEをある特定の場所における固有の歴史，環境，文化，経済，文学，芸術などに根ざした学びと捉えている。地域が学びのコンテキストを提示し，子どもたちは地域のニーズや関心事に焦点を当て，地域メンバーらは学びのあらゆる側面で協力する。地元に焦点を当てることで，実社会と知的な作業が結びつく。同時にこれは，シティズンシップ（市民としてのありよう）を推進し，子どもたちがその後，どんなコミュニティに住むことを選んでも，敬意を持って，「よく生きる」ための準備となるとしている。

「よく生きる」という自覚

「よく生きる」という表現は幸福や安寧，健康といった質的な価値を内包している。また「よく生きる」ためには，人の生命がよって立っている生態系の健全性への理解が欠かせない。それは環境や社会，そして未来への責任と同時に，市民として，社会を自ら変えていく力をも自覚した暮らしであろう。

世界各地で見られるPBEに共通している役割には，「よく生きる」価値観の実現，学校教育をその場により適したものにすること，地域と学ぶ人を結びつけて共に社会をつくること，個々人のアイデンティティ形成，生態的に無理のないフェアな社会の実現などがある。「地域を知る」だけでなく，共に生きやすい社会にするために行動するところまでPBEの一環として期待されている。

（高野孝子）

〔参考文献〕

岩崎正弥ら（2010）『場の教育：「土地に根ざす学び」の水脈』農山漁村文化協会.
Rural School and Community Trust,
http://www.ruraledu.org/user_uploads/file/rpm/rpm7_9.pdf

VI　行政・産業界等の取り組み

73　環境省と環境基本計画　Ministry of the Environment and the Basic Environment Plan

環境省の役割

日本の環境省は1971年に発足した環境庁を改組し，2001年の中央省庁再編時に設置された行政機関である。2012年には環境省の外局として原子力規制委員会も設置され，その事務局として原子力規制庁が置かれている。

環境省の任務は，設置法で「地球環境保全，公害の防止，自然環境の保護及び整備その他の環境の保全（良好な環境の創出を含む）並びに原子力の研究，開発及び利用における安全の確保を図ること」と定められている。

具体的には，①廃棄物対策，公害規制，野生生物保護などを自ら一元的に実施するとともに，②地球温暖化防止，リサイクル，化学物質対策，環境影響評価，放射性物質の監視測定などの対策を他の府省と共同して行い，③環境基本計画などを通じ政府全体の環境政策を主導する，といった役割を果たしている。

環境基本計画の概要と歩み

日本の環境基本計画は，環境基本法15条に基づき策定される，政府の環境の保全に関する基本的な計画である。

環境基本法は，1992年の「環境と開発に関する国連会議（地球サミット）」の成果を受けて1993年に制定された。それまで別の法体系下にあった公害対策と自然環境保全等の環境政策を整理し，環境負荷という概念を新たに導入した。この法律は，将来世代も含めた社会全体が豊かな環境の恵沢を享受できる（持続可能な）社会を目指す基本法である。

環境基本計画は，総合的かつ長期的な環境施策の大綱のほか，環境施策を総合的・計画的に推進するために必要な事項について定めている。その案は環境大臣が作成するが，政府全体の計画として閣議により決定される。また，地方公共団体，事業者，国民等あらゆる主体の自主的・積極的取り組みを効果的に全体として促す役割も期待されている。

最初の計画（1996年）では，「循環」「共生」「参加」「国際的取組」が実現される社会を長期目標として掲げられ，2000年の第二次計画では「理念から実行への展開」「実効性の担保」を求めつつ，戦略プログラムの提示や推進体制の強化が盛り込まれた。2006年の第三次計画では「環境，経済，社会の各側面の統合的な向上」が掲げられ，2012年の第四次計画では「低炭素」「循環」「自然共生」の各分野の統合的達成等の方向性が示された。

第五次（現行）環境境基本計画の概要

2018年の第五次計画では，SDGs採択後最初の環境基本計画として，その考え方も活用しつつ６つの重点戦略が設定された。その中では環境政策による「イノベーションの創出」，経済・社会的課題の「同時解決」，さらには将来にわたり質の高い生活をもたらす「新たな成長」につなげていくこと等を掲げている。また，「地域循環共生圏」の考え方を提唱し，各地域が自立分散型の社会を形成しつつ，地域の特性に応じて資源を補完し支えあう取り組みの推進が示された。

以上のように，環境基本計画に基づく施策の方向性は国際社会で議論が進む「持続可能な開発」の考え方を一つの基礎として示されてきたが，第五次計画で掲げられた「地域循環共生圏」の考え方は，先進国と途上国の関係に置き換えることも可能であり，逆に将来の国際社会での議論にも影響を与え，日本がリードしていくことも期待される。（奥田直久）

⇨ 2 SDGs(持続可能な開発目標)，36 森里川海

〔参考文献〕

環境省，https://www.env.go.jp/press/files/jp/108982.pdf

74　持続可能な消費と生産　Sustainable Consumption and Production

なぜ消費と生産に着目するのか

経済発展により，人々の生活は物質的には豊かで便利なものとなった一方で，人類が現状の暮らしを維持するための基盤となる地球環境は限界に達しつつある。

2009年に，国際的に著名な28名の科学者グループによって，人類の生存を脅かす9つの環境要素（気候変動，海洋の酸性化，成層圏オゾンの破壊，窒素とリンの物質循環，地球上の淡水利用，土地利用の変化，生物多様性の損失，大気エアロゾルの負荷，化学物質による汚染）について，人類が生存し続けられる限界（p.134のプラネタリー・バウンダリーの図を参照）を示した論文が発表された。この限界を超えてしまうと人間が依存する自然環境に回復不可能な変化が生じてしまう可能性がある。そのうち，種の絶滅の速度と窒素・リンの循環については，不確実性の領域を超えて高リスクの領域にあり，気候変動と土地利用変化については，リスクが増大する不確実性の領域に達していると分析されている。

地球と資源の有限性に関する認識，また，公害問題や地球温暖化や生物多様性の損失などの環境問題が深刻となっていることを背景に，90年代以降には，環境の劣化を伴わずに生態系の環境容量内で社会経済の発展を継続するため，従来の大量生産・大量消費型の経済を見直して，持続可能な消費と生産（SCP）にシフトする動きが広がりつつある。

持続可能な消費と生産に関する定義

持続可能な消費と生産に関する定義はUNEPを中心に行われてきた。

まず，1970年代中頃には，大量の廃棄物の発生を背景に，廃棄物を地域の外へ放棄する考え方から，廃棄物を防止･管理･再利用する考え方にシフトした。この考え方は汚染防止（pollution prevention），廃棄物最小化（waste minimization），エコ効率（eco-efficiency）といった様々な用語で表現されるようになった。これらに基づき，1989年にはUNEPはクリーナープロダクション（CP）を，「生産効率を向上させ，人と環境へのリスクを低減するために，生産プロセス，製品，及びサービスへの総合的な環境戦略を継続的に実施すること」と定義した（UNEP 2011）。つまり，廃棄物を管理する環境戦略として，製造業におけるサプライチェーンのマテリアルフローを改善することからスタートしたのである。

1990年代以降は，流通，消費も含む製品・サービスのライフサイクル全般における持続可能性を取り扱う概念に拡張された。1994年にオスロで持続可能な消費に関するシンポジウムが開催され，持続可能な消費は「自然資源の利用，有害化学物質，ごみや汚染物をライフサイクル全般にわたって最小限にしながら，人々の基本的ニーズやよりよい生活の質に対応するモノやサービスの利用であり，なおかつ将来世代のニーズを脅かさない」と定義された。

その後，消費と生産システム全般において，持続可能な消費と生産（SCP）とは「消費と生産システムが環境に及ぼすネガティブなインパクトを最小化しつつ，すべての人にとっての生活の質の向上を目指す包括的なアプローチ」であると定義された。

その背景にあるのは，ヨーロッパを中心に発展してきたエコロジー的近代化の考え方である。すなわち，生産過程における汚染防止や環境効率性の追求により，環境保全と経済の持続的な発展を両立させる考え方である。

持続可能な消費と生産をめぐる国際動向

持続可能な消費と生産は1992年のリオの国連環境開発会議に提出されたアジェンダ21において，「生産と消費形態の方向転換」として挙げられており，持続可能な社会の構築に向けての大きな課題の一つとして取り上げられた。その後，2002年のヨハネスブルグの持続可能な開発に関する世界首脳会議（WSSD）においては，アジェンダ21をより具体的な行動に結びつけるための「ヨハネスブルグ実施計画」が採択された。その結果，持続可能な消費と生産へ向かうことが重要とされ，エネルギー・水・マテリアルを含む天然資源の非効率と無駄を認識すべきとされた。そして，2012年に開催されたRIO＋20においては，再度，持続可能な消費と生産の重要性が指摘された。2015年に採択された持続可能な開発目標（SDGs）においては，持続可能な消費と生産は12番目の目標として取り上げられている。主要なターゲットを下の図１に示す。

12.1	開発途上国の開発状況や能力を勘案しつつ，持続可能な消費と生産に関する10年計画枠組み（10YFP）を実施し，先進国主導の下，全ての国々が対策を講じる。
12.2	2030年までに天然資源の持続可能な管理及び効率的な利用を達成する。
12.3	2030年までに小売・消費レベルにおける世界全体の一人当たりの食料の廃棄を半減させ，収穫後損失などの生産・サプライチェーンにおける食品ロスを減少させる。
12.5	2030年までに，廃棄物の発生防止，削減，再生利用及び再利用により，廃棄物の発生を大幅に削減する。
12.8	2030年までに，人々があらゆる場所において，持続可能な開発及び自然と調和したライフスタイルに関する情報と意識を持つようにする。
12.a	開発途上国に対し，より持続可能な消費・生産形態の促進のための科学的・技術的能力の強化を支援する。

図１　持続可能な消費と生産という目標の主要なターゲット

日本における政策動向

日本においては，戦後の高度経済成長に伴って，大気汚染や水質汚濁や土壌汚染などの工業型公害問題が顕在化し，公害対策として1967年の公害対策基本法，1968年の大気汚染防止法，1970年の水質汚濁防止法や廃棄物処理法などが制定された。当時の環境政策は，主に規制措置により，工場・事業所に排出基準を設けて環境基準を達成させるエンドオブパイプ方式であった。

1970年代から1990年代にかけて，産業型公害問題から都市生活型公害問題に変化し，また，局所環境問題から広域環境問題，地球環境問題まで発展した。それに伴って，環境政策はエンドオブパイプ方式の対症療法的なアプローチではなく，予防的方策を含む社会経済活動のあり方や生活様式の転換を図るなど総合的な政策展開が必要となった。1994年に環境基本計画（第一次）が決定され，環境政策の長期的な目標として，環境への負荷の少ない循環を基調とする経済社会システムの実現，自然と人間との共生の確保，公平な役割分担のもとでのすべての主体の参加の実現，国際的取り組みの推進の４つが掲げられた。また，エコロジー的近代化の考え方と循環・共生の考え方が導入され，環境保全と経済の持続的な発展の両立を図ることとされた。その後，持続可能な消費と生産に関わる基本政策である「循環型社会形成推進基本法」（2000年成立，2001に施行）及びその実施計画である「循環型社会基本計画」（2003年）では，経済社会における物の流れを全体的に把握するためのマテリアルフローにより，資源生産性（＝GDP÷天然資源等投入量）・循環利用率（＝循環利用量÷資源投入量）・埋め立て最終処分量と，それぞれの数値目標を設定した。

ただ，効率性の追求だけでは，リバウンド効果の影響から，効率化により余剰となった資源が他の分野に配分されることで結果的に資源利用は減少せず，かえって増加する可能性がある。そのため，従来の効率性アプローチに対して，資源・環境制約を念頭にして，生産消費システムのあり方の根本的転換，特に再生不可能な資源・エネルギーの抜本的な削減を目指しながら福利（Well-being）を向上させるアプローチが重視されるようになっている。

特に，2015年の「パリ協定」及び「持続可能な開発目標（SDGs）」の採択により，世界は持続可能な社会に向けた大きな転換点を迎えることとなった。一方，日本においては，本格的な人口減少・少子高齢化を迎え，地方の活力の低下，森林・里地里山の荒廃など，環境の課題，経済の課題及び社会の課題が相互に連関し，複雑化している。これを背景に，2018年４月に閣議決定した第五次環境基本計画では，SDGsの考え方も活用し，環境・経済・社会の統合的向上を具体化し，将来にわたって質の高い生活をもたらす「新たな成長」につなげることとした。

６つの重点戦略のうち，「①の持続可能な生産と消費を実現するグリーンな経済システムの構築」及び「④の健康で心豊かな暮らしの実現」の二つが直接に持続可能な消費と生産とに関わっている(環境省ウェブサイト)。その後，2018年６月に発表された第四次循環型社会形成推進基本計画においても，環境的側面，経済的側面及び社会的側面の統合的向上を掲げた上で，重要な方向性として，地域循環共生圏形成による地域活性化，ライフサイクル全体での徹底的な資源循環，適正処理のさらなる推進と環境再生などが掲げられた(環境省ウェブサイト)。持続可能な消費と生産は地球・資源の有限性及び環境面以外の持続可能性が明確に意識され，自然界における循環と経済社会における循環の調和，食・エネルギー･交通･産業･雇用･働き方など，社会経済全般の将来像を考え直すことを促す包括的な概念と取り組みに発展してきたといえる。

持続可能な消費と生産への転換へ向けた取り組み

持続可能な消費と生産の実現にはステークホルダー間の連携・協働を強化し，消費側と生産側とが相互駆動することが重要である。

具体的には消費側としては無駄な購入をしないこと，適切な利用・長期の利用，信頼できる環境ラベル・環境情報の確認，ライフサイクル情報を確認することである。サプライチェーンの上流プレイヤーに対しては，環境に配慮した企業の優遇，環境性能に優れた製品の優先購入が挙げられる。サプライチェーンの下流プレイヤーに対しては，適正な分別排出ということになろう。

生産側としては環境に配慮した生産・経営，信頼できる環境ラベルの取得，製品情報の適切な開示，環境に関わる知識を獲得することである。サプライチェーンの上流プレイヤーに対しては，環境に配慮した調達・購入，製品情報の共有が挙げられる。サプライチェーンの下流プレイヤーに対しては，環境情報の伝達，製品情報の共有ということになろう。

個人・企業の活動も重要であるが，社会全体としての仕組みやあり方を併せて検討するべきである。特に地域やコミュニティベースでのトランジション（社会経済システムの転換）が鍵となる。例えば，第五次環境基本計画で提唱した地域資源を活かした「地域循環共生圏」の創造及び暮らしを通じて「地域循環共生圏」を支えるライフスタイルへの転換を実現することが重要であろう。

経済のグローバル化が進む中では，国際的な対話・協力関係を政府，地方公共団体，民間等において重層的に促進し，各国間及び各国内地域での有機的な連携を図ることも重要であろう。

また，IoT（モノのインターネット）やAI（人工知能）等のICT（情報通信技術）を用いて，資源を社会全体で有効に活用することが，過剰な消費，過剰な生産と無駄な廃棄の低減につながると期待できる。また，人々の暮らし方や働き方，財・サービス等の選択をより環境に配慮したものに向かうよう転換することで，新たな消費と生産システムを構築することも可能であろう。

（劉晨・堀田康彦・渡部厚志）

75　グリーン経済と環境ビジネス　Green Economy and Environmental Businesses

グリーン経済とは

グリーン経済に確立された定義は存在しない。国際的には，持続可能な開発を達成するための手段であり，経済を環境に優しいもの（グリーン）にするだけでなく，貧困削減や社会的な豊かさの向上につながる経済を指すことが多い。

グリーン経済という用語への注目は，2008年の世界規模の経済危機（リーマン・ショック）を経て，世界的に高まった。各国で経済や雇用情勢が悪化する中，特に先進国を中心に経済再構築，雇用改善，環境対策の同時達成をねらい，グリーン経済関連施策が展開された。例えば，アメリカでは当時のオバマ政権が，環境やクリーンエネルギーへの投資を大きく打ち出したグリーンニューディール政策を実施した。EUや日本も成長戦略の中で，省エネ，再エネ，インフラ投資，グリーンイノベーションの推進などを掲げた。

こうした流れを受け，2012年に開催された国連持続可能な開発会議（リオ+20）では，グリーン経済が主要テーマの一つとして扱われた。冒頭に述べた貧困や社会面への貢献は，準備会合を含むリオ+20のプロセスの中で，特に開発途上国から強調された点である。

地球の限界

人類の社会・経済活動は20世紀に急拡大し，環境に様々な悪影響を及ぼしてきた。先進国では，1960年代に深刻化した公害問題は相当程度解消されたが，大量生産・大量消費・大量廃棄型の経済活動が続いており，気候変動や生物多様性損失，海洋プラスチックごみを含む廃棄物問題などを引き起こしている。開発途上国では，森林伐採や土地の過剰利用といった環境の酷使，水や大気の汚染を伴う持続可能でない開発が進められている。

プラネタリー・バウンダリー（地球の生物物理学的な限界）の考え方に基づくと，我々が住む地球は，気候変動，生物多様性の損失，地球規模の土地利用の変化，窒素とリンの汚染において限界値を超えてしまい，すでに危険域に入っていることが報告されている。

環境ビジネスの現状と将来予測

公害や環境破壊の加害者として批判される

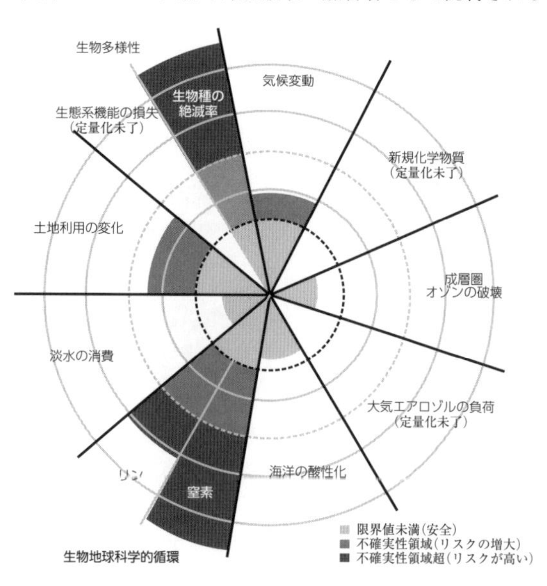

図1　プラネタリー・バウンダリーの考え方に基づく地球の現状
（ロックストロームら『小さな地球の大きな世界』p.66より引用）

ことも多い企業ではあるが，現代はソリューションの提供者として期待が集まっている。

ここで日本と世界の環境ビジネスの現状と将来予測を見てみよう。環境省は，環境産業の市場規模などの推計結果を毎年公表している。この調査では環境産業を「供給する製品・サービスが，環境保護及び資源管理に，直接的または間接的に寄与し，持続可能な社会の実現に貢献する産業」としている。2018年6月に発表された最新の推計結果によると，2016年における日本の環境産業の市場規模は，過去最大となる約104.2兆円（2000年の約1.8倍）とされ，2050年には124.4兆円まで成長するという。

全世界で見た場合には，環境産業全体の市場規模は，2000年に約532兆円だったのが2015年には約1,178兆まで伸び，2050年には2,517兆円に達することが予想されている。日本を含む世界で環境産業の市場規模が拡大しており，2050年を見据えれば環境産業には大きなビジネスチャンスがあることがわかる。

政府に求められる役割

政府，企業，市民・消費者が一体となってグリーン経済の取り組みを進めなければ，様々な環境問題は解決できず，期待されるような環境産業の発展も見込めない。政府にはグリーン経済を推進するための社会のルールや仕組みづくりを行うことが求められている。

公害の時代には，罰則などの法的制裁措置によって，一定の行為や基準達成を義務づける規制措置が広く活用された。近年では，気候変動や海洋プラスチックごみのように，原因行動の場と影響発生の場が世界のあらゆる地域に広がり，被害の発生までに時間がかかる問題が深刻化している。その対処に向けて，企業や市民などの経済主体が環境により望ましい行動を選択するように誘導する経済的手法に期待が集まっている。例えば環境に悪影響を与える行為や製品に対しては，課税を強化したり，補助金を削減することができる。逆に環境保全に資する行為や製品に対しては，税制面で優遇したり，補助金を増大させることができる（これを税財政のグリーン化と呼ぶ）。このほかにも，市民・消費者向けの環境教育や普及啓発キャンペーンの展開なども，環境配慮型の製品やライフスタイルの普及には重要である。

生き残り策としての環境ビジネス

2015年に持続可能な開発目標（SDGs）とパリ協定が合意されて以来，企業に対する環境・人権配慮への要求はますます強まっている。金融業界では，環境（Environment），社会（Social），企業統治（Governance）に配慮している企業を評価するESG投融資や，化石燃料からの投資撤退（ダイベストメント）が進展している。また，「環境に優しい」と宣伝しながら，人権侵害を伴う開発や実態を伴わない環境配慮が行われると，「グリーン・ウォッシュ」（緑の衣をまとった粉飾・ごまかし）企業と名指しで批判を受けることもある。

これらを背景に，環境と社会への配慮を事業戦略の中に取り込み，ビジネスを通じて環境・社会問題の解決を進めることで，市場競争を勝ち抜こうとする企業が増えている。そうした企業は，政府の方針を待たずに，自ら社会のルール作りに参画するとともに，自社内で環境に配慮した商品開発や投資を促す仕組み（評価・報酬制度，内部カーボン・プライシングなど）を整備している。環境ビジネスは企業に必須の生き残り策となりつつある。

（小野田真二）

⇨ 2 SDGs（持続可能な開発目標），21 気候変動枠組条約と京都議定書，22 パリ協定，73 環境省と環境基本計画，77 企業の社会的責任，25 ダイベストメント

〔参考文献〕

ヨハン・ロックストロームら（2019）『小さな地球の大きな世界』丸善出版.
足立治郎（2004）『環境税』築地書館.

76 グローバル・コンパクト The Global Compact

グローバル・コンパクトの誕生

グローバル・コンパクトは，1999年の世界経済人会合（ダボス会議）で，コフィー・アナン国連事務総長（当時）が提唱した「人間の顔をしたグローバリゼーション」への取り組みである。急速にグローバル化が進む中で，途上国だけでなく先進国においても格差社会が広がり，国や国際機関だけでは解決できなくなってきていたため，「世界共通の理念と市場の力を結びつける力を探りましょう。民間企業のもつ創造力を結集し，弱い立場にある人々の願いや未来世代の必要に応えていこうではありませんか」と呼びかけ，2000年7月26日にニューヨークの国連本部で発足した。

組織形態としては，ニューヨークを本部に置いた全世界のネットワークをベースにしたイニシアチブで，企業を中心とした団体が，国連機関，政府などとともに人権，労働，環境の３分野９原則を推進するために設立された。発案当初は，“A global compact of shared values and principles....” と一般名詞として使われていたものを，1999年11月の時点で「The Global Compact」と固有名詞化し，国家を超え国連事務総長と企業との約束という意味となった。2004年６月24日に開催された初のリーダーズ・サミットで，腐敗防止に関する原則が追加され，以下の４分野10原則となった。いずれも普遍的な価値があり，SDGs（持続可能な開発目標）のベースにもなっているものである。

人権２原則は，1948年の「世界人権宣言」が起源。この宣言は個人の権利と自由を守るための国際法の基盤として広く認められ，国家・政府による署名や批准がなくとも，法的な基準として認識されているもの。

労働４原則は，「労働における基本的原則および権利に関するILO宣言」に由来。この宣言は，1998 年の国際労働会議（ILO 総会）にて採択されたもので，すべての国々が原則と権利を尊重，推進，実現する義務を負うというもの。

環境３原則は，1992年の「国連環境開発会議（地球サミット）」で定められた「環境と開発に関するリオ宣言」と「国際アクション・プラン（アジェンダ21）」が起源。企業や産業界の方針や事業運営が資源の利用と環境に対する影響の削減に大きな役割を果たしうることが明らかにされたもの。

2004年に追加された腐敗防止の原則は，UNGC初のリーダーズ・サミットから腐敗根絶という課題に取り組む責任を民間も共に負うという強いメッセージを全世界に発信したもの。「国際協定腐敗防止に関する国連条約」の発効（2005年12月）により，腐敗に対する国際的な法整備の機運が高まっている。

日本におけるグローバル・コンパクトの普及

日本では，国連グローバル・コンパクト（以下，UNGC）署名と，グローバル・コンパクト・ネットワーク・ジャパン（以下，GCNJ）の加入という形態をとり，企業はCOP（Communication on Progress）を１年に１回，団体はCOE（Communication on Engagement）を２年に１回提出することが義務づけられ，GC10原則とSDGsの実現を目指した活動を進めること，さらにUNGCに署名していることや活動を積極的にPRすることが推奨されている。

この署名と加入に関しては，企業・団体の取締役会や経営会議など経営のトップによる会議体の承認を必要とし，申請前にGCNJの経営執行委員会にてUNGC署名とGCNJ加入の審査を行い，審査通過後にUNGCへ署名申請の手続きに進み，承認されるとUNGCのウェブサイトに企業・団体名が公開される。

UNGC署名とGCNJ加入のメリットは，経営トップが企業の社会責任を明確に社内外に表明し，より高いレベルの持続可能な企業経営を目指し改善をすることで社会からの信頼を得る。また，国連責任投資(PRI)に署名している機関投資家などはUNGCの署名企業のCOPを活用しており，このCOPによる公開と透明性は，あらゆるステークホルダーへのアピールと署名企業同士が互いの知識と経験を共有する情報源ともなっている。

UNGCとGCNJにはESG（社会･環境･ガバナンス）の専門知識があり，主体的に改善を重ねる企業と団体のネットワークであり，新たな活動を創発する場でもあるため，多様な連携による分科会，セミナー・シンポジウムの開催，ツールの製作などを通じてそれぞれの課題解決へと進めることができる。

GCNJでは，加入企業・団体を対象に，執行役員，部門長クラスを対象とした１年間のプログラム「明日の経営を考える会」，CSRやGCの基礎知識をつけたい人を対象とした「基礎セミナー」，さらに公開でシンポジウムなどを開催している。GCNJ加入企業・団体が主体的に行っている活動として，組織拡大委員会，分科会推進委員会と，SDGsタスクフォースがあり，分科会活動では，サプライチェーン，人権，女性，腐敗防止，社内浸透，防災減災，CSV，ESG，SDGsなどをテーマに，企業事例や学識経験者から学び，自らの組織に取り入れたりするほか，分科会としての成果物「CSR調達入門書―サプライチェーンへのCSR浸透」なども発表している。

グローバル・コンパクトとSDGs

UNGCでは，2015年に採択されたSDGsの採択にも関与し，多くの企業が早くからコミットメントを深め，テーマに応じたAction Platformなどを立ち上げている。

GCNJでも，有志の企業・団体による「SDGsタスクフォース」を立ち上げ組織化し，SDGsの社会浸透と組織内浸透を目指す取り組みを進めている。取り組みの一つとして，メンバーとなっている地球環境戦略研究機関（IGES）との協働でSDGsに関する日本企業調査レポートを2016年から毎年発表。またメンバー単独でも主体的な動きがある。SDGsの公式日本語版のアイコンは博報堂がクリエイティブ・ボランティアを行い2016年３月４日に国連広報センターから公表された。朝日新聞社は2017年１月31日から「2030 SDGsで変える」と銘打った大型編集企画を継続。2018年７月１日からフジテレビがSDGsに取り組む人物を紹介する「フューチャーランナーズ～17の未来～」を放送している。GC10原則は，SDGsの中に記されたCSRなのである。

（川廷昌弘）

〔参考文献〕
グローバル・コンパクト・ネットワーク・ジャパン，http://www.ungcjn.org/index.html
国際連合広報局（2015）『国際連合の基礎知識 2014年版』関西学院大学総合政策学部.

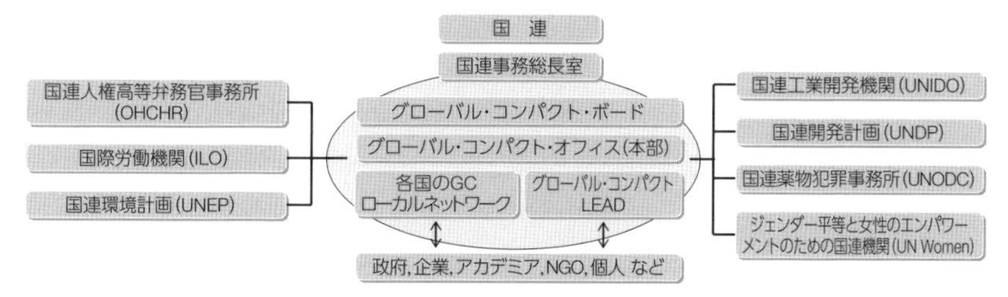

図１　国連と国連グローバル・コンパクトの関係（GCNJウェブサイトより）

77　企業の社会的責任　CSR (Corporate Social Responsibility)

「企業の社会的責任」

「企業の社会的責任」に対する理解は時代とともに変遷しており，国や社会情勢などにより多様な課題があり解釈にも幅がある。このような状況を踏まえ，経団連は，2004年に「近年，経済のグローバル化，情報化，消費者意識の変化等に伴い，企業の社会的責任（CSR）をより広い視野から捉えなおすことが重要であるとの認識が高まり，国際的にCSRのあり方が議論されている。CSRの具体的な内容については国，地域によって考えが異なり，国際的な定義はないが，一般的には，企業活動において経済，環境，社会の側面を総合的に捉え，競争力の源泉とし，企業価値の向上につなげることとされている」と述べている。

また，2010年に発行された組織の社会的責任に関する国際規格であるISO26000を解説した『やさしい社会的責任―ISO26000』（日本規格協会）には，「様々な組織が持続可能な社会への貢献に責任があると考えられるようになり，企業だけではないという意味で，単にSocial Responsibility（社会的責任）となっています。ここで，社会的責任とは，組織活動が社会及び環境に及ぼす影響に対して組織が担う責任のことをいいます」と書かれている。このISO26000には社会的責任の７つの中核主題として，組織統治・人権・労働慣行・環境・公正な事業慣行・消費者課題・コミュニティへの参画及びコミュニティの発展が設定されている。経団連が企業に特定した社会責任の定義づけをしたのに対し，ISO26000の発行によって企業だけでなく営利，非営利を問わず組織としての社会責任が定義づけされるようになり，国内でのCSRの基本的理解は拡大して現在に至っている。

日本は2003年がCSR元年

1992年のリオ・サミットで採択された「アジェンダ21」の中で大きく論じられた「マルチステークホルダープロセス（MSP）」（対話と合意形成の枠組み）と，９つのメジャーグループ「女性」「子ども・若者」「農業者」「先住民」「NGO」「自治体」「労働組合」「科学・テクノロジー」「ビジネス・産業」という考え方は，持続可能な社会を形成するための重要なポイントであり，さらに2002年に開催されたヨハネスブルグ・サミットでは，その「アジェンダ21」の見直しなどを含む170項目からなる以下の11のアプローチを採択した。①導入，②貧困撲滅，③持続可能でない生産消費形態の変更，④経済及び社会開発の基礎となる天然資源の保護と管理，⑤グローバル化する世界における持続可能な開発，⑥保健と持続可能な開発，⑦小島嶼国における持続可能な開発，⑧アフリカにおける持続可能な開発，⑨その他の地域的イニシアチブ（A．ラテンアメリカ及びカリブ地域，B．アジア・太平洋地域，C．西アジア地域，D．欧州委員会の地域），⑩実施手段，⑪持続可能な開発のための制度的枠組み。これらには現在のSDGsに通じる内容が網羅されており，企業においては社会責任のインデックスとして重要な内容である。日本政府も「グローバル・シェアリング」という言葉を掲げ，環境と開発のための人づくりを提案し，これがESDへと展開した。

1999年の世界経済人会合（ダボス会議）で，コフィー・アナン国連事務総長（当時）が提唱した「人間の顔をしたグローバリゼーション」への取り組みは，急速にグローバル化が進む中で，途上国だけでなく先進国においても格差社会が広がり，国や国際機関だけでは解決できなくなってきていたためであり，民間企業の持つ創造力を結集することを呼びかけ，2000年にグローバル・コンパクトが発足している。

このような流れを受けて，日本でも経済同友会の第15回企業白書『「市場の進化」と社会的責任―企業の信頼構築と持続的な価値創造に向けて―』のまえがきに小林陽太郎代表幹事（当時）は，「『市場の進化』は，現実には様々な側面で進行中である。例えば，欧米で拡大しつつある『社会的責任投資（SRI; Socially Responsible Investment）』は，投資家側が市場機能を活かしつつ，企業を総合的に評価しようという動きである。一方で企業側からは，自らの社会的責任を明確に定義し，それを社会に対して発信し実践することにより，自らの競争力を高め持続的発展をめざす動き，すなわち『企業の社会的責任（CSR; Corporate Social Responsibility）』が活発化している。これは，『市場の進化』への企業のイニシアチブそのものであると言えよう」と投資とCSRによる市場の進化を記している。この年が日本のCSR元年といわれる所以である。

EUとアメリカ

欧州は政府機関が主導している印象が強く，EUがCSRを最初に定義したのは2001年。CSRを「企業が社会および環境についての問題意識を，自主的に自社の経営およびステークホルダーとの関係構築に組み入れること」と定義した。「持続的な経済成長が可能で，より多くのよりよい雇用と一層の社会的結束力を備えた，世界で最も競争力と活力のある知識基盤型経済圏」の構築を目指すリスボン戦略（2000～2010年）の目標達成に向け，CSRの強化が重要な要素と位置づけられた。欧州委員会は，①CSRに関する意識向上とベストプラクティスに関する情報交換，②マルチステークホルダーイニシアティブへの支援，③加盟国との協力，④消費者情報と透明性，⑤研究活動，⑥教育，⑦中小企業，⑧CSRの国際的尺度の定義，の８つのアジェンダに整理して企業の自主的な取り組みを推進しているが，義務や法的な規制を課すことはしていない。

アメリカは，企業の不祥事の発覚をきっかけとした組織統治や法令遵守の問題からCSRが強く期待されるようになった。特に，個人の関心事を投資に結びつけて考える社会的責任投資（SRI）が活発に行われている。これは1960年代のベトナム反戦運動や人権運動などによる時代背景の影響も大きく，EUとは違い民間の市民意識の高さがCSRへの主体的な取り組みを推進したといわれている。

企業の社会責任のインデックスであるSDGs

最後に，グローバル・コンパクトがGRI（Global Reporting Initiative），WBCSD（World Business Council for Sustainable Development）と作成した，SDGsを企業はどう活用するかを記したSDGsの企業行動指針「SDG Compass」の中に，潘基文国連事務総長（当時）の言葉がある。「企業は，SDGsを達成する上で，重要なパートナーである。企業は，それぞれの中核的な事業を通じて，これに貢献することができる。私たちは，すべての企業に対し，その業務が与える影響を評価し，意欲的な目標を設定し，その結果を透明な形で周知するよう要請する」。ここに現在のCSRに対する期待が込められている。

（川廷昌弘）

〔参考文献〕

日本経済団体連合会，https://www.keidanren.or.jp/japanese/policy/2004/017.html
日本規格協会，http://iso26000.jsa.or.jp/_inc/top_iso/2kaisetsu.pdf
環境庁ら（1993）『アジェンダ21：持続可能な開発のための人類の行動計画』海外環境協力センター．
経済同友会，https://www.doyukai.or.jp/whitepaper/articles/no15.html
駐日欧州連合代表部，http://eumag.jp
グローバル・レポーティング・イニシアチブら，http://ungcjn.org/sdgs/pdf/SDG_COMPASS_Jpn.pdf

78　ESG投資　Environmental, Social, Governance Investment

ESG投資とは何か

ESG投資とは，投資判断において，財務分析に加え何らかのかたちで環境(E)・社会(S)・ガバナンス(G)の観点をも組み込む手法を指す。ESGとは2006年に国連環境計画金融イニシアチブ（UNEP-FI）が立ち上げた，機関投資家向けの責任投資原則（PRI）の中で提唱された概念である。PRIはその後世界中の投資関係者からの支持を集め，署名機関数は増大の一途をたどる。PRI署名機関は2018年現在で2,000以上，署名機関の運用資産総額は70兆ドル以上にも及んで，世界中でESG投資を推進する上で大きな力になっている。

もともと，投資判断に倫理観や社会への配慮を組み込む考え方は古くからあり，手法も実に多様である。歴史を遡れば，キリスト教団が保有する資産の運用に際して，宗教的倫理観からアルコール・タバコ・ギャンブルなどの企業を投資先から除外したのがその起源とされる。現在でも，環境破壊・人権侵害・非人道的兵器への関与などを理由に投資先から排除する「ネガティブ・スクリーニング」と呼ばれるこの手法は根づいており，投資家の代表格としてノルウェー政府年金基金グローバルなどがよく知られている。

ESG投資には，株式だけでなく，債券，不動産なども含まれる。こうした環境や社会に配慮する様々な投資手法は，長い間社会的責任投資(SRI：Sustainable and Responsible Investment　またはSocially Responsible Investment)と呼ばれてきた。しかし，PRIへの支持が世界中で広がり存在感と影響力を増すにつれて，ESG投資がそれまでのSRIという呼称に取って代わりつつある。

ニッチからメインストリームへ

投資判断に環境や社会への配慮を組み込むことは投資リターン最大化の目的には合わないとされ，長い間SRIは投資の世界で主流ではなかった。余計な観点を組み込むことは，そのリターン最大化の機会を失うことにもなるので，受託者としての責任に反するという受託者責任論が，主な根拠である。

これに対して，2000年以降は，持続可能な発展に果たす企業の役割への期待が高まり，世界的にCSR（企業の社会的責任）の概念理解と実践が進んだ。多くの企業が環境や社会への配慮を本業に組み込む傾向が高まるにつれ，むしろ中長期的投資リターン向上のためにはESG要素を考慮することが合理的であり，社会の要請や運用委託者の利益にもかなうという，新たな受託者責任の考え方が主流となりつつある。世界金融危機によって短期的投資から長期的投資への流れが強まったことも，この流れを加速した。

この分野の世界の統計をとっているGSIA(Global Sustainable Investment Alliance)によれば，2014年から2016年の２年間で世界のサステナブル投資は25％増加した。先進地域である欧州ではすでに全運用資産の50％以上を占めるまでに拡大して，投資の世界での主流化が進んでいる。

責任投資原則（PRI）

1．投資分析と意思決定のプロセスに，ESGを組み込む
2．アクティブな株式保有者となり，保有の方針・慣行にESGを組み込む
3．投資先に対して，ESGに関する適切な開示を求める
4．資産運用業界において，本原則の受け入れと実行を推進する
5．本原則実行の効果を高めるために，協働する
6．本原則実行に関する活動や進捗に関して，報告する

（出典：「国連責任投資原則」(2006) の６原則を筆者が要約）

日本国内での急伸

日本では1999年に環境をテーマにした投資信託商品が初めて発売されたが，その後伸び悩んだ。主な理由は，個人投資家に比べ圧倒的に運用資産規模が大きい年金基金などの機関投資家が，受託者責任論を背景にSRIに消極的だったからである。しかし欧米に比べて大きく出遅れていた日本でも，2015年以降はESG投資が急増している。全運用資産に占める割合は欧米に比べるとまだ小さいものの，高い伸び率を示している。これまで消極的だった機関投資家が動き出して，本格的拡大への機運が確実に高まっている。

政策面でESG投資の急伸を導いたのは，中長期的な企業価値向上を目指して制定された，機関投資家向けのスチュワードシップ・コード（2014年）と，上場企業を対象としたコーポレートガバナンス・コード（2015年）である。対をなすこの二つのコードによって，機関投資家と企業との間での，中長期視点で企業価値向上をめざす対話が促されており，ESGも中長期的な企業価値を左右する要因として，欠かせない対話テーマに位置づけられているのである。

加えて，GPIF（年金積立金管理運用独立行政法人）が2015年にPRIに署名したことが大きい。GPIFは世界一の資産規模を誇る日本の公的年金基金である。欧米の年金基金に遅れつつも2015年に署名を行い，ESG投資拡大に向け積極的にその強大な影響力を行使するとコミットした。国内でESG投資が飛躍的拡大を遂げるための核となる強い推進力が生まれたといえる。

一方，企業側でも2015年に国連で採択されたSDGs（持続可能な開発目標）を大きなビジネス機会と捉えてビジネス・ソリューション提供を目指すなど，サステナビリティを経営戦略に深く組み込む動きが強まっている。このように，メインストリーム投資家も企業も，ESGをリスクと機会の観点で将来の企業価値を左右する重要な要素として捉えて行動するようになってきている。

多様化するESG投資

ESG投資は株式投資だけではない。最近注目されているのが，債券投資のかたちをとった，環境や社会に関する課題解決のための国際機関や自治体・企業などの活動への投資である。具体的には世界的に残高が急増している環境・気候変動をテーマとしたグリーンボンドをはじめ，ワクチン接種促進に向けたワクチン債，貧困問題解決に資するインクルーシブ・ビジネス・ボンドなどがある。株式投資に比べて，元本が保証される，課題解決との関係がより直接的である，などが特徴である。債券発行主体も当初の世界銀行などの国際機関から，最近では自治体・企業まで多様化してきた。

SDGsへの関心が世界的に高まる中で，すでにSDGsボンドも次々に販売されるようになって，機関投資家や個人投資家の購入が相次いでいる。今後も株式投資と債券投資，さらには新たなジャンルであるインパクト投資など，幅広いESG投資の金融商品・サービスがそれぞれの特徴を生かしつつ，多様な選択肢として投資家に提供されることが望ましい。

期待されるESG投資の今後の伸展

パリ協定で世界の長期的合意となった将来の脱炭素社会や，SDGsが示す2030年の包摂的で持続可能な社会の実現に向けては，様変わりするほどの大きな社会変革を長期的に起こす必要があり，サステナビリティが政策決定，企業や投資家の意思決定，消費者のライフスタイルなどすべてに組み込まれ，社会全体において主流化される必要がある。ESG投資はそのための強力な推進力の一つとして，今後ますますの伸展が期待される。

（関　正雄）

79　企業レポートガイドライン　Corporate Report Guideline

GRIとIIRC

SDGs時代となって環境・社会・企業統治を未来財務と捉えたESG投資が世界ではすでに拡大している。資産運用残高のうち欧州では半分以上がESG投資といわれている。企業のポテンシャルを短期の成果だけでなく長期の価値創造ストーリーで表現するスタンダードとして参照されているのがGRIとIIRCという二つのガイドラインである。

GRI（Global Reporting Initiative）は，サステナビリティに関する国際基準の策定を使命とする非営利団体CERESが国連環境計画の協力で1997年にオランダに発足した。GRIのガイドラインは「サステナビリティ」という抽象的な概念を具体的な指標として可視化したもので，持続可能な経営を目指す企業をはじめ，様々な組織の活動を後押ししている。国内では，サステナビリティ日本フォーラムがGRIガイドラインの理解と普及に尽力している。

IIRC（International Integrated Reporting Council＝国際統合報告評議会）の本部はロンドンにあり，持続的投資報告プロジェクトとGRIを母体として2010年に発足した。企業に財務と非財務情報の両方を統合的に公開する「統合報告（〈IR〉）」という情報公開のフレームワークを開発・推進することを主な活動としている。監督当局や国際基準を設定する立場にある機関，企業，投資家，NGO，会計事務所及び会計士団体の代表者などから構成されている。市場や企業が自律的に国や地域ごとの違いを超えて一貫した枠組みを構成するため，国際協調を図りながら取り組んでいる。活動の背景には，企業環境のグローバル化や，企業価値の源泉が，財務情報のみならず持続可能性や知的資産などの無形の価値に置かれつつあること，また，年次報告書が複雑化し，財務情報・戦略・ガバナンス・持続可能性などの方向に不整合が見られることなどが挙げられる。IIRCの長期的なビジョンは，統合報告（〈IR〉）が企業報告の規範となり，それによって，統合思考が公的セクター及び民間セクターの主活動に組み込まれた世界が実現されることであり，このビジョンをマルチステークホルダーと共有することが極めて重要である。そのために統合報告書の主たる目的は，財務資本の提供者に対し，組織がどのように長期にわたり価値を創造するかを説明することである。

道徳経済合一説

このようなグローバル・スタンダードに照合して，世界の投資家に統合思考による価値創造ストーリーを表現することが重要となったこの時代に，改めて思い返してもらいたいのが，渋沢栄一の「道徳経済合一説」である。「富をなす根源は何かといえば，仁義道徳。正しい道理の富でなければ，その富は完全に永続することができぬ」。これは，明治維新から新たな社会づくりのために尽力した渋沢栄一が，老成して大正年間の企業経営者に対して発したメッセージである。企業経営は規模を拡大し雇用を増やすと，どうしても短期視点に陥りがちであるが，長期の経営視点が重要であることを100年前に述べている。これは統合思考であり，非財務情報といわれたCSRはコストではなく投資であり，創業者精神や企業理念に立ち返りつつ新たな経営思想を持つべきだといえる。　（川廷昌弘）

〔参考文献〕

渋沢栄一（2008）『論語と算盤』角川学芸出版.
IIRC（2014）『国際統合報告フレームワーク 日本語訳』

80　社会起業家と社会的企業　Social Entrepreneur and Social Enterprise

社会問題解決の主体は

社会が抱える問題は環境や人権，経済格差，平和，ジェンダーなど多様化し山積している。社会起業家と社会的企業はこれらの問題解決に取り組む新しい主体として登場してきた。

かつて社会の問題を解決する主体は，第一に政府や自治体などの行政セクターであり，また市民セクターではNGO・NPOの働きが注目されてきた。ところが行政には社会的弱者への支援や，地球環境問題など，不得意な領域があり，またNGO・NPOでは会費や寄付，助成金，事業委託金などが主要な活動財源であり，経営や財政の基盤が安定しないという弱点があった。

そこで「行政には任しておけない」「他人が始めるのを待っていられない」という人々が，自らの思いと発案によって社会問題解決への取り組みを独自のユニークなアイデアで事業化するという取り組みが見られるようになった。これが社会起業家と社会的企業である。こうして社会問題の解決を目指し，新しい社会価値を創造しようとする新しいビジネス，プラットフォームやスキームが多様な分野でつくられてきている。

社会的企業の特徴

社会的企業と既存の企業との違いは，利潤を最大化させることは主たる目的ではなく，社会ニーズに応えることに主眼を置く点である。会費や寄付ではなく物販やサービスの提供からの対価を得て財源とし，自立した経営をするのが基本だが，その社会的なミッションへの共感から，実際にはボランティアや寄付，助成金なども活用しているケースも見られる。このように事業性と社会変革性を両立させることが大きな特徴である。

組織の形態としては株式会社などの営利法人，NPO法人や一般社団法人といった非営利法人，協同組合，個人事業のかたちをとることもある。

社会起業家・社会的企業の草分け

社会起業家として世界的に有名な例を挙げるならば，2006年にノーベル平和賞を受賞したバングラディシュの経済学者ムハマド・ユヌスと彼が1983年に創設した「グラミン銀行」であろう。バングラディシュは国民の75％に相当する１億1,800万人が１日２ドル未満で暮らす貧困層にあたる。ユヌスは農村の貧しい女性を主対象として開業のための少額の資金を無担保で貸し出す「マイクロ・ファイナンス」の仕組みを生み出すことで，貧困層の経済的・社会的基盤の構築に貢献した。

日本の社会起業家と社会的企業

日本で注目されている例としては，保育業界で「タブー」とされてきた病児保育に取り組むNPO法人フローレンスを立ち上げた駒崎弘樹，発展途上国から世界に通用するブランドづくりを目指し，バッグやジュエリーなどの製造販売を行う株式会社マザーハウスの山口絵里子，インターネット上での資金調達サイトを運営するREADYFOR株式会社を立ち上げた米良はるかなどが挙げられる。

一方で既存の営利企業もSDGsと経営理念との統合を意識しはじめてきている。本業を通じた社会価値創造の重視，あるいは第二，第三の創業として，社会貢献・変革領域に進出していく動きも活発化してきた。「社会的企業化」へのシフトである。企業とそのビジネスの存在意義や社会的責任をめぐっても大きな変化が起きている。

（西村仁志）

81　Society 5.0　Society 5.0

Society 5.0とは何か

Society 5.0とは，人類社会の歴史的発展段階の第５段階を指す。狩猟社会，農耕社会，工業社会，情報社会に続く，新たな近未来社会像であり，AI，IoT，ロボット技術，ビッグデータなどのデジタル技術を活用して，一人ひとりの異なるニーズにきめ細かく応えつつ社会全体を最適化した，人間中心の社会を目指すものである。平成28年１月に閣議決定された「第５期科学技術基本計画」において，日本が目指すべき未来社会の姿として初めて提唱された。

Society 5.0では，一例として以下のような社会的課題の解決が期待され，経済成長やこれまでにない利便性・快適性向上をもたらすとともに，社会的弱者を包摂する社会の実現も期待できる。

- スマートシティの実現によって，快適な生活基盤を実現しつつエネルギー効率を飛躍的に改善する。
- スマート農業で食料の生産性向上と安定的供給，食料ロスの削減などを実現する。
- ロボット技術で医療・介護現場での負担を軽減し，労働者不足の課題を克服する。
- 自動走行車技術で，高齢者や障がい者もスムーズな移動手段を手に入れる。

類似の概念として，ドイツのインダストリー4.0やそこから生まれた第４次産業革命があるが，これは情報技術による製造工程の革新や飛躍的な生産性向上などを目指したものである。これに対してSociety 5.0では，超高齢化社会，脱炭素社会，強靭な社会といった社会的課題の解決を含んでおり，デジタル技術を活用した「社会の大変革」を目指している点でより進化した視点の広い概念であるといえる。

持続可能な社会との関係

SDGs（持続可能な開発目標）が描く未来社会の実現は，決して容易ではない。SDGs採択文書のタイトルにあるように，社会全体の大変革（transformation）を必要としている。Society 5.0は高度なデジタル技術を社会や人間のために活用することによって，困難な課題を克服し文字通り社会を大きく変容させる可能性を秘めており，その成否はSDGs達成への大きな鍵を握るともいえる。

経団連は，SDGsなどのグローバルな潮流を反映させて2017年に改定した企業行動憲章において，「Society 5.0 for SDGs」をうたい，「Society　5.0の実現を通じたSDGsの達成」を戦略として掲げて，産業界の総力をあげて取り組んでいくことを打ち出している。

今後に向けての課題

Society 5.0は持続可能な社会の構築に必要なイノベーションを生む可能性に満ちている。しかし，一方でAIやロボット，ビッグデータなどのデジタル技術が社会に与える影響については，雇用の減少，プライバシー侵害や人権侵害の可能性など，ネガティブな側面やリスクも懸念されている。これらの問題にも同時に取り組んでいく必要がある。

解決の鍵は，常に人間を中心に置くことである。目指すはあくまでも「人間中心の」超スマート社会でなければならない。また，そのためにはプロセスにおけるステークホルダ参画も必須であろう。持続可能な社会に向けたシステミックな大変革にはデジタル技術の活用が欠かせない。ネガティブ面やリスクに配慮しながらも，その可能性をうまく最大限に引き出すことが求められている。

（関　正雄）

82　仮想通貨(暗号資産)　Crypto Currency (Crypto Assets)

仮想通貨の提案

仮想通貨の代表とされるビットコインのアイデアは，2008年10月31日に，Satoshi Nakamotoの名義で暗号技術・暗号通貨の専門家のメーリングリストに発信された文書で初めて発表された。

ビットコインも当初は数多くの失敗例と同様に見られていたが，ナカモト本人（個人が特定されているわけではなく，複数人とも想像されている）が実装するソフトウェアを開発し，これによりビットコインがネットワーク上に「つくり出され」，取り引きされるようになった。

ビットコインを特徴づける技術として「ブロックチェーン」と「プルーフ・オブ・ワーク」が挙げられる。ここでブロックチェーンとは，ビットコインのやりとりの記録を改ざんされないように分散して記録したデータをいう。法定通貨の取引では，多くの場合「中央」にその記録を残すことで記録の正しさを確保しようとする。法定通貨が中央集権的であるのに対し，ブロックチェーンは，中央における記録・管理がなくても，分散して台帳の記録を公開・共有することでその正しさを確保しようとする。ブロックチェーンの自立分散型の情報処理は，物流をはじめ様々な分野で将来的な利用・応用が期待されている。

ビットコインでは，取引がなされた時にその正統性を証明するためにある関数の問題を解くという課題が出され，最も早くその解を得た者が報酬として新たなビットコインを得ることができるようになっており，このプロセスを「プルーフ・オブ・ワーク」と呼ぶ。記録を改ざんして不正にコインを入手するよりも，プルーフ・オブ・ワークで競うことで報酬を得る方が有利な状況をつくることで，不正が起きにくい仕組みになっており，この点がビットコインの革新的な点といわれる。

仮想通貨（暗号通貨）の問題

このような仮想通貨（英語で直訳すれば暗号通貨）を投資先として有望と考える人々が一気に増え，法定通貨との間の交換レートが急騰し，あるいは暴落した。また不適切な運用や外部からの不正侵入によって多額の仮想通貨が盗難・流出した。

仮想通貨の問題点として，価格変動が大きすぎ，投機的である，匿名性があり，マネーロンダリングを防ぎにくい等が挙げられる。加えてそもそも口座が電子的であるため，パスワードを盗まれるなどして，実際に不正侵入による流出事件が何度も起きている。また，技術が先行してしまって法令や制度が追いついておらず，どのような問題が起きるか予想しきれないため，リスクは極めて高い。

日本政府や世界の対応

仮想通貨については，日本政府は世界に先がけて肯定的・積極的な施策を決めた。それが改正資金決済法(仮想通貨法とも呼ばれる)で，2017年４月１日に施行された。しかし，その後，仮想通貨の不法な引き出しなどの事故・事件が相次ぎ，G20（先進７か国，ロシア，EU及び新興11か国）では2018年に仮想通貨という名称そのものを改め，暗号資産と規定した。日本の金融庁もこれにならって名称を変更し，規制を強化する方針が示された。

（林　浩二）

〔参考文献〕

木ノ内敏久（2017）『仮想通貨とブロックチェーン』日本経済新聞出版社.

第 2 部

持続可能な社会と教育

Ⅶ　教育政策の課題

83　SDGs 4.7　SDGs 4.7

MDGsとSDGsにおける教育目標

SDGs 4.7とは，SDGsで示された17の目標の目標４（質の高い教育をすべての人に）の中に示されたターゲットの一つである。

目標４　すべての人に包摂的かつ公正な質の高い教育を確保し，生涯学習の機会を促進する（外務省 仮訳）

SDGsの前身ともいわれるMDGs（ミレニアム開発目標）では，目標２に「初等教育の完全普及の達成」が示され，2015年までに小学校の純就学率は93％にまで達した。一方で，紛争等の影響による不就学児童を含めおよそ１億人が初等教育を修了できていないなど課題が残された。

SDGsでは，教育の「量」（就学率など）だけでなく，「質」に着目した目標を掲げた。また，女性や先住民族等の脆弱な立場にある人たちの非識字率が高いことからすべての人への教育の機会をもたらし，生涯に渡って教育の機会が得られることを目標とした。

「教育の質」「生涯学習の機会」は先進国・途上国にかかわらず今日的な課題であり，2030年までにすべての学習者に対して質の高い教育を確保し，生涯学習の機会の充実を図ることが求められている。

SDGs 4.7とESD

目標４の中に示されているターゲットの一つである4.7には，SDGsの達成を目指す2030年までに必要となる教育の内容が示されている。

SDGs 4.7

2030年までに，持続可能な開発の教育及び持続可能なライフスタイル，人権，男女の平等，平和及び非暴力的文化の推進，グローバル・シチズンシップ，文化多様性と文化の持続可能な開発への貢献の理解の教育を通して，全ての学習者が持続可能な開発を促進するために必要な知識及び技能を習得できるようにする（外務省 仮訳）

本ターゲットに記されている「持続可能な開発のための教育」（ESD）には環境・国際理解・世界遺産・エネルギー・防災・生物多様性・気候変動などの多様な教育活動が含まれている。

国内の学校では「総合的な学習の時間」を中心に実践されているほか，それぞれの教科の中でもESDの考え方を用いた実践が行われている。特にユネスコスクールにおける実践は数多くあり，環境教育に関する実践や海外の学校との交流事業を中心とした多様な取り組みが見られる。

ESDは教育関係者（学校，教育関係のNGO等）を中心とした教育活動として実践が育まれてきた。SDGs 4.7では，「持続可能な社会づくり」に必要とされる内容が示されていることから，学校だけでなく，すべての人々，組織，行政や国家関係者がこれらの内容に目を向ける必要がある。

本ターゲットに記されている内容のうち，特に平和や文化的多様性については国際理解教育で，また人権や男女の平等については人権教育で示されている学習内容とも合致するものが多くある。今まで学校教育や社会教育の場で実践されてきた教育活動をより一層深め，国際理解教育や人権教育をはじめとする多様な教育内容の必要性を問うものとして考えられる。

グローバル・シティズンシップ教育

「グローバル・シティズンシップ」とは，「地球市民」の育成としてユネスコを中心として唱えられているGCED（Global Citizenship Education，グローバル・シティズンシップ教育）の推進と捉えることができる。

環境問題，難民，気候変動等の国境を越えた地球規模課題の解決にあたっては，一つの国だけで解決をすることは困難であり，国を越えて手と手を取りあって課題解決に臨む姿勢が求められる。また，「食」や「資源」が国を越えて相互に依存しあう現代では，遠い地で起きた紛争や自然災害が一人ひとりの生活に影響を及ぼすことも多々ある。

こうした社会の中で世界と共に生きるために広い視野を持って課題を共有し，よりよい社会を構築するために共に学ぶ（Leaning to live together）姿勢を持つことが求められている。

すべての学習者が習得することを目標としている「持続可能な開発を促進するために必要な知識及び技能」についてはSDGsの中では具体的に示されてはいないが，ユネスコが提唱するグローバル・シティズンシップ教育がもたらす認知的な学習成果（learning outcomes）として知識，技能に以下の２点を記している。

- ローカル，ナショナル，グローバル課題についての知識，相互依存についての関係
- クリティカルな思考や分析の技能

今後は，ユネスコが提唱するグローバル・シティズンシップ教育と各国での実践を検証し，SDGs 4.7で示された「知識および技能」について検討する必要があるだろう。

SDGs 4.7と新学習指導要領

2017年３月に文部科学省より告示された学習指導要領では前文が設けられ「…あらゆる他者を価値のある存在として尊重し，多様な人々と協働しながら様々な社会的変化を乗り越え，豊かな人生を切り拓き，持続可能な社会の創り手となることができるようにすることが求められる」と記述された。

このように新学習指導要領において，これからの学校に必要な教育として持続可能な社会の創り手の育成のための教育が求められていること，学校教育におけるジェンダー，人権教育の推進，多様な文化の理解が求められていることが示された。今後の教育活動においてはSDGs 4.7達成に向けた教育のさらなる充実が必要であるといえる。

国連統計委員会がSDGs達成に向けてSDGs 4.7について作成した指標に基づいて国内の教育活動を検討すると今後の課題が見えてくる。

SDGs 4.7指標

> ジェンダー平等および人権を含む(i)グローバル・シチズンシップ教育，(ii)持続可能な開発のための教育が(a)各国の教育政策，(b)カリキュラム，(c)教師の教育，および(d)児童・生徒・学生の達成度評価においてすべての教育段階において主流化されているレベル（外務省 仮訳）

持続可能な開発のための教育に関する記述は総則をはじめ，学習指導要領への記載が多くの教科で見られたが，今日の国内の教育活動では「グローバル・シティズンシップ教育」が推進され，教育政策に取り入れているとはいいがたい状況にある。また，SDGs 4.7で示された教育の具体的な実施の手段や教師教育への反映，達成度評価の作成までには至っていない部分が多い。

教育活動に携わる者はSDGs達成に一人ひとりがどのように貢献できるかを考える必要がある。SDGs 4.7に示された教育活動の内容と教育現場での実践とを照らし合わせ，持続可能な社会の創り手を育成するための教育を目指すことが求められている。

（松倉紗野香）

⇨ 2 SDGs（持続可能な開発目標），5 ESD，117 シティズンシップ教育

〔参考文献〕

日本ユネスコ国内委員会，http://www.mext.go.jp/unesco/002/006/002/001/shiryo/attach/1388906.htm

UNESCO（2015）*Global Citizenship Education: Topics and Learning Objectives*, UNESCO.

84　学校教育制度　School Education System

学校教育制度の問題点

すべての国民を対象とした「学校」が登場したのは，19世紀後半以降のことである。近代社会における学校教育制度は，その成立期にあって「国民形成」と「労働力の向上」を主眼としていた。その後，歴史的・文化的背景から，各国で独自の発展を見せ現在に至っている。他方で，学校教育制度の成立は，すべての者に「教育への権利」を保障することと必ずしもイコールではない。例えば，学校教育非就学の問題が残されている。非就学の理由には，教員や学校そのものの欠如（あるいは近くにない），経済的理由，家業の手伝い，親の無関心，病気，戦争などがある。

複線型学校教育制度と単線型学校教育制度

学校教育制度は多種多様であるが，捉える視点として，①教育水準別の区分（初等教育・中等教育・高等教育）と，②教育目的別の区分（普通教育・職業教育・義務教育・幼児教育・特別支援教育など）という二つがある。学校種間の関係を，①は縦断的（段階的）に，②は横断的（系統的）に捉えた区分である。こうした視点から，学校教育制度は，複線型制度と単線型制度の二つに大別できる。

複線型学校教育制度は，教育目的別に異なる学校制度が並立している制度であり，近代社会成立以降，欧州諸国において典型的に発達した。すなわち，歴史的にいえば，一方ではエリート層のための学校教育制度があり，他方では民衆のための学校教育制度があり，これらの制度を並立させていたという経緯が複線型制度の背景となっている。ドイツは複線型（あるいは分岐型）の制度を採用していることで知られる。中等教育前期においてハウプトシューレ（就職希望者が就学），実科学校（職業教育学校進学希望者が就学），ギムナジウム（大学進学希望者が就学）の三つの制度に分岐するのが特徴である。複線型制度においては，比較的低年齢において将来の進路が事実上決定されることになる。ドイツにおいてこの点に批判がないわけではないが，学校教育と職業教育制度とがセットになって機能してきたことを評価する見方もある。

単線型学校教育制度は，アメリカにおいて発達した。すなわち，目的別の制度が存在せず，年齢によって区分された学校段階によって制度が構成されており，原則としてすべての国民が単一制度のもとにある学校に入学することが，単線型制度の特徴である。現在の日本の制度は単線型制度の典型である。イギリスは複線型から単線型に移行した国として知られる。イギリスには中世以来，エリート層養成のための教育機関（「パブリック・スクール」）があり，近代以降は民衆のための学校と並列に存在していた時期が長らく続いた。今日においては，20世紀半ばに成立したグラマー・スクール（大学進学を目指す選抜校），セカンダリー・モダン・スクール（非選抜校），テクニカル・スクール（職業教育を施す学校）の三制度を統合したコンプリヘンシブ・スクール（総合制中等学校）に，中等教育段階にある者のほとんどが通学している。

学校教育制度の転換

学校教育は，その成立経緯から公共事業として供給側の論理に基づく制度が構築される。故に，日本だけでなく世界的にも教育内容教育課程，教科書，学校の就学年数，施設設備，授業時間などについて，国や地域が法で基準を厳しく定めている。こうした状況に対して，「学校理事会制度」や，教育バウチャーによる学校選択制度などのかたちで保護者，子どもの意見を学校教育に取り入れるための制度が構築され，あるいは構築されつつあるところも多い。既存の学校とは異なる教育内容・手法やシステムを導入し，多様な子どもを受け入れる「フリースクール」やデモクラティック・スクール，チャーター・スクールや，家庭に教育の拠点を置くホーム・エデュケーションなどを，学校教育のオルタナティブ（もう一つの選択肢）として制度を構築しているところもある。学校教育を需要側の論理に基づくサービス活動として制度的に位置づける潮流が認められる。

学校非就学

学校教育制度が整っている国・地域であっても，非就学率が高いところもある。OECD加盟国の若者の５人に１人が非就学とする調査もあるし，全世界で6000万～7000万人の非就学者がいるとする調査もある。初等教育段階の非就学率を見ると，経済発展・開発段階別では後発開発途上国で（男子が17%，女子が22%），地域別ではサハラ以南のアフリカで（男子が17％，女子が21％），世界平均（男子が８％，女子が７％）と比較して顕著に高い割合になっている（いずれも2011年から2016年間の調査）。

一国，一地域においても，性別では女子，居住地別では農村部，家庭の経済的地位別では貧困層において非就学率が高いことが指摘されているが，特に家庭の経済的地位が強い影響力を持つ。例えばナイジェリアでは，最富裕層の初等学校入学率は99%，義務教育修了にあたる中等学校修了率が81％であるのに対し，最貧困層のそれは28%，８％にとどまっている（2013年時点の調査）。こうした国・地域においては，教育を受けられないことにより様々な悪条件を生み，結果としてそれらを次世代に引き継いでしまう「負の連鎖」を引き起こすことが問題視されている。

（福島正行）

〔参考文献〕
二宮皓（2006）『世界の学校―教育制度から日常の学校風景まで―』学事出版.
文部科学省（2016）『諸外国の初等中等教育』明石書店.
文部科学省，http://www.mext.go.jp/b_menu/toukei/data/syogaikoku/__icsFiles/afieldfile/2018/07/10/1404260_03_1.pdf
ユニセフ，https://www.unicef.or.jp/sowc/pdf/UNICEF_SOWC_2017.pdf

	アメリカ	イギリス	ドイツ	日本
初等教育	• 小学校（３年制・４年制・５年制など） • ミドルスクール（３～４年）	• 初等学校（６年）	• 基礎学校（４年）（一部の学校は６年）	• 小学校（６年） • 義務教育学校（９年のうち前期６年）
前期中等教育	• 下級ハイスクール（２～３年）	• 総合制中等学校（５年）（７年制中等学校の前期５年又は５年制中等学校）	• ハウプトシューレ（５年） • 実科学校（６年） • ギムナジウム（９年又は８年のうち最初の６年）	• 中学校（３年） • 中等教育学校(６年のうち前期３年) • 義務教育学校(９年のうち後期３年)
義務教育	• 州により異なり，９～13年。 • 10年とする州が最も多い(16州) • 開始年齢は６歳，終了年齢は16歳とする州が多い。	• 11年（５～16歳） • 17～18歳の２年間の教育又は訓練の義務化。パートタイムも可。	• 10年（６～16歳）。	• ９年（６～15歳）
特別支援教育	• 一般の学校 • 特別支援学校 • 寄宿制特別支援学校 • 家庭・病院　など	• 特殊教育学校 • 通常の学校 • 独立学校	• 促進学校，特殊学校 • 通常学校	• 特別支援学校 • 小学校，中学校の特別支援学級 • 小学校，中学校における通級による指導。
教育課程の基準	• 州が，教育課程の基準として大綱的なガイドラインである教育スタンダードを策定。 • 学区は，州の基準から逸脱しない範囲において詳細を決定。	• 教育省が，数学，英語，理科など12の必修教科について全国的なカリキュラムを定めている。	• 各州の教育省が，教育課程の基準を定めている。 • 主要教科については，各州の教育省が，全国共通のスタンダードに準拠して定めている。	• 文部科学省が省令により，教科，授業時数等を定めている。 • 文部科学大臣が学習指導要領を定めている。
学校選択	• 通常，学区の教育委員会が設ける通学区域があり，通学する学校が指定されている。 • 近年は，通学区域や学校を越えて，就学する学校を選ぶことができる開放入学制度を導入する州が増えている。	• 地方当局が就学・通学校を指定する通学区域はない。しかし通常，各学校には「通学圏」と呼ばれる地理的に合理的な通学範囲が設定されている。親は通学圏内の学校を選択することもでき，定員の範囲内で受け入れられる。	• 基礎学校については，多くの州が通学区域を定めている。 • 中等教育の学校については，州や学校種により異なるが，伝統的には，通学区域はハウプトシューレと実科学校には設定されているのに対し，それ以外の学校種には設定されていない。	• 公立小学校，中学校については，市町村の教育委員会が就学すべき学校を指定する。

図１　諸外国の初等・前期中等教育（出典：文部科学省（2016）『諸外国の初等中等教育』pp.22-33を一部改変）

85　生涯学習社会　Lifelong Learning Society

生涯教育と生涯学習

生涯学習は状況によって様々な意味で使われる用語である。最も広義には「生涯にわたる学習」と理解される。私たちは，社会構造の変化や技術革新が著しい現代社会を生き抜くため，生涯にわたって学ぶことが求められている。一方，学習活動が生きがいや健康増進につながることが知られており，高齢者になっても学び続けることは重要である。

生涯学習の考え方が国際的に広がるきっかけをつくったのは，ユネスコである。1965年，ユネスコの第３回成人教育推進国際委員会の場で，ラングラン（Lengrand, P.）が「生涯教育について」と題するワーキング・ペーパーを提出した。

ラングランが主張したのは，教育はその諸部門（例えば家庭教育，学校教育，社会教育など）の相互連携に基づき，人の生涯にわたって有効に機能すべきだということである。この提案は，垂直（時間軸＝人の生涯）的統合，水平（空間軸＝教育の諸部門）的統合という概念のもとに，生涯教育の基本枠組みとされるようになった。

生涯教育の考えが社会に浸透するに伴い，学ぶ側から見た生涯学習という用語も使われはじめた。日本では，1981年の中央教育審議会「生涯教育について（答申）」において，各人が生涯を通じて行う学習が「生涯学習」，それを支援する教育が「生涯教育」だとされた。

生涯学習の機会・政策

ラングランの提案をもとに，生涯学習の機会を時間軸と空間軸で表すと図１のようになる。ここでの社会教育とは，社会教育法での定義に基づき「学校教育以外の組織的な教育」のすべてを指すものとしている。

図中の網掛部分は，各年齢段階の中心と見られるものである。しかし，現実にはあらゆる年齢段階ですべての教育領域が利用可能なので，白い部分が全年齢層に広がっている。ただし，学校教育だけは幼稚園教育が利用可能な３歳からとしている。矢印は，教育の諸部門間の連携を表している。例えば，学校教育と社会教育の間にある矢印は，学社連携（あるいは地域学校協働活動）などを意味する。

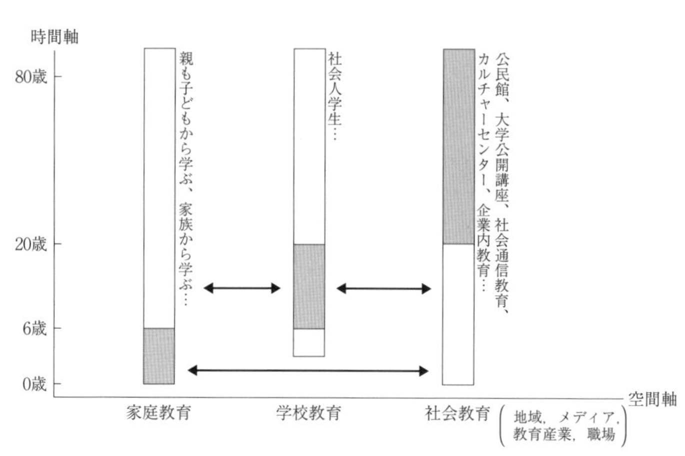

図１　時間軸と空間軸からみた生涯学習の機会
（出典：田中雅文ほか『テキスト生涯学習［新訂版］』学文社，p.3）

1987年の臨時教育審議会「教育改革に関する答申（最終答申）」は「学校教育中心の考え方を改め，生涯学習体系への移行を主軸とする教育体系の総合的再編成」を図ることを提案し，これ以降は生涯教育よりも生涯学習が主な行政用語となった。

2006年に改正された教育基本法では，生涯学習の理念（３条）を「国民一人一人が，自己の人格を磨き，豊かな人生を送ることができるよう，その生涯にわたって，あらゆる機会に，あらゆる場所において学習することができ，その成果を適切に生かすことのできる社会の実現が図られなければならない」と規定している。

生涯学習の多様性と生涯学習社会

私たちは教育として用意された場にかぎらず，生活や活動の中で無意図的，経験的に学んでいる。高齢者の介護を通して人間理解が深まる，友人との会話やテレビの娯楽番組から人生のヒントを得る，子どもが集団遊びを通して人間関係を学ぶ，などである。これらは偶発的学習（incidental learning）と呼ばれる。一方，意図的でありながらも，教育として用意されたものを利用しない学習がある。例えば，近隣に住む高齢者から話を聞いて郷土の歴史を自ら学ぶことである。このような学習は独力的学習と呼ぶことができる。

上記の学習と重複するものではあるものの，仕事，家庭生活，余暇に関連した日常の結果としての学習をインフォーマル学習と呼ぶこともある。

以上に述べたように，生涯にわたる学習としての生涯学習は，多様な内容を含んでいる。このような生涯学習が社会の隅々まで浸透したとき，そのような社会を生涯学習社会と呼ぶことができる。

持続可能な社会への課題

持続可能な社会との関係から，生涯学習をめぐって次のような課題がある。

第一に，現代的課題の学習の推進である。環境，福祉，国際，人権，ジェンダーなど，あらゆる社会的な課題について，私たちは子どもから大人まで生涯にわたって学んでいく必要がある。そして，学校教育，社会教育，NPO・NGO活動など，すべての教育・学習の場でそれらの学びの場が提供されなければならない。

第二に，学習を通した人と人とのつながりの醸成である。個人が孤立しがちな現代社会において，学ぶことを通したコミュニティ形成，多世代・異文化間の交流，障がい者・健常者のつながりは重要である。異なる立場の人たちによる学びあいは，社会の持続可能性を高めるであろう。

第三に，地域文化の伝承と再創造である。グローバリゼーションが進行する中，個々の地域に根づく固有の文化を守り，伝え，生み出すこと，さらには異なる地域文化の間の交流を促すことは，地球規模で価値観の多様性を保持し，適切な均衡のもとに国際社会が運営されるために必要な条件である。

最後に，上記のような学習を保障するため，国際機関及び各国家・地方自治体は，それぞれの立場から適切な施策を講じる必要がある。学習の主体は市民・国民であるにしても，その基本的な環境を醸成するための公的セクターの役割は大きい。

（田中雅文）

⇨ 92 地域学校協働活動，121 インフォーマル学習

〔参考文献〕

ラングラン（1980）『生涯教育入門［改訂版］』全日本社会教育連合会.
田中雅文・坂口緑・柴田彩千子・宮地孝宜（2015）『テキスト生涯学習［新訂版］』学文社.

86　文部科学省と中央教育審議会

Ministry of Education, Culture, Sports, Science and Technology (MEXT) and Central Council for Education

教育行政の組織と機能

教育行政は，国レベルと地方レベルに分かれて複数の組織によって執り行われている。国レベルの中央教育行政を担う組織が，①内閣及び内閣総理大臣，②文部科学省（以下，文科省）及び文部科学大臣，③その他の行政官庁である。一方，地方レベルの教育行政は，地方公共団体の長及び教育委員会により行われている。中央教育行政において中心的役割を果たしている文科省には，重要事項に関する調査審議を行ういくつかの合議制機関が置かれており，その一つが中央教育審議会（以下，中教審）である。

教育基本法16条は，教育行政が「国と地方公共団体との適切な役割分担及び相互の協力の下，公正かつ適正に行われなければならない」ことを前提とした上で，第一に全国的な教育の機会均等と教育水準の維持向上を図るため，教育に関する施策を総合的に策定し，実施しなければならないこと，第二に地域における教育の振興を図るため，その実情に応じた教育に関する施策を策定し，実施しなければならないこと，第三に教育が円滑かつ継続的に実施されるよう，必要な財政上の措置を講じなければならないことを求めている。

文部科学省の組織と機能

現在の文科省は，2001年１月の中央省庁の再編統合に伴い，旧文部省と旧科学技術庁を再編して設置されたものである。文科省は本省と外局に分かれ，本省には大臣官房及び６局（総合教育政策局，初等中等教育局，高等教育局，科学技術・学術政策局，研究振興局，研究開発局，）ならびに国際統括官が置かれ（文部科学省組織令２条），外局としてスポーツ庁と文化庁が置かれている。このうち，総合教育政策局は，学校教育と社会教育を通じたより総合的・横断的な教育政策を推進し，生涯学習の理念に基づいた生涯学習政策のさらなる強化を実現するため，2018年10月に生涯学習政策局にかわって設置された。

文科省の設置や任務，主な業務は，「文部科学省設置法」に規定されている。文科省は，教育の振興及び生涯学習の推進を中核とした豊かな人間性を備えた創造的な人材の育成，学術及び文化の振興，科学技術の総合的な振興ならびにスポーツに関する施策の総合的な推進を図るとともに，宗教に関する行政事務を適切に行うことを任務としている（同法３条）。この任務を達成するために，文科省の主な業務として93項目が同法４条に規定されている。

審議会の設置

国や地方公共団体の行政機関には，諮問調査などを行うための合議制機関として審議会が置かれている。国家行政組織法８条は，「国の行政機関には，法律の定める所掌事務の範囲内で，重要事項に関する調査審議，不服審査その他学識経験を有する者等の合議により処理することが適当な事務をつかさどらせるための合議制の機関を置くことができる」と規定している。現在，文科省には，中教審，教科用図書検定調査審議会，大学設置・学校法人審議会，国立研究開発法人審議会が置かれている（文部科学省組織令75条）。審議会の設置目的としては，行政への国民参加，専門知識の導入，公正の確保，利害の調整等が挙げられる。

諮問機関としての中央教育審議会

これまで，教育政策の立案に特に深く関わってきたのが中教審である。中教審は，重要政策や基本的施策等に関する行政機関の意思決定にあたって意見を述べるための機関（諮問機関）である。1952年の文部省設置法一部改正により，「文部大臣の諮問に応じて教育に関する基本的な重要施策について調査審議し，及びこれらの事項に関して文部大臣に建議する」機関として設置された。2001年の省庁再編により，従来の中教審を母体としつつ，生涯学習審議会，理科教育及び産業教育審議会，教育課程審議会，教育職員養成審議会，大学審議会，保健体育審議会の機能が整理・統合され，現在の中教審として文科省に設置された。

現在の中教審は，「教育制度」「生涯学習」「初等中等教育」「大学」の４つの分科会が置かれている。各分科会では，文部科学大臣の諮問に応じて必要な調査・審議を行い，「答申」というかたちで文部科学大臣に対して意見を述べている（中央教育審議会令５条，文部科学省組織令76条）。

中教審とこれからの教育改革

学校を取り巻く環境は急速に変化し続けている。学校が抱える問題の複雑化・多様化，学習指導要領の改訂に伴う新しい時代に求められる資質・能力を育む教育課程の実現，教員が子どもと向きあう時間の確保など，取り組むべき課題は尽きない。2015年の中教審答申「チームとしての学校の在り方と今後の改善方策について」，そして同年「新しい時代の教育や地方創生の実現に向けた学校と地域の連携・協働の在り方と今後の推進方策について」は，学校と家庭，地域との連携・協働によって，共に子どもの成長を支えていく体制をつくることで，学校や教員が教育活動に重点を置いて取り組むことができるようすることの重要性を指摘し，具体的な改善方策を提言している。

今後は，中教審教育振興基本計画部会での審議をもとに策定された第３期教育振興基本計画に基づき，教育政策が展開されていく。第３期教育振興基本計画は，今後10年間を通じて目指すべき教育の姿を明らかにするとともに，今後５年間（2018～2022年度）に取り組むべき施策を示している。このうち，「今後５年間の教育政策の目標」に掲げられた，主として初等中等教育段階における「豊かな心の育成」と，主として高等教育段階における「問題発見・解決能力の修得」に向けた具体的な施策の一つとして，「持続可能な開発のための教育（ESD）の推進」が挙げられている。具体的には，①ESDの推進拠点として位置づけられているユネスコスクールの活動の充実を図り，好事例を全国的に広く発信・共有するとともに，②地域の多様な関係者（学校，教育委員会，大学，企業，NPO，社会教育施設など）の協働により，ESDの実践・普及や学校間の交流を促進することを通してESDの深化を図る。これらの取り組みを通して，「持続可能な社会づくりの担い手を育む」ことが目指される。社会構造の急速な変革など新時代の到来を見据えた，次世代の持続可能な教育の創造に向けた新たな教育政策が展開されていく。（福本みちよ）

表１　最近の中教審答申・中間まとめ（一部）

2018年３月８日	第３期教育振興基本計画について（答申）（中教審第206号）
2017年12月22日	新しい時代の教育に向けた持続可能な学校指導・運営体制の構築のための学校における働き方改革に関する総合的な方策について（中間まとめ）
2016年５月30日	個人の能力と可能性を開花させ，全員参加による課題解決社会を実現するための教育の多様化と質保証の在り方について（答申）（中教審第193号）
2015年12月21日	新しい時代の教育や地方創生の実現に向けた学校と地域の連携・協働の在り方と今後の推進方策について（答申）（中教審第186号）
2015年12月21日	これからの学校教育を担う教員の資質能力の向上について　～学び合い，高め合う教員育成コミュニティの構築に向けて～（答申）（中教審第184号）
2015年12月21日	チームとしての学校の在り方と今後の改善方策について（答申）（中教審第185号）

（出典：文部科学省ウェブサイトより筆者作成
http://www.mext.go.jp/b_menu/shingi/toushin.htm）

〔参考文献〕

河野和清（2014）『新しい教育行政学』ミネルヴァ書房．

87　新自由主義と教育　Neoliberalism and Education

新自由主義

新自由主義とは，1980年代以降，高度経済成長が終焉し福祉国家が肥大化する中で，ケインズ主義に代わって台頭し世界的に支配的となった経済思想・政策のことである。中心となる考えは４点に要約できる。①市場・競争原理の導入による経済成長の促進。規制緩和，自由化，民営化を主要戦略とする。②財政的には小さな政府の抵抗勢力抑制のための政治的権力強化，③グローバル経済の国際的ルールである市場メカニズムの受容，④自由競争が惹起する諸問題に対する伝統的文化・価値・規範の強調。イギリスのサッチャー，アメリカのレーガン，日本の中曽根の各政権が新自由主義政策を実行し，医療・福祉・教育など公共部門の民営化や規制緩和も進められた。

新自由主義と教育

教育分野では市場メカニズムを導入し新公共経営（New Public Management）を採用して，利用者の多様なニーズに適応した教育サービスを提供しようとする政策（学校選択制，学校評価，教育バウチャー制度，チャータースクールなど）が実施されている。概括すると，前提には次のような考えがある。①教育は経済的成功の鍵である。②教育の主要目的は雇用価値と経済競争力の増進にある。③質は競争，測定，説明責任によって保障される。④教育機関のパフォーマンスは競争的市場にあって向上する。

新自由主義教育政策の問題点が指摘されるが，新自由主義が社会を席巻している事態と，その消息に人々の「新自由主義心性」が関与していることに留意しなければならない。

公共財である環境の分野においても，新自由主義による影響を受けた起業家精神（entrepreneurialism）に駆動されて，商品化・市場化・管理化が進められている。

ハックルらは国連持続可能な開発のための教育の10年を論評して，その理論的根拠が理想主義的で現実社会の政治経済学的分析を欠き，新自由主義という覇権力が真正の持続可能性の実現を阻止し，結果的に旧態依然に終わってしまったことを指摘している。

持続可能な社会をつくる教育

新自由主義をめぐるリアリティーをどのように理解するかに対応して，三つの教育アプローチを提示する。①社会システムに関心を向ける批判的アプローチ。ハックルは，批判的社会理論と批判的教育学に依拠し現行の社会システムを変革する「批判的学校地理（critical school geography）」を提唱する。②世界観に関心を向ける生態論的アプローチ。スターリングは，パラダイムシフトを喚起する全体論的システム思考に依拠した「持続可能教育」を提唱する。③人間存在に関心を向けるアプローチ。各人が一人の個に立ち返って潜在する「新自由主義心性」を省察し，「新しい人」（大江健三郎）として一人ひとりの心奥の願いを共同のビジョンに紡ぎ編む。水俣病被害者有志を中心とする「本願の会」にその原型を見る。

（原子栄一郎）

〔参考文献〕

Jickling, B. et al. (2017) *Post-sustainability and environmental education*. Palgrave Macmillan.
John Huckle，https://john.huckle.org.uk
Stephen Sterling，https://www.sustainableeducation.co.uk

88　自尊感情　Self Esteem

学校教育における自尊感情

自尊感情という語は，心理学用語のSelf Esteem（以下セルフ・エスティームとする）の訳語として学校教育では定着しているが，教育現場では「自己効力感」や「自己肯定感」などとほぼ同義として用いられている場合が多い。セルフ・エスティームの概念が日本で普及したのは，90年代に人権教育や国際理解教育のパラダイムの転換が議論されはじめたことが背景にある。「他人を尊重するためには，まず自分自身を尊重しなければならない」ということが，グローバル化，多文化化する社会を構築する市民性資質として位置づけられ，欧米で開発された教材を用いた実践が，人権教育，平和教育，国際理解教育などの実践者によって取り組まれ，近年では，道徳授業においても学習テーマとして「自尊感情を育む」という文言が使われるまでに広がっている。

日本の教育現場での取り扱われ方

セルフ・エスティームが普及した理由として，従来の「子どもは，褒めて自信をつけさせることで育つ」から「子どもは他者との関係性の中で認められて育つ」という子ども観の転換があると考えられる。国際理解教育のパラダイム転換とともに普及しはじめたセルフ・エスティーム育成の実践は，90年代からの国連やユネスコが進めてきた「平和の文化からESD」へとつながる一連の流れの中にある，「つながり」と「参加」をコンセプトとした学びの重視が深く関わっている。

こうした動向を受け，「初等中等教育における国際理解教育推進検討報告案」（2005年）において，国際社会で求められる態度・能力として，①「つながる」ことのできる態度・能力，②自己の確立，③具体的に行動することのできる態度・能力，の３点が提示された。つまり個を確立しつつ自身が主体的につながりを創り，さらにそのつながり自体をよりよくするために他者と共に生きる市民，という新しい市民像が確立していく中で，セルフ・エスティームの育成が重要な教育テーマと成り得たといえる。しかし，本来のSelf Esteemの意味には，うぬぼれ等のマイナス面も含まれており，あえて「自尊感情」とプラス面を想起する訳にしたところに日本の学校教育のセルフ・エスティーム育成の特性がある。この点について，セルフ・エスティームの育成を①幼児期における素朴な自己愛の形成，②青年期における葛藤に挑戦する自己形成，に分類し，それぞれの発達段階に応じた指導法の重要性を指摘する研究もある。

ESDの実践とセルフ・エスティームの育成

ESDの実践事例では，小学校の「ふるさと学習」を中心に，郷土愛とともに自尊感情を育てる取り組みが多数あり，個の確立と社会性の両方の育成にセルフ・エスティームが意識されていることがわかる。これらの実践が示唆することは，子どもの変化は私と他者との互いの関係性の中で共に変化すること，つまり個の確立と社会性は同時並行で育ち，それは異なる他者（立場や年齢等）との学びがより効果的である，ということである。

（小嶋祐伺郎）

〔参考文献〕

遠藤辰雄ら（1992）『セルフ・エスティームの心理学　自己価値の探求』ナカニシヤ出版.

野崎志帆（2000）「セルフ・エスティームの普遍性と相対性についての一考察～発達と社会的文脈という軸を用いて～」『大阪大学教育学年報』5，153-167.

89　社会に開かれた教育課程　Curriculum Opened to the Society

社会に開かれた教育課程の定義

「社会に開かれた教育課程」とは，端的に述べるなら「社会的要請に答えつつ，教育という営みを学校の中に閉じ込めない」という目標であり，スローガンである。別の見方をすると，「今の学校教育は行き詰まっているので，学校だけに任せることをせず，社会全体の力で立て直そう」という教育政策でもある。

言葉そのものの定義としては，『学習指導要領』（平成29年告示）の前文が一般に引用される。曰く，

「教育課程を通して，これからの時代に求められる教育を実現していくためには，よりよい学校教育を通してよりよい社会を創るという理念を学校と社会とが共有し，それぞれの学校において，必要な学習内容をどのように学び，どのような資質・能力を身に付けられるようにするのかを教育課程において明確にしながら，社会との連携及び協働によりその実現を図っていくという，社会に開かれた教育課程の実現が重要となる。」（下線部：筆者）

まとめると，ここで求められているもの（目標）は次のとおりである。

〈方向（理念）としての目標〉

- これからの時代に求められる教育を実現していく。
- よりよい学校教育を通してよりよい社会をつくる。

〈手段としての目標〉

- 理念を学校と社会が共有する。
- それぞれの学校で必要な学習内容，資質・能力を教育課程において明らかにする。
- 社会との連携及び協働によりその実現を図る。

これらの目標群の中で，学校等における具体的な教育活動において特に問題になるのは後者の〈手段としての目標〉である。

社会に開かれた教育課程の背景

では，なぜ今，社会に開かれた教育課程なのか。学習指導要領に先立つ中央教育審議会答申はその理由（課題）を次のように述べている。

「教育課程を通じて，子供たちが変化の激しい社会を生きるために必要な資質・能力とは何かを明確にし，教科等を学ぶ本質的な意義を大切にしつつ，教科等横断的な視点も持って育成を目指していくこと，社会とのつながりを重視しながら学校の特色づくりを図っていくこと，現実の社会との関わりの中で子供たち一人一人の豊かな学びを実現していくことが課題となっている。」（２章:2016.12.21）（下線部：筆者）

つまり現状では，逆説的に述べるなら，①教科横断的な視点に欠けること，②社会とのつながりが重視されていないこと，③子どもたち一人ひとりの豊かな学びが実現されていないこと，が今日的な学校教育の課題であり，今の学校教育が行き詰まっている理由なのだというわけである。では，どうすればこれらの課題は克服することができるのか。中教審答申はさらに次のように述べている。

「これらの課題を乗り越え，子供たちの日々の充実した生活を実現し，未来の創造を目指していくためには，学校が社会や世界と接点を持ちつつ，多様な人々とつながりを保ちながら学ぶことのできる，開かれた環境となることが不可欠である。

そして，学校が社会や地域とのつながりを意識し，社会の中の学校であるためには，学校教育の中核となる教育課程もまた社会とのつながりを大切にする必要がある。」

社会に教育課程を開くための方策と効果

教育課程を社会に開くための方策としては，学校の中でできることと，より大きく学校外との関わりで考えなければならないことの二つがある。前者は学校カリキュラムの改革であり，後者は学校制度の改革である。

学校カリキュラムの改革は，既存のカリキュラムを前提とした調整・修正と，カリキュラムそのもののスクラップ&ビルドの両方を含んでいるが，これらは昨今，「カリキュラム・マネジメント」という言葉で総称されている。

カリキュラム・マネジメントにはまた，次の三つの側面がある。

①教育内容を一つの教科にとどまらずに各教科横断的な相互の関係で捉え，効果的に編成する。
②子どもたちの姿や地域の現状等に関する調査や各種データ等に基づき，教育課程の編成，実施，評価，改善のサイクルを確立する。
③教育内容と，指導体制やICT活用など諸条件の整備活用を効果的に組み合わせる。
（『教育課程企画特別部会論点整理』2015.8.26）

「持続可能な社会」との関わりからは，特に③が重要となろう。

一方，後者の学校制度改革には，「コミュニティ・スクール」や「チーム学校」「地域学校協働活動」などの取り組みがある。これらには，学校運営協議会，郷土学習，地域行事，放課後子ども教室，家庭教育支援活動などの取り組みが含まれるが，これらは保護者・地域住民・企業・NPO等の多様な主体による学校運営への参加の促進であるとともに，学校を核とした地域の創生でもある。

教育課程を社会に開くことで，子どもたち自身が自らの生き方を見直し，地域に貢献する姿勢を強めるとともに，地域も子どもたちを支援し，そこに生まれた絆が地域活性化のブースターとなっている事例は，すでに全国各地に広がっている。そして，これらの事例の多くは，主権者教育や持続可能な開発のための教育（ESD）ともつながっている。

教育課程を社会に開くことは，今日的教育課題である教員の働き方改革の面からも意味がある。学校は子どもにとってよかれと思うことをついつい抱え込む傾向にあり，そのことが教員の多忙化の原因となっている。総合的な学習の時間や部活動，英語やプログラミング等の指導に学校外の専門家の力を活用できれば，教員の負担は相当に減ぜられるであろうし，このことは子どもたちにとっても大きなメリットになると予想できる。

社会に開かれた教育課程への批判

社会に開かれた教育課程論には，賛成もあるが批判もある。その批判の最たるものは「社会に開かれた教育課程」や「よりよい学校教育を通してよりよい社会を創る」という際の「社会」とは何かというものである。そもそも学習指導要領や中教審答申は，この点について，「持続可能な社会」以外には必ずしも明らかにしていない。

一般に「社会」という場合には，自由な権利の主体としての個人がつながる市民社会や，学習指導要領（社会科）がいうところの「平和で民主的な国家及び社会」が想像されるが，中教審答申やその補足資料を読むかぎり，OECDでの議論やPISAの国際順位を強く意識した，厳しいグローバル・マーケットにおける競争の場としての経済社会がイメージされる。社会の範囲としても，Local（地域），National（国），Global（地球）の三つが考えられるが，この三つの社会をそれぞれ競争的に捉えるのか，共生的に捉えるのかで社会のイメージはまったく異なったものとなる。

このように，「社会」という言葉の曖昧さを放置して，利害関係者それぞれの都合のよい解釈に任せれば，崇高な理念もやがて換骨奪胎されかねないことは，これまでの多くの教育標語の歴史が示している。その意味で，「社会とは何か」を不断に問い直す必要がある。

（水山光春）

90　学校運営協議会　School Management Council

学校運営協議会制度の背景

本来，地域の子どもを学校でどのように育てていくかは，教職員だけでなく，保護者や地域住民も共に責任を負いながら決定していくことが理想である。学校運営協議会とは，保護者や地域住民が地域の学校教育の意思決定に直接関わり，こうした責任を共有することを目的として設置された組織である。学校運営協議会は，校長の意見に基づき教育委員会が正式に任命した保護者や地域住民を中心とする委員（委員は，地域学校協働活動推進員など学校の運営に資する活動をする者，その他教育委員会が学校に必要だと認める者なども含まれる）によって構成され，学校の教育活動や支援策について協議を行っている。

現在すべての学校にこうした組織が設置されているわけではないが，2017年３月の「地方教育行政の組織及び運営に関する法律」の改正により，これまで「任意」であった学校運営協議会の設置に「努力義務」が課せられることとなった。その結果，文部科学省によれば，2005年にはわずか17校しかなかった学校運営協議会の設置校は，2018年現在では5,432校にまで増えている。

学校の基本方針の承認と安定した学校づくり

学校運営協議会の職務は，主に三つある。

第一に，当該学校の校長の定める学校運営の基本方針に承認を与えることである。本来，学校の基本方針は学校のリーダーである校長が責任を持って決定すべき事項である。しかし，学校運営協議会の設置校においては，校長は方針の決定に際して教職員の合意を得るだけでなく，保護者や地域住民を代表する委員に説明し，賛同を得なければならない。こうした仕組みは，自分たちの子どもの教育方針が教職員組織の中でのみで決定され，保護者や地域の意向とはかけ離れているというこれまでの学校における意思決定に対する不満に応える仕組みである。学校運営協議会という正式な場で，保護者や地域住民の代表の承認を得た上で決定された学校の基本方針は，地域の学校の基本方針としての正統性が増す。また，公立学校においては，校長の定期異動によって学校の基本方針が大幅に変更される場合もあるが，その学校周辺に定住する者たちが学校の基本方針の決定に関わることによって，校長の定期異動による基本方針の極端な転換を抑制し，地域に根ざした継続的かつ安定的な学校づくりに寄与するという効果も望める。

教育活動への意見具申と過剰な要求への対応

第二に，学校運営協議会の委員は，学校や教育委員会に対して，日々の教育活動や教育支援活動に関する意見を述べることが求められている。公務員である教職員は，職務上知り得た秘密を守る義務が厳格に課せられていることもあり，これまでは校内で起こる様々な問題に関しては教職員組織の中で解決しようとしてしまう傾向にあった。しかし，学校運営協議会の委員は主に保護者や地域住民であるが，教育委員会から正式に任命された非常勤の特別職でもあり，守秘義務に該当する事項に触れる権限を与えられる。つまり学校は，これまで保護者や地域住民から意見を聞きたくとも聞けなかった案件についても，委員を通じて相談することができるようになり，日々の教育活動の参考とすることができるようになった。

とはいえ，保護者や地域住民に日々の活動に意見を述べる権限を与えることに不安を抱く教職員も少なからず存在する。だが，これまで保護者や地域住民の要求が過剰なものと捉えられていたのは，そうした人たちが，その発言に責任を負わなくてもよい部外者であったからである。教育委員会によって任命された委員は，自らの私的な利益に基づいた要求だけではなく，保護者や地域住民の意見を集約・考慮した上での責任のある発言が求められる。また，教職員も委員の意見は「学校内部」の意見として真摯に受け止めなければならない。学校運営協議会の実態を調査した研究によれば，保護者や地域住民の委員が学校に対して過剰な要求をする事例は存在するがごく少数であり，むしろ保護者や地域住民の意見が学校運営協議会によって集約されることで，過剰な要求が直接教職員に出されることが減少することも報告されている。

人事の意見具申と教職員組織づくり

第三に，学校運営協議会の委員は，その学校の教職員の人事に関して教育委員会に意見を述べることができる。たとえ委員という責任ある立場であっても，保護者や地域住民から自らの人生に直接関わる人事に関する意見具申が出されることに対する教職員の抵抗は根強い。しかし，教職員人事の要望は，校長が直接教育委員会に具申するよりも，学校運営協議会を通した方が実現しやすい場合もあることは明記しておく必要があろう。つまり，教職員と学校運営協議会の委員が，将来的な学校の構想を共有した上で，その学校に望まれる教員像に適合した人事意見具申を行うことができれば，これまで学校が求めたとしても実現不可能であった地域に根ざした学校づくりのための理想的な教員組織をつくり上げることも不可能ではない。ちなみに，教職員の要望が学校運営協議会を通じて実現するという事例は，人事に関することのみならず，学校施設の改善要望などにおいても同様に見られる。

地域コミュニティを創造する学校運営協議会

このように，学校運営協議会とは，これまで学校の求めに応じて行ってきたお手伝い的な支援を超えて，保護者や地域住民に責任と権限を与えることで，地域の子どもの学校を子どもたちに関わるすべての者たちでつくり出そうとする仕組みである。しかし，こうした理念を実現可能とするために与えられた責任と権限の重さが，逆に積極的に協力しようとする意欲を保護者や地域住民から奪い取っていることも事実である。

これまでの学校は，何もいわずとも協力を惜しまない地域社会によって支えられてきた。しかし，近年，自治会への加入率も減少しており，PTAなどのボランティア組織もその負担感から存続意義が問われつつある。さらに核家族化や共稼ぎ世帯の増加に伴い，保護者や地域住民は，将来への不安や子育てに関する相談を気軽にする相手を身近に持たないまま，地域社会の中でますます孤立している。

このような社会状況の中で，学校運営協議会ができることは，保護者や地域住民が学校に協力しないことを嘆くのではなく，「子どもたちの教育」を共に考える場を提供し続けるということである。たとえ学校に関わろうとする意欲と余裕のある保護者や地域住民が少数であったとしても，不安や不満を表明する場が学校にあるというだけで地域の中で孤立した人々のつながりを再構築するきっかけとなる。これからは，地域社会が学校を支えるだけではなく，学校運営協議会を通じて学校を中心とした新たな地域コミュニティを創造していくという逆転の発想に立つ必要があるのではないか。

（関　芽）

〔参考文献〕

佐藤晴雄（2018）『コミュニティスクールの全貌―全国調査から実相と成果を探る』風間書房.

91　コミュニティ・スクール　Community School

学校運営協議会とコミュニティ・スクール

変化の激しい社会において，学校は，保護者や地域住民と情報や課題を共有し，共通の目標やビジョンを持ち，同じ方向性を持って教育活動を進めていく必要がある。そうすることによって学校と地域とが一体となって子どもたちを育む「地域とともにある学校」へと転換していく取り組みを推進していくことが求められている。そこで，文部科学省では，2004年に保護者や地域住民が一定の権限を持って学校運営に参画する「学校運営協議会」を法制化した。

学校運営協議会とは，学校の管理職や教職員，保護者や地域有識者等から構成される協議会である。その主な役割は，①校長の作成する学校運営の基本方針を承認する。②学校運営に関する意見を教育委員会または校長に述べる。③教職員の任用に関して教育委員会に意見が述べられる。以上の３点である。そして，この学校運営協議会を設置している学校をコミュニティ・スクールと呼ぶ。

コミュニティ・スクールでは，学校運営協議会が中心となって，地域の人材等の関係者により，学校の教育活動を支援する体制が整っている。

コミュニティ・スクールのメリットと魅力

コミュニティ・スクールの仕組みを取り入れるメリットや魅力は，次の三つである。

(1) 組織的・継続的な体制の構築

教職員の異動があっても，学校運営協議会によって地域との組織的な体制が継続し，持続可能な仕組みをつくることができる。

(2) 当事者意識・役割分担

学校運営協議会等で地域の子どもたちがどのような課題を抱えているのか，どのような子どもを育てていくのか，教育によって何を実現していくのかという目標・ビジョンを共有できる。

(3) 協働活動の実現

子どもたちの抱えている問題に対して，関係者が役割分担を持って連携・協働する取り組みが推進できる。

コミュニティ・スクールの誕生時には，全国に17校しかなかった。2017年に「地方教育行政の組織及び運営に関する法律」の一部が改正され，すべての公立学校がコミュニティ・スクールになることを目指し，学校運営協議会の設置が努力義務化された。2018年４月１日現在，コミュニティ・スクール設置園・校は，計5,432校に増加している。

コミュニティ・スクールの成果と今後

コミュニティ・スクールの主な成果としては，①学校と地域が情報を共有するようになった。②地域が学校に協力的になった。③特色ある学校づくりが進んだ，等が挙げられる。

現在，限界自治体など地域の抱える持続不可能な状況は，喫緊の課題となっている。また，災害に対しての防災や減災の取り組みは地域として取り組むべき重要な課題である。その中で，それらの課題を解決するために，コミュニティの中心に位置する学校の役割は大きい。コミュニティ・スクールによって，学校と地域が共通の目標・ビジョンを持って教育活動に取り組むことによって，学校と地域の両方を元気にすることができると期待されている。つまり，地域の持続可能性を考えた時，これからコミュニティ・スクールの役割は大きいといえる。　（石田好広）

〔参考文献〕

文部科学省，http://www.mext.go.jp/a_menu/shotou/community/school/detail/1361007.htm

92　地域学校協働活動　Community and School Collaboration Activities

概要と背景

地域学校協働活動は，地域社会の多様な構成員が教育活動に当事者として参加することを通して，子どもの学びを学校から社会に開くとともに，活動に携わる人々にも学びの機会を生み出す取り組みである。2017年４月に文部科学省が策定した「地域学校協働活動の推進に向けたガイドライン」では,「地域の高齢者，成人，学生，保護者，PTA，NPO，民間企業，団体・機関等の幅広い地域住民等の参画を得て，地域全体で子供たちの学びや成長を支えるとともに，『学校を核とした地域づくり』を目指して，地域と学校が相互にパートナーとして連携・協働して行う様々な活動」と定義される。具体的な取り組みの例として，放課後子供教室，社会奉仕体験活動，自然体験活動，学習支援活動が挙げられる。

学校は，地域を基盤に存立してきた教育機関である。しかし，国家で統一された教育課程を進める上で，必ずしも地域との深い関わりを求めなくなった。一方の地域では核家族化やコミュニティの疎遠化が進み，子どもの教育に自ら参加しようとする住民の意識は薄れている。いわば学校任せの教育体制となる中，2006年12月に改正された教育基本法は，13条に「学校，家庭及び地域住民等の相互の連携協力」を掲げた。その理念を体現する方策の一つが地域学校協働活動である。

制度と政策

地域学校協働活動の前身には学校支援ボランティア活動が位置づく。2008年度から文部科学省が展開してきた学校支援地域本部事業等により，全国各地で学校を支える地域のボランティア活動が組織された。2015年12月には中央教育審議会が答申「新しい時代の教育や地方創生の実現に向けた学校と地域の連携・協働の在り方と今後の推進方策について」をまとめ，地域から学校への片方向の支援を双方向の連携・協働に転換し，個別の活動を総合化・ネットワーク化する指針を提起した。

これを受けて2017年３月に社会教育法が改正され，地域学校協働活動に関する事項が規定された。同活動の実施体制の整備が教育委員会の事務の一つに加わった（５条２項，６条２項）。また，同活動を仕掛けるコーディネーターに対して地域学校協働活動推進員の委嘱が可能になった（９条の７）。

さらに，地域学校協働活動と学校運営協議会（コミュニティ・スクール）の連携が求められている。前者の推進員が後者の委員に入って情報共有を図り，後者で協議した育てたい子ども像を前者の実施内容に反映するなど，両体制を架橋する仕組みが模索されている。

課題と論点

学校を核とした地域づくりが目指される中，少子化によって統廃合に踏み切る学校もある。協働が異なる立場や特性を生かしあう相互依存の関係であるとすれば，学校と地域の協働という戦略は，両者が共創していく可能性とともに，頼みの学校が仮に廃止されれば地域も共倒れしかねない脆さを内包する。

各地域では地域学校協働活動推進員の発掘や確保が課題となっている。こうした活動のキーパーソンを育ててきた領域は社会教育であった。それゆえ，社会教育の役割を地域と学校のコーディネート機能のみに特化させれば，活動の長期的な持続は難しくなる。次世代の地域と学校を支えるキーパーソンが育つような土壌を耕す活動にも力を入れることが，地域と学校の持続可能な協働体制構築の鍵である。

（丹間康仁）

93　チームとしての学校　School as a Team

チームとしての学校が求められる背景

持続可能な社会を実現する学校教育を推進するためには，教員の資質能力を高めるだけでなく，学校がチームとして一丸になった教育活動を行うことで，学校組織全体の総合力を高めることが求められている。学校が抱える問題が年々多様化・複雑化してきており，教員だけで対応することが困難になってきたためである。そのような背景に基づいて，2015年12月に，中央教育審議会は「チームとしての学校の在り方と今後の改善方策について」を答申した。

中央教育審議会の答申内容

答申では，チームとしての学校を実現するために，「専門性に基づくチーム体制の構築」「学校のマネジメント機能の強化」「教職員一人一人が力を発揮できる環境の整備」の三つの視点から，それぞれの方策が提言された。それぞれについて説明する。

「専門性に基づくチーム体制の構築」については，教員が学校の児童生徒の実態を踏まえて指導体制を充実させ，心理や福祉等の専門スタッフや地域との連携によって，教育活動の成果を高めるための方策が述べられている。具体的には次のとおりである。一つ目は，アクティブ・ラーニングの実施やいじめ，特別支援教育，帰国・外国人児童生徒，子どもの貧困等に対応するための教職員定員の拡充と，指導教員の配置促進による指導体制を充実させることである。二つ目は，スクールカウンセラー，スクールソーシャルワーカー等の配置についてである。三つ目は，地域との連携の推進についてである。

「学校のマネジメント機能の強化」については，学校のマネジメント機能を強化するための方策が述べられている。具体的には次のとおりである。一つ目は，教職大学院を含めた管理職の研修を充実させることである。二つ目は主幹教諭制度の充実についてである。三つ目は事務体制の強化についてである。

「教職員一人一人が力を発揮できる環境の整備」については，次の方策が述べられている。一つ目は人材育成の推進についてである。二つ目はメンタルヘルス対策を含んだ業務環境の改善についてである。三つ目は教育委員会等による学校への支援の拡充についてである。

持続可能な社会を実現するチーム学校

ESD先進校の事例から，持続可能な社会を実現するチーム学校のあり方を述べる。

一つ目は，地域の教育資源や地域の人材の活用である。地域には，様々な博物館や資料館，伝統芸能施設，留学生会館等がある。また，地域にはその専門分野においては，教員をはるかに陵駕する知識や技能を持った方々がいる。教育資源の活用と地域との連携が，ESDの先進校の特徴の一つである。

二つ目は，学校のマネジメント機能についてである。校長を中心として，ESDを推進する教育課程が構築され実践が進められているところに，その特徴がある。例としては，東京都江東区立八名川小学校の「ESDカレンダー」の作成によるESD実践が挙げられる。

今後は，専門的な人材育成の推進が期待される。また，教育委員会等による学校への支援体制の充実を求めたい。　（中山博夫）

〔参考文献〕

中央教育審議会，http://www.mext.go.jp/b_menu/shingi/chukyo/chukyo0/toushin/1365657.htm
手島利夫（2017）『学校発・ESDの学び』教育出版.

94　コーディネーター　Coordinator

コーディネーターの役割

コーディネーターは物事の円滑な進行の調整役であり，学校と地域の関係を連係させるための調整機能が重視されている。持続可能な社会を実現するためには，学校現場で児童生徒が現代社会の課題を自らの生活地域と結びつけ，学びを通して実生活や社会の変容へとつなげていく主体的な学びが求められる。このような学びを実現するためには「社会に開かれた教育課程」を編成し，アクティブ・ラーニングの視点から学習を展開していく学習・指導方法の導入が不可欠である。そのための一方略が地域との連携であり，学校が積極的に連携を図るためには，コーディネーターの役割と機能の重要性が指摘できる。

地域には農林水産業等に携わる職業人，障害や貧困等社会的(生活)困窮状態にある当事者，またCSR(企業の社会的責任)活動に取り組む企業や環境保護活動に取り組む非営利団体など，多くの資源が存在する。これらの資源と学校の教育活動を結びつけながら調整し，カリキュラムデザインを行い，具体的な学習活動を実現していく役割が期待される。

コーディネーターの機能

コーディネーターが役割を担い，機能するためには，「データバンク」の開発と「在来知」獲得に関する職能開発が必要となる。

データバンクの開発に関しては，学校の所在する地域には多くの資源が存在するが，学校を取り巻く環境は常に変化し続け，学校内部においても教員の異動等を通じて変化は生じ続ける。環境変化が絶えず生じる中で地域資源を活用した学習を展開していくためには，個々の教員が有する人脈等のデータを整理し，必要に応じてコンタクトが取れるようにするためのデータバンクを構築することが有効である。またデータバンクを構築しデータを掛けあわせることで，新たな付加価値を生み出すことも可能となる。例えば地域の特産品に関して「生産する第一次産業」×「加工を行う第二次産業」×「流通販売を行う第三次産業」機関と学校が連携し，児童生徒のアイデアを組み合わせた新たな「名産品」の開発や地域ブランドの確立，地域の情報発信の機会を創造することも考えられる。学校と地域資源を結びつけるためのシステム整備がコーディネーター機能を支える基盤となる。

「在来知」獲得では，コーディネーターが地域資源を活用して持続可能な社会をつくる教育を実践していくため，地域に関する知識を組織的に蓄積していく必要がある。学校は近代科学の知見に基づく「科学知」(Science Knowledge)の教授が主となる一方，地域資源を活用し地域課題を通じて課題解決能力を育成していくため，地域住民等により地域環境に適応する過程で生み出してきた「在来知」(Indigenous Knowledge)に関しても学習する機会を創造することが望ましい。例えば環境問題「森林限界の移動」では，温暖化等の国際／国内データの調査と地域でのフィールドワークによる植生調査や地域住民への聞き取り調査を組み合わせ，「科学知」「在来知」との相違を比較する活動を行うことで，児童生徒の実生活と結びついた学習が可能となる。

このようにコーディネーターが機能するためには，学校システム整備の推進と，教職員への研修等を通した知識普及が必要である。

(田中　謙)

〔参考文献〕

日本ユネスコ国内委員会，
http://www.mext.go.jp/unesco/004/__icsFiles/afieldfile/2018/07/05/1405507_01_2.pdf

95　カリキュラム・マネジメント　Curriculum Management

「カリキュラム・マネジメント」の概念

カリキュラムとは，教育課程のことであり，子どもたちの姿や地域の実情等を踏まえて，学校教育の目的や目標を達成するために，教育の内容を子どもの心身の発達に応じ，授業時数との関連において策定した教育計画である。

編成したカリキュラムをもとに教育目標を実現するためには，カリキュラムをどのように実施・評価し改善していくかという「カリキュラム・マネジメント」が重要になってくる。カリキュラム・マネジメントにより，教育活動や組織運営などの学校の全体的なあり方を継続的・発展的に改善していくことが求められている。また，カリキュラム・マネジメントに関しては，管理職だけでなく，すべての教職員がその必要性を理解し，日々の授業等についても，カリキュラム全体の中での位置づけを意識しながら取り組む必要がある。

平成29年度告示の学習指導要領では，これからの時代に求められる資質・能力を育むために，各教科の学習の充実はもちろん，教科等横断的な視点を用いてカリキュラムを作成する必要性が強調されている。そのため，教科等間の内容事項について，相互の関連づけや横断を図る計画の立案が求められている。

「カリキュラム・マネジメント」の３側面

文部科学省・教育課程企画特別部会の論点整理では，カリキュラム・マネジメントに関する，以下のような三つの側面を示している。

(1) カリキュラム・デザイン

各教科等の教育内容を相互の関係で捉え，学校の教育目標を踏まえた教科等横断的な視点で，その目標の達成に必要な教育の内容を組織的に配列していくこと。このカリキュラム・デザインには，①全体計画，②単元配列表，③単元計画の三つの階層がある。

全体計画は，教育目標を踏まえ，入学から卒業までの学習内容の系統性や目指すべき資質・能力を育成するための学び手の発達に即した計画を立案するものである。

単元配列表は，各学年の年間計画表である。学年で学ぶすべての単元が１年間でどのように実施されるのかを俯瞰し，単元を関連づけて配列し，まとめたものである。ESDの分野では，「ESDカレンダー」と呼ばれるものである。

単元計画は，単元内の学習プロセスを重視した計画である。学習の系統性だけでなく，学び手の興味・関心や思考のつながりといった学びの文脈を大切にした単元を計画する。

(2) PDCAサイクル

教育内容の質の向上に向けて，子どもたちの姿や地域の現状等に関する調査や各種データ等に基づき，教育課程を編成し（Plan），実施し（Do），評価し（Check），改善を図る（Action）という一連のPDCAサイクルを確立すること。

(3) 内外リソースの活用

教育活動に必要な人的・物的資源等を，学校内部だけでなく，地域等の外部の資源も含めて活用しながら効果的に組み合わせること。

持続可能な社会の創り手を育成するためには，その目標に向けて学校全体として取り組む「ホールスクール」が必要である。そうした視点から，今後，カリキュラム・マネジメントがさらに重要になってくる。（石田好広）

〔参考文献〕

教育課程企画特別部会，http://www.mext.go.jp/b_menu/shingi/chukyo/chukyo3/siryo/attach/1364319.htm
田村学（2017）『カリキュラム・マネジメント入門』東洋館出版.

96　生活科　Living Environment Studies

生活科とその目標

生活科は，1992（平成４）年度から施行された新教科である。具体的な活動や体験を通して，身近な生活に関わる見方・考え方を活かし，自立し生活を豊かにしていくことを目指している。英訳はLiving Environment Studiesで，まさに生活環境を学習対象にした教科である。

子どもの関心や感動を中心に，自由で生き生きとした教育体験の創造を目指そうとする大正自由教育運動に源があるとされる。戦後（1945年以降）の系統だった教科である社会科と理科を低学年で廃して成立したため，この両者を統合して授業を行うものであると考えられがちであるが，実際は別の教科である。以下，『小学校学習指導要領（平成29年度告示）解説 生活編』に基づいて概要を紹介する。

生活科の内容

生活科では９項目の内容が表１のような三つの階層性を持つかたちで構成されている。

実際の授業では，複数の内容を組み合わせて単元を構成することが多い。その中で，優れた資質・能力を育成していくためには，対象に実際に触れ，活動することを通して，対象について感じ，考え，行動していくことが望まれる。そして，対象や自分自身への気づきが生まれ，それらが相まって学びに向かう力や学習の持続的な態度が育まれる。

表１　生活科の内容の階層性

階層	内容のまとまり	具体的な内容		
3	自分自身の生活や成長に関する内容	⑨自分の成長		
2	身近な人々，社会及び自然と関わる活動に関する内容	⑦動植物の飼育・栽培	⑧生活や出来事の伝えあい	
		④公共物や公共施設の利用	⑤季節の変化と生活	⑥自然や物を使った遊び
1	学校，家庭及び地域の生活に関する内容	①学校と生活	②家庭と生活	③地域と生活

生活科の役割と課題

生活科は特定の知識を追究しない。五感を大切にし，感覚や感性を磨く教科である。学習対象が自然・社会・人であり，それらに具体的に働きかけることで，自分の考えを持ち，表現することができる。また，友達とのつながりの中で，協調して自分を生かすことができるようになる。そして，日常生活の中で創意工夫を重ね，豊かな生活を創り上げていこうとする関心・態度を養う役割を持つ。

生活科の学習を経ることで，その後の小学校・中学校・高校の社会科や理科，総合学習などでその手法や技能が生かされる。ひいては生涯にわたって学習する基本的な素地にもなる。生活科の学習者が成人する頃には，SDGsを目指す活動に貢献することにつながる。

一方，生活科の学習には困難さも伴う。学習者が７，８歳児であり，自己中心性が強く学習能力や態度が未分化である。学習者が活動して「楽しい」だけで終わってはならない。高度な気づきを得るために，多様性を認めあえる雰囲気の中での対話や新たな問題発見が必要となる。そうすることで，問題解決的な学習が成立し，探究する喜びが生まれ，結果として深い学びを得，自立や豊かな生活に向かうことができるわけである。　（栗原　清）

〔参考文献〕

栗原清（2018）「生活科におけるESD—新学習指導要領を見据えて—」『環境教育』69，34-39.

97　総合的な学習の時間　The Period for Integrated Studies

総合的な学習の時間の創設

総合的な学習の時間は，2000年より学習指導要領が適用されるすべての小学校，中学校，高等学校，中等教育学校，特別支援学校で段階的に始められている。２回の学習指導要領改訂を経て，これからの時代にあった教育として定着している。

総合的な学習の時間は，自ら課題を見つけ，主体的・協働的に問題解決に取り組む時に，多様な教科や領域との横断的な学びが重視される。そのため，特定の学習を示す言葉ではなく，あえて時間としたところに学び方の特徴が表れている。

1996年の文部科学省中央教育審議会答申において，社会の変化に伴う，様々な教育課題や，家庭や地域の教育力の低下があり，今後の教育のあり方として，ゆとりの中で，子どもたちに「生きる力」を育むことが基本である，と示した。

1998年の教育課程審議会答申では，「各学校が創意工夫を生かした特色ある教育活動を展開できるようにするとともに，横断的・総合的な学習や生徒の興味・関心などに基づく学習等を実施できるような時間を確保する」と示し，従来とは異なる学びの創設をうかがわせた。

2000（平成12）年の学習指導要領では，生きる力を「確かな学力，豊かな心，健やかな体の知・徳・体をバランスよく育てること」と示した。確かな学力は，「知識や技能はもちろんのこと，加えて学ぶ意欲や自分で課題を見付け，自ら学び，主体的に判断し，行動し，よりよく問題解決する資質や能力等」とした。そこで，この確かな学力を含む生きる力を育む中心的な学習活動として「総合的な学習の時間」が創設された。

参考とされたフィンランドなどでは，目的のために何が必要なのかを考え，議論し，グループの力で解決する総合学習に重きを置いており，主体的に探究する学習が，先進国の教育の主流となっている。

総合的な学習の時間で育む力は，21世紀型学力や汎用的能力と呼ばれる学力と同じように，これからの混迷する社会で生き，社会に貢献するために必要な学力を示している。経済産業省の社会人基礎力も，同様に将来必要とされる資質・能力である。さらに海外でも，PISA（国際学力到達度調査）の目標であるOECDのキー・コンピテンシーや，ユネスコのESD（持続可能な開発のための教育）で育む力も同様である。

総合的な学習の時間の歩み

2000年当初，小中学校の総合的な学習の時間の年間指導時数は140時間であった。これは小学校では，毎日学習する国語，算数に次ぐ時数の多さであった。

2003年のPISAの結果から日本の児童・生徒の学力低下があるとの批判が高まった。2010年の学習指導要領改訂ではこれらの混乱や批判があったことから，総合的な学習の時間の指導時数を70時間に減じた。一方で，学習指導要領の各所に「持続可能な社会づくり」という文言が入るなど，地域での活動の重要性を示した。

2020年から実施される学習指導要領では，総合的な学習の時間が各校のカリキュラム・マネジメントの中核となることを示し，横断的な学習の必要性を再度示した。そのために，年間指導計画や単元配列表等を作成する工夫を求めている。単元配列表はESDカレンダーと同様の内容である。これらの取り組みによって，探究課題の解決を通して学校が育成を目指す資質・能力の育成を図り，教科等と総合的な学習の時間で身につけた資質・能力を相互に関連づけて，学習や生活において総合的に働かせる学びとするよう示した。

総合的な学習の時間の目標と学習内容

生きる力を育成するために，学習指導要領に，課題発見・解決能力，論理的思考力，コミュニケーション力等の育成と，学びのねらいや育成する資質・能力を３点示した。

①探究的な学習の充実と知識・技能の習得
②自ら課題を設定し，情報を収集し整理分析してまとめて表現する力の育成
③主体的・協働的に取り組み，社会参画する態度の育成

総合的な学習の時間は，学習内容を各学校で設定するが，何を教えたらよいのかという問い合わせが多くあり，文科省では，「環境教育，国際理解教育，福祉教育，情報教育」の４つを例示した。その後は地域と連携した実践など，多様な学びを充実させる学校が増えた。

学校では，ごみの学習を発展させて３Ｒを校内や地域に呼びかけたり，地域の祭りなどの伝統文化の体験から，地域の理解を深めたり，地域の環境美化活動に参加する事例，海外の学校と国際交流で稲作について活動内容を紹介しあう事例，再生可能エネルギーによる発電に取り組み，地域で発表するなどの事例もある。

学習方法と評価

総合的な学習の時間の学びは，児童・生徒が主体的に取り組む協働的で探究的な活動であり，教師主導の学習ではなく，児童・生徒の主体的な学びであり，教師はファシリテーターとなり，助言し進行役となる。活動では，思考ツールやホワイト・ボード，KJ法，ICT機器を活用することが多く見られる。

探求的な活動は，図１のように問題解決的な活動を繰り返し行い，課題解決を図る学びである。学びは４段階で進められる。一連の学びには体験的な活動を伴う必要がある。

①【課題の設定】体験活動などを通して，課題を設定し課題意識を持つ。
②【情報の収集】必要な情報を取り出したり収集したりする。
③【整理・分析】収集した情報を，整理したり分析したりして思考する。
④【まとめ・表現】気づきや発見，自分の考えなどをまとめ，判断し，表現する。

総合的な学習の時間の評価方法は，以下にあるように，児童・生徒の主体的な学びや活動を，指導者が観察した評価や児童・生徒の自己評価を総合して評価を行う必要がある。

①発表やプレゼンテーションなどの表現による評価や，話し合い，学習や活動の状況などの観察による評価
②レポート，ノート，絵等の制作物による評価や，学習活動や成果などの記録や作品を集積したポートフォリオを活用した評価
③評価カードや学習記録などによる児童の自己評価や相互評価

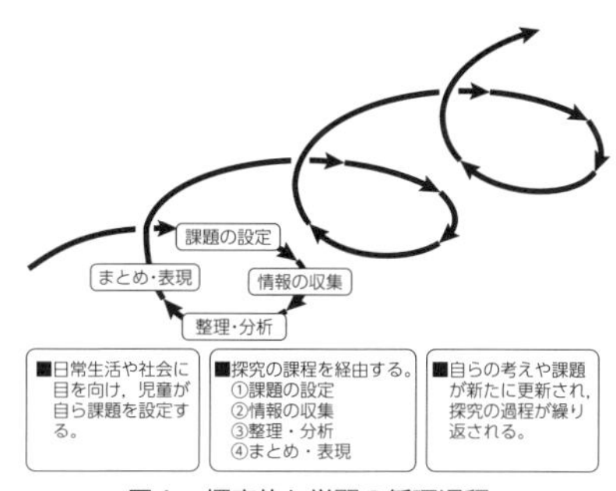

図１　探究的な学習の循環過程
（出典：『中学校学習指導要領解説 総合的な学習の時間編』）

（棚橋　乾）

⇨ 2 SDGs（持続可能な開発目標），46 ごみ・分別・リサイクル

〔参考文献〕
松藤敏彦（2007）『ごみ問題の総合的理解のために』技報堂出版.
Lacy, P. et al. (2015) *Waste to Wealth*, Palgrave Macmillan.

98 「学力」と「生きる力」 Academic Ability and Zest for Living

「学力」の捉え方

「学力」とは，戦後の教育学研究の中で，その定義とあり方をめぐって幾度となく議論されてきた日本独特の概念である。それは，「学習して得た能力」と広義に捉える立場から「学校で身につける能力」と学校教育に限定して捉える立場まで，幅広い解釈がなされている。

代表的な議論は，1950年代の基礎学力論争，1960年代の学力モデル論争，1970年代の「学力と人格」論争，2000年代の学力低下論争等があり，いずれも当時の社会情勢と関連づけて議論されてきた。その一例として，安彦忠彦は「学力」を三つに類別している。第一の「計測学力」は，測定という操作を経て間接的に得られた能力値としての学力である。第二の「形成学力」は，実際に子どもの中に形成された学力のことで，本人さえわからないために，何らかの測定用具によって間接的にしかわからない性質のものである。第三の「理念学力」は，一つの主張や価値観を含むかたちで表現されるもので，実際に子どもの中で育成されるものとは異なり，理想とする学力を理念的に示したものである。

一方，各種メディアでは「学力低下／向上」「基礎学力アップ」「学力テスト」など，社会の諸事象と結びつけて議論されることが多く，論者によって意味する内容が大きく異なる。また，文部科学省による教育政策の側面から，学習指導要領の内容を国民が必要とする基礎的な「学力」の総体として捉える立場もある。各学校では，そこで示された知識・能力・態度を「学力」と捉え，各学校段階での教育活動に具現化する傾向にある。

このように，「学力」は学術，世論，政策等の各領域によって異なる理解があることに留意すべきである。

「生きる力」の捉え方

「生きる力」とは，1996年の第15期中央教育審議会第１次答申を初出とする言葉で，変化の激しい21世紀社会を児童生徒がたくましく生き抜くための力を意味する。それは，近年の学習指導要領が一貫して提唱してきた概念であり，「学力」を育成するための目的として位置づいている。

「生きる力」は，三つの要素を含む。第一の「確かな学力」は，「基礎的な知識・技能を習得し，それらを活用して，自ら考え，判断し，表現することにより，様々な問題に積極的に対応し解決する力」を意味する。第二の「豊かな心」は，「自らを律しつつ，他人と協調し，他人を思いやる心や感動する心などの豊かな人間性」を意味する。第三の「健やかな体」は，「たくましく生きるための健康や体力」を意味する。このうち，第一要素の「確かな学力」は学習指導要領の内容全体にわたる「学力」を意味し，2007年改正の学校教育法30条によって法的に根拠づけられている。それは，①基礎的な知識及び技能の習得，②課題を解決するために必要な思考力・判断力・表現力，③主体的に学習に取り組む態度の３点からなり，これを『学力の三要素』とも呼ぶ。

戦後の教育学研究の中で長く議論されてきた「学力」は，法令に位置づけられたことによって，学術的な論争が収束する可能性がある。しかし，教育の地方自治，各学校の自主的な教育課程編成という観点から，法令化された「学力」は，努力目標として訓示的性格にとどめておくべきとの議論もある。

学習指導要領における「資質・能力」

中央教育審議会教育課程部会では，2017年に学習指導要領を改訂するにあたって，児童生徒に「育成すべき資質・能力」という言葉を示した。同部会の資料（図１）では，従来の『学力の三要素』が，「何を知っているか，何ができるか」と「知っていること・できることをどう使うか」，「どのように社会・世界と関わり，よりよい人生を送るか」という３本の柱に再編された。また，その学び方はアクティブ・ラーニングの視点から行い，学習評価とカリキュラム・マネジメントを充実していくことを推奨している。

この「育成すべき資質・能力」とは，OECD（経済協力開発機構）のDeSeCo（Definition and Selection of Competencies）プロジェクトが示した『キー・コンピテンシーの一つのカテゴリー』を参照してできたものである。その背景には，急速にグローバル化する経済活動と技術革新に対応していける国際標準の学校教育を構築しなければならないとの文部科学省の危機感がある。また，キー・コンピテンシーに基づいたPISA（Program for International Student Assessment）で高得点をあげることによって，先進国の中で優位に立ちたいという日本政府の意図も潜在している。

このことから，「育成すべき資質・能力」とは，法令上の『学力の三要素』を，20世紀の学校教育を改革し，21世紀の激しい国際競争の中で生き残れる人材を育成する議論を政策化したものであるといえる。

持続可能な社会構築のための「学力」

2017年改訂の学習指導要領前文では，「持続可能な社会の創り手」を育てるとの一文が入り，学校教育の社会的意義が改めて問われることとなった。図１中の「どのように社会・世界と関わり，よりよい人生を送るか」との一項は，「社会・世界」の具体像は明示されていないものの，この前文と結びつけて

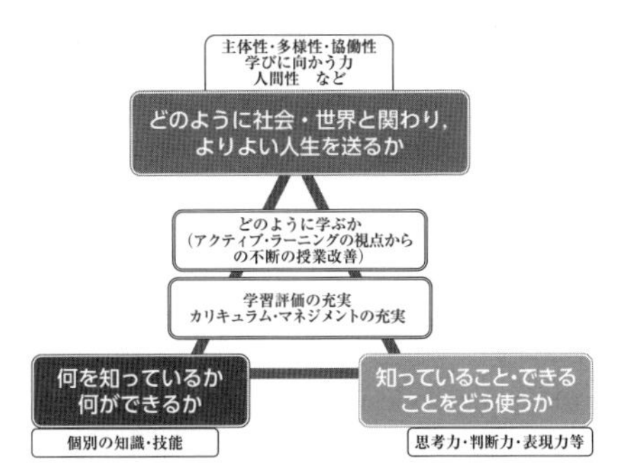

図１　育成すべき資質・能力の三つの柱を踏まえた日本版カリキュラム・デザインのための概念

理解することが重要である。

DeSeCoプロジェクトに参画したジロメンは，その社会像を「経済生産性」「民主的プロセス」「連帯と結合」「人権と平和」「公正，平等，差別観のなさ」「生態学的持続可能性」の６点を含むものとして示していた。キー・コンピテンシーは，このような社会を構築する教育の中で活用されることを想定していたといえる。

したがって，現代の「学力」ともいえる「育成すべき資質・能力」とは，個々の子どもの人格形成を基軸としつつ，世界の諸課題を生み出す一因となった20世紀の学校教育から，持続可能な社会を構築していく21世紀の学校教育に大胆に転換していくための「学力」として捉え直すことが求められている。また，前文にある「持続可能な社会の創り手」とは，具体的にどのような子ども像を描けばよいのか，理論と実践の両面で検討するべきである。

（小玉敏也）

〔参考文献〕

安彦忠彦（1996）『新学力観と基礎学力』明治図書.

ハインツ・ジロメン（2008）「期待される成果：人生の成功と正常に機能する社会」ドミニク・S・ライチェンほか編『キー・コンピテンシー：国際標準の学力を求めて』明石書店.

99　OECDとPISA　OECD and PISA

OECDと教育

経済開発協力機構(Organisation for Economic Cooperation and Development: OECD)は1961年に設立され，現在36か国の加盟国からなる国際組織である。日本のOECD加盟は1964年である。本部はフランス・パリに位置し，約3.5億ユーロの予算を持つ。その目的は，世界中の人々の経済的及び社会的ウェルビーイングを改善する政策を促進することである。その目的を達成するため，OECDは，各国政府が経験を共有し，共通の問題への解決策を探求するために協働できる場を提供している。また，何が経済，社会，環境の変化を引き起こすのか理解するために各国政府と協働しているほか，近年では政府系組織だけでなく市民団体とも連携も取っている。

OECDの業務は経済や産業に関する領域だけでなく，様々なものもカバーする。長く扱ってきた領域としては，貿易と投資の生産性とグローバルな流れや動態の測定，将来動向を予測するためのデータの比較分析，幅広い事柄についての国際基準の設置が挙げられる。また，人々の日常生活に直接関係する課題も扱っている。例えば，税金や社会保障への支払い額，余暇の時間，近代生活のための教育制度などである。これらの分析を通してわかった事実と現実生活の経験から，人々の生活の質を改善する政策を勧告している。

OECDの捉える今日的課題としては，市場をうまく機能させること，将来の持続可能な経済成長の基盤としての健全な金融，環境負荷の小さいグリーンな成長戦略と新興国の発展に向けた革新，あらゆる人の仕事の生産性に加えて満足できる未来の仕事に向けた技能開発の保証などが挙げられる。

OECDも2030年までのSDGs達成を支持しており，先進国・途上国とともに政策に関する情報収集・追跡調査や状況把握するための測定や制度設計などを含め，機関として持つ知識や道具，経験を，国連へつなげていくことを目指している。例えば，SDGs達成に向けて各国はどのような位置にいるのか，といった調査を行なっている。

教育分野においては，『図表でみる教育(Education at a Glance)』を出版し，加盟国を中心に国際比較を可能とする多種多様なデータや指標を提供するほか，教育政策レビューでは加盟国の政策について外部有識者の協力を得てレビューを行い，その国の抱える課題について理解を深めるとともに，加盟国間で議論する機会を提供している。また，教育研究革新センター(CERI)を中心に，加盟国の政策策定者や研究者のネットワーク構築を促進し，先駆的な教育学研究を展開する。教育調査としては，次節で示す国際教育調査PISAのほか，高等教育を対象とするAHELO，生涯学習・社会教育を扱うPIAAC，学校の状況を把握するTALISなどがある。

PISAとは

OECDは，1993年から世界の研究者に依頼し，21世紀に向けて個人の成功とうまく機能する社会のため「コンピテンシー(能力)」を概念整理した。経済学者だけでなく，人類学者，社会学者，心理学者などが議論と研究を重ね，2003年にその成果を「コンピテンシーの定義と選択（Definition and Selection of Competencies. DeSeCo)」として公表した。

OECD教育部門が国際教育インディケータ事業の一環として1997年から準備し，前年の予備調査の結果を踏まえ，2000年に国際的に展開された調査がProgramme for International Student Assessment（PISA）であり，日本では「生徒の学習到達度調査」と呼ばれる。その中心的概念を支えるのが，DeSeCoである。初回調査以降，3年サイクルでPISAは実施されている。義務教育を終えると見なされる15歳を対象に，読解力（Reading Literacy），数学的リテラシー（Mathematics Literacy），科学的リテラシー（Scientific Literacy）の三分野を継続的に調査している。初回2000年PISAでは読解力を中心に，2003年では数学的リテラシー，2006年は科学的リテラシー，そして2009年には読解力と，調査の中心分野もサイクルされている。

回を重ねるごとに参加国は増加し，初回の参加国数32から2015年調査では72と拡大している。PISAが注目されるようになったのは，その科学的な測定方法や本来的目的である政策分析よりも，2003年ではドイツで，2006年には日本で，学力低下を客観的に証明したと「ショック」を与えたためであろう。そのため，高パフォーマンスを示したフィンランドへ世界中から視察が殺到した。

PISAの日本へのインパクト

日本では知識の応用力のような意味で「PISA型学力」と呼ばれる能力観が一人歩きし，DeSeCoが示したコンピテンシーの一部を獲得する新たな競争を生み出したともいえる。国際的には既に教科の枠を超えた能力を高め，異なる他者との協働や自分自身を振り返る力を測定する動向となっていたが，日本では学力低下論を乗り越えることは困難であった。そのため，教科教育を改めて重視し，それぞれの中で応用力や拡張した能力を高めることが目指された。

学校現場の努力により，PISA平均値もOECD平均を上回る結果が見られるようになり，文部科学大臣が「ゆとり教育」の失敗と脱却を宣言するなど，PISAパフォーマンスと学校で身につけさせるべき学力と同一視する傾向は強い。しかしながら，持続可能性という点から見ると，OECDが2017年に刊行したウェルビーイング報告書で示すように，日本の子どもたちの状態はそれほどよいとはいえない。

日本の教育に対するPISAのインパクトは大きく，最大のものは毎年数十億円を費やして行われる「全国学力調査」の開始（再開）である。ほかに，学校現場においては「応用力」育成が求められるようになり，ある都市では生徒の成績によって教員の給与を変化させると真剣に提案する首長まで現れるようになった。しかし最近はPISAが重視する「協調する力」が日本の学校で従来から大切にしてきた班活動と重複するなど，やや振り回されている様子も見られる。なお，2018年には「グローバル・コンピテンシー」と呼ばれる概念もPISAで測定する計画で動いているが，加盟国の反応は悪い。

SDGsとの関連では，第4目標のうち4.1.1や4.7.5などでPISA結果を用いることで調整が進んでいる。これにかぎらず圧倒的なデータセットを提供できるようになったPISAの国際的な影響力に対して，研究者の中には賛同する者も警戒する者もおり，PISAそのものを政治として扱う研究者もいる。

日本の学校における社会科などの授業において，PISAで示された「学力」は，児童生徒，教師，学校，地域社会，経済活動，将来の彼ら・それらにとって，いかなる意味や異なる意味があるのかを考える材料を与えてくれるものだろう。国際機関が実施するものだから正しいという捉え方だけではなく，建設的・批判的・反省的に議論するならば，持続可能性に関する意識づくりに大変役立つものであろう。　（丸山英樹）

〔参考文献〕
OECD-PISA http://www.oedc.org/pisa/
OECD（2003）*Definition and Selection of Competencies*, Paris: OECD.
丸山英樹（2016）「国際イニシアチブと学力観が描く市民像」佐藤学ほか編『変革への展望7 グローバル時代の市民形成』岩波書店.

100　教員の労働環境　Teacher's Work Environment

教員の多忙化と働き方改革

学習指導要領が改訂され,「社会に開かれた教育課程」の理念のもと,「主体的・対話的で深い学び」を通して,「生きる力」を育むことが普遍的な教育課題となっている。他方,特別なニーズを有する子ども,外国由来の子ども,生活が困窮している子どもに対する支援,保護者や地域住民への対応など,現代の教育環境は複雑化・困難化している。これほどまでに多様で広範な期待がかけられる社会制度は,学校以外にないといってよい。

他方で,教員の労働環境の悪化は看過できない。例えば,「国際教員指導環境調査」(2013年)によれば,日本の教員の勤務時間は他の参加国平均(38.3時間)に比して最長で週53.9時間,特に課外活動(スポーツ・文化活動)の指導時間が長く,人材の不足感も大きいことが指摘されている。また,最新の「教員勤務実態調査」(平成28年度)では,18年度調査と比較して平日・土日ともにいずれの職種でも勤務時間が増加し(1日当たり,小学校平日43分・土日49分,中学校平日32分・土日1時間49分),高ストレス勤務が継続していることが明らかになるなど,事態は深刻化している。

文部科学大臣の諮問機関の中央教育審議会は,2017(平成29)年6月以降,「新しい時代の教育に向けた持続可能な学習指導・運営体制の構築のための学校における働き方改革に関する総合的な方策について」審議を行い,同年12月22日に「中間まとめ」を発表,続く12月26日に「学校における働き方改革に関する緊急対策」を公表,そして2019(平成31)年1月に答申を発表している。特に,中教審では,これまで学校・教師が担ってきた代表的業務を,①基本的には学校以外が担うべき業務(登下校対応,放課後・夜間の見回り,補導対応,学校徴収金の徴収・管理,地域ボランティアとの連絡調整など),②学校の業務だが,必ずしも教師が担う必要のない業務(調査統計等への回答,休み時間対応,校内清掃,部活動),③教師の業務だが,負担軽減が可能な業務(給食対応,授業準備,学校評価・成績処理,学校行事の準備・運営,進路指導,支援が必要な児童生徒・家庭への対応)と3分類し,これまでに専門スタッフとして,スクール・カウンセラーやスクール・ソーシャル・ワーカーが,2018年度以降は支援人材として,部活動指導員やスクール・サポート・スタッフが制度化されている。

持続可能な教育システムと教職キャリア

持続可能な教育システムを構想するためには,その一に,業務の絶対量を減らす方策を検討していくことが求められる。そこでは,「業務改善=労働時間の短縮」という理解を超えて,「日本型教育システム」の前提を見直すことが不可欠となる。特に,中学校の部活動を「社会体育」として位置づけ直そうとする政策動向には注視すべきである。その二に,子どもと向きあう時間とともに,自身のキャリアと向きあう時間・機会を保障し,教職を「一生続けられる魅力ある仕事」として再構築していく観点が重要となる。日本の公財政教育支出の対GDP比はOECD加盟国中で最下位である。「教育は人なり」の格言を具体化する条件整備が今求められている。

(荒井英治郎)

〔参考文献〕

国立教育政策研究所(2014)『教員環境の国際比較』明石書店.

中央教育審議会(2019)「新しい時代の教育に向けた持続可能な学校指導・運営体制の構築のための学校における働き方改革に関する総合的な方策について(答申)」

101　教科の壁　Barrier of Subjects

教科の壁とは

教科の壁とは，各教科の枠の中でのみ教育・学習が行われる状況，そして，その状況から生じる困難を表す語である。2017年告示の学習指導要領で強調された「持続可能な社会の構築」のためには，今後はさらに教科間で連携した授業実践が求められる。その実現に向け，「総合的な学習の時間」が取り入れられているが，未だ教科の壁は様々な要因によって根強い問題になっている。

教科の壁の背景

学制が発され，教科に分断された教育方針になったことが教師・学習者双方に影響し，教科の壁を根強くしている。教師は教育方針に従い授業を計画する。特に中学・高校では，教科担任制及び教科別教員免許制度，教科別教員養成制度があるため，専門性に頼った授業になりやすい。専門性に頼った教師間の授業連携は難しく，なかなか教科の壁を越えられない。また，学習者側は受験科目として教科を意識せざるを得ない。受験や定期考査で成果を上げることへ，学習者は大きく動機づけられる。そのため，多くの学習者は教科の枠内で学ぶことにこだわってしまう。

学校教育が抱える困難

教育方針以外にも，教科の壁を保つように働く制度上の困難を学校教育は抱えている。ここでは２点を挙げる。１点目は，教育課程編成の問題である。教科指導に用いる教材・教具や授業時間数をどう割り振るかは，多くの場合，教科教育を拡充しようという考えによって決定される。これが教科の壁を保つように働き，新たな教育課程を学校教育の場に導入しにくい状況を生み出している。２点目は，授業計画や準備時間の不足である。教師の仕事は授業とその準備だけではない。学級経営，校務・事務作業と多岐にわたる。その中で，「総合的な学習の時間」や特別活動といった指導指針が不確かな授業を教科連携したかたちへ工夫する時間が確保できない状況にある。

教科の壁に対する生徒主体の教育の重要性

環境問題や情報化が進み，これから様々に変化していく社会に対応するために，教科の枠にとらわれない教育が求められている。新学習指導要領で強調された「カリキュラム・マネジメント」では，教科の壁を崩そうという意図が表れている。この考えのもと，横断的な授業実践のための校内研修の充実や組織的な教育実践を図ることが求められている。

また，教科の壁を越え，これまで独立教科になっていないもの，特定教科だけでできないものを授業に取り組むもう一つの方策に，「アクティブラーニング」が挙げられる。学習者の視点に立って授業を計画することは，1996年の中央教育審議会答申で触れられている。ここでは「発見する喜び」や「作る喜び」を通した感動体験，学習者の自由な発想を生かした課題解決学習を重視すべきと指摘された。こうした授業実践は，学習者が自由に学べるという実感を得るきっかけになる。さらに，学習者主体で学ぶ授業実践に教師が関わることで，専門性を離れて授業を考えるきっかけになる。教師・学習者双方にきっかけを与えることで，教科の壁の解消が期待される。　（大塚啓太）

〔参考文献〕

中山玄三（1999）「現代的課題に対応する横断的・総合的な科学教育課程編成の構想」『科学教育研究』23(3)，212–219.

102　教師教育　Teacher Education

教師教育をめぐる日本の政策動向

「教師教育」とは，教員になるための準備教育である「養成」と，教員として就職した後にも新たな課題に応じたり，指導力を高めたりするために行う研究・訓練を指す「研修」を一体的に捉える概念である。近年，日本においては，教員の質向上が教育の成否を握る重要な鍵であると考えられており，この観点から，教員の養成・研修システムの一体的改革が喫緊の課題となっている。特に2000年以降の動向としては，先進諸国の教員養成高度化傾向を意識した６年制養成課程の検討と，戦後の教員養成原則として重視されてきた「大学における養成」の内実を見直し，より実践性を高めていく方向での教員養成課程改革とを軸とした政策が進行している。

これらは，まず2007年の文部科学省令の整備によって2008年度からスタートした教職大学院を核として具体化されている。教職大学院は，長期間の学校における実習(実践)と大学院での省察(理論)を往還することで，より高度な専門性を備えた力量ある教員を養成しようとするものである。同時に，スクールリーダー養成，すなわち現職教員の研修の場としても力を発揮することが期待され，教育委員会や研修機関との連携が強調されてきた。

次に，2012年と2015年の中央教育審議会答申でも着目すべき制度改革が進められている。2012年の答申「教職生活の全体を通じた教員の資質能力の総合的な向上方策について」は，「学び続ける教員像」の確立を中心的な課題に掲げ，一般免許状の修士レベル化を含む免許制度改革について提言した。その後，免許区分の改革は実現していないが，答申に基づく教職課程の改編は全国の教員養成課程を持つ大学に大きな影響を与えている。各大学は改めて，これからの時代の教育を担う教員にどのような資質や力量が必要なのか，育成する教員像を意識することを求められている。

さらに，2015年の答申「これからの学校教育を担う教員の資質能力の向上について」では，教育委員会と大学等が教師教育について協議する教員育成協議会を創設することが提言された。また，各自治体で教員に必要な資質・能力の育成指標を作成し，養成・研修システムを構築することも求められ，2016年には文部科学大臣による教員育成指針が公表された。他方，同時期に養成課程についても「教職課程コアカリキュラム」が示され，免許科目で必ず扱わなければならない内容や，習得すべき知識やスキル，態度等が細目化されることになった。

これからの時代の教員像

このような，育成指標やコアカリキュラムによる教員の標準的資質・能力の明示は，教員全体の質保証へとつながるものである。例えば，特別支援教育や学校運営協議会制度など比較的新しい課題がコアカリキュラムや育成指標の中に含まれることは，それが教員にとって不可欠の標準的知識に位置づけられるという意味で重要である。

ただし，こうした質保証の動きには両面性があることにも注意が必要であろう。コアカリキュラムや育成指標によって，逆に教員の学びが制限され，規格化されてしまうと懸念する声もある。目安としての標準的知識や力量が，教員としての到達目標となってしまうことは避けなければならない。そのような捉え方は，誰がいつどのような児童生徒を担任しても同じ授業が展開され，きちんと成果が得られるかのような幻想をもたらし，正確なコンピュータにも類似した極めて画一的な教員像に行き着く危険をはらんでいる。このような教員像があながち荒唐無稽ではないところに，AIが教員に取って代わる未来像の話が位置づいている。AIではできないことを担う教員の専門性を再認識し，これからの時代の教員像を明確にすることが必要である。

これを一言でいうならば，〈教育＝相互作用〉のプロフェッショナルとしての人間教師であろう。ドナルド・ショーンは省察的実践家（reflective practitioner）としての専門職像を提示し，教職が専門職であるゆえんはこの省察的実践という行為の性質にあるという。専門的な知識やスキルを確実に習得していること（技術的熟達）はもちろん重要である。しかし，教員の専門性は，それらの知識を的確に実践場面に応用することではなく，個々の実践場面の複雑性や個別性，限定性をそのまま引き受け，その場面から出発し，そこでの相互作用自体の意味を問いながら最善の指導を模索するような，科学的合理性とは逆のベクトルに向けて発揮されるものでもある。

特に，子どもの発達上の困難は多様化・複雑化の一途をたどっている。グローバル世界や国家・地域の変動に伴って，次世代に期待される資質・能力も複雑化している。今日，場面ごとに全体的状況を引き受け，想定外の反応や結果までをも予期しつつ，先を見据えて行為を選択・判断し続ける構えを持つことが，教員には不可欠である。

教員はどこでどのように学ぶのか

では，以上のような実践に向かう姿勢や，相互作用場面で不断に挑戦し続けるような「学ぶ力」は，どのような場で獲得できるだろうか。教員が新たな学習課題に直面し，その内容や指導方法を学びたいと思った時にそれを提供してくれる場はどこにあるだろうか。これについては，おおよそ二つの場面を想定することができる。一つは学校でのOJT（on the job training）であり，もう一つは学校を離れて大学や教職大学院のような場で専門的に学ぶOff-JT（off the job training）である。

例えば，ESDのような新たな課題に即した指導力量を高めていくための教師教育についていえば，OJTとしては，学校や学年，教科単位でのカリキュラム開発や授業研究など，ESDを実践する中での研修・研究がある。他方，専門的に学ぶOff-JTの機会としては，岡山大学や広島大学でのESDを担う教員を養成するための教師教育プログラム，奈良教育大学を中心とするESDティーチャー認証プログラムなどがある。今日ではESDにかぎらず，シティズンシップ教育や防災教育など，従来の教科の枠を越えたカリキュラムを必要とする学習課題も少なくない。様々な学習課題について，その概念や内容，具体的な授業単元開発等を牽引する教員の養成が課題になってきており，各地の大学で様々な教師教育プログラムが提供されるようになってきている。

とはいえ，いずれにしても大切なのは学び方である。どのような場であれ，やらされる学びではなく，主体的な意欲に動機づけられた学びであることが必要である。教育をより意義深いものにしたいと思う者たちが集まり，自由にコミュニケーションを交わすことで活性化する創造的な緊張感を大切にしたい。そのような経験の中でこそ「学ぶ力」が鍛えられるのである。「学び続ける教員」たちには，本質的な学びの場を創出していくことが求められている。

（安藤知子）

〔参考文献〕

ドナルド・A. ショーン（2007）『省察的実践とは何か』鳳書房.
奈良教育大学近畿ESDコンソーシアム，http://kinkiesd.xsrv.jp/

103　高等教育の革新　Innovation of Higher Education

社会の変化と高等教育

文部科学省の平成30年度学校基本調査によると，高等教育機関への進学率は81.5％で，そのうち４年制大学への進学率は53.3％であった（いずれも過年度卒を含む)。年々，高等教育機関への進学率が上がる一方で，主な進学者である18歳人口は，1992年をピークに減少している。また，所得格差と教育格差とが連関することにより，世代を超えて格差が固定化してしまうということも深刻な問題である。さらに，グローバル化やICTの発展による高度情報化の進展，社会経済構造の変化，地球環境問題の深刻化など，現代社会は多くの課題を抱えながら，急激に変化している。諸課題の解決策を自ら模索し，立ち向かい，乗り越えながら，新たな時代を創造していくことのできる人材の育成が，高等教育に強く求められている。

高大接続改革

日本の大学教育は新しい時代に十分に対応できていないのではないかという各界からの意見を受けて始まったのが，高大接続改革，すなわち大学入試のあり方の改革である。

現状の高校教育，大学教育，大学入学者選抜は，知識の暗記・再生に偏りがちで，思考力・判断力・表現力や，主体性を持って多様な人々と協働する態度など，「学力」が十分に育成・評価されていない。ここには，点数化しやすい知識の記憶力による評価・測定が採用されてきたことや，画一化された条件のもとで実施される一度きりの入試こそが，年齢・性別・国籍・家庭環境等の多様な背景を持つすべての受験者に「公平」であると考えられてきたことが挙げられる。このような既存の概念を抜本的に改革していくことが，「高大接続改革」である。

2012年８月に中央教育審議会高大接続特別部会が設置されたが，その審議途上で2013年10月に教育再生実行会議の第４次提言「高等学校教育と大学教育との接続・大学入学者選抜の在り方について」が出され，その提言を引き継ぐかたちで2014年12月に高大接続改革に関する中教審答申が出された。そこでは，高校教育，大学教育，大学入試の三者を一体的に改革する必要があるとして，教育の質的向上，評価方法・制度の改善等が示されている。その取り組みの中核として，2020年度から「大学入学センター試験」に代わり，「大学入学共通テスト」が導入される。改革はまだ始まったばかりであり，知識偏重の入試や授業編成，AO入試による定員確保等の大学が抱える課題の解決，そして長年にわたって構築されてきた教育システムやその根本となる教育理念の大転換が，各学校・教職員・学生に浸透するかどうか，まだ不透明である。

2040年を見据えた高等教育改革

文部科学省が高大接続改革の次に手がけたのが，2040年を視野に入れた高等教育の将来構想の策定であった。情報化やグローバル化の進展，本格的な人口減少社会という急速な社会変化に対して日本の高等教育はどのように対応すべきか，についての中教審答申「2040年に向けた高等教育のグランドデザイン」が2018年11月に示された。

そこでは，「学修者本位の教育への転換」が大きく打ち出されている。つまり，教員の教育手法や研究を中心に構築されていた高等教育の従来のシステムから脱却し，生涯学習社会，多文化共生社会を視野に入れた学修者主体の多様で柔軟な仕組みを構築する必要があるとされている。他方で，2040年の社会の変化の方向として，Society 5.0，長寿社会，グローバル化社会，地域創生とともに，持続可能な開発目標（SDGs）で目指すこととなった「『誰一人として取り残さない』という考えの下，貧困に終止符を打ち，地球を保護し，全ての人が平和と豊かさを享受できる社会」を最初に取り上げている。中教審による本答申の概要でも，SDGsを筆頭に掲げた「2040年ごろの社会変化」から「学修者本位の教育への転換」が説明されている。

この答申ではICTの普及で時代にそぐわなくなった大学設置基準の抜本的な見直しも提言している。しかし，様々な教育改革を促す具体的な方策としては，情報公表の義務づけや認証評価制度の充実など，規制を強める方向性が依然として残っている。

また，2019年1月に公表された「2040年を見据えた大学院教育のあるべき姿」（中教審大学分科会）では，「知のプロフェッショナル」が諸外国と遜色ない水準で活躍できるような改革の方向性が示された。そこでは，学位プログラムとしての教育内容の質的向上やキャリア支援の充実等による「大学院教育の体質改善」を求めている。

高等教育の革新を促進するESD

前述のSDGsにも盛り込まれた持続可能な開発のための教育（ESD）は，SDGs達成の有効なアプローチとして注目されている。ESDは，高等教育に様々な変化をもたらしてきた。第一に，異なる分野間の連携・融合による学際教育の発展が挙げられる。持続可能性に関する文理融合・分野横断的な教育プログラムや，学部・科目の設置，授業の実施など，ESDは多様なかたちで取り組まれるようになった。第二に，新たな教育・学習方法の導入が挙げられる。ESDでは，持続可能な社会に向けて，人々が自らの行動変化につなげていくことを目指している。そのため，大学教育においても，行動変化に影響を与えうる「価値観」や「動機」，「態度」を醸成する学びが意識されるようになった。第三に，学校間の「縦と横の連携」促進に向けた大学の貢献が挙げられる。

「縦の連携」では，小中高等学校・大学といった異なる学校教育レベル間の連携によるESDの取り組みとして，ユネスコスクール支援大学間ネットワーク（ASPUnivNet）がある。「横の連携」では，ESDに取り組む高等教育機関による情報交換を目的としたHESDフォーラムや，アジア太平洋環境大学院ネットワーク（ProSPER.Net）がある。このように，大学は自らがESDの実施主体となるだけではなく，実施主体間の情報・人的交流や共同取り組みを通じて，高等教育あるいは学術界全体におけるESDの質的向上にも寄与している。

SDGsが牽引する地域社会と大学との連携

2018年に策定された第3期教育振興基本計画では，地域の多様なステークホルダーが協働してESDを実践する学際的な取り組みを通じたSDGs達成の重要性が示された。

地方創生においても，SDGsやESDを活用した取り組みが試みられている。とりわけ地方においては，過疎化や高齢化等に伴う諸問題へ対処しながら，持続可能な社会づくりに取り組むことが急務となっている。これは，地域社会の多様なステークホルダーが協働する好機と捉えることもできる。地域社会において，パートナーあるいはリソースとしての大学の存在が，ますます重要視されているのである。人口減少が進む日本での大学と地域社会の協働は，いずれ同様の課題に直面するアジア諸国への範例となることが期待される。

（早川有香）

〔参考文献〕

阿部治（2017）『ESDの地域創生力　持続可能な社会づくり・人づくり9つの実践』合同出版.
荻原彰（2011）『高等教育におけるESD』大学教育出版.

104　小中一貫教育　Educational Continuity from Primary through Early Secondary Levels

小中一貫教育が重視されるようになった背景

持続可能な社会を実現する学校教育の推進のために，小中一貫教育が注目されるようになってきた。この背景には，これまでもいわれてきた，中１ギャップ解消に加え，昨今の人口減少に伴って，学校の小規模化が進み，各自治体が小・中学校のそれぞれを別個に維持しにくくなってきたという社会的要因もある。さらに，小学校では英語教育が導入され，特に，2017年に告示された学習指導要領改訂では，小学校に外国語科が導入され，外国語指導の授業時数が増加するなど，小中連携が一層求められるようになってきたこともある。

小中一貫教育を進める具体的な方策

2015年の小中一貫教育制度の導入に係る学校教育法等の一部を改正する法律の成立によって，小中一貫校が義務教育学校として規定されることになった。2016年の義務教育学校の全国での設置数は48校であるが，文部科学省では2023年には，設置数が倍増するであろうと見通しを立てている。また，2015年度から３年間，文部科学省から小中一貫教育推進事業を受託した各教育委員会は，小中一貫教育のあり方について，先進的な取り組みを取りまとめて報告してきた。

小中一貫教育の課題

教員が，相互に人事交流し，義務教育学校や小中一貫校に異動することが望まれるが，所有している免許状の関係で，担当できる学年や教科等が制限されてしまうという課題がある。しかし，国際交流や環境教育などにおいて，SDGsの視点で小・中学校の教員が互いに教材研究を行い，小中一貫した教育を進めていくことには大きな価値がある。

小中一貫教育における環境教育の意義

小学校の教育においては，現場性と身体性を活用し，感性・感覚を大切にすべきである。また，中学校では，社会とのつながりと地球規模での生物多様性，環境の保持に関する学習は重要である。小中一貫教育では，連続的，継続的な環境教育が可能になる。つまり，持続可能な環境を目指した教育活動を９年間継続することも可能になるのである。

上越教育大学附属小・中学校の事例を紹介する。上越市高田公園は，過去の植物調査記録や，城跡と人との関わりに関する環境変遷資料が豊富である。そこで，附属小・中学校では，そこをフィールドとして利用している。

小・中で連携した植物調査学習を支援の方途として，例えば，植物の特徴を示す画像や過去と現在の分布・生態情報を集積したデータベースを作成し，それを携帯端末などで簡便に検索し，閲覧する方法がある。この方法により，自然環境の現状把握にとどまらず過去からの変遷を参考にして，環境保全について考える学習活動の展開が可能になる。

小・中連携した環境教育を進める上で，形態や分類に関する実地調査とともに，地域のデータベースを活用する方法を併用することにより，広い視野からの学習活動が展開できる。地域の自然環境の現状を過去との比較をも通して捉える持続可能な環境教育を，小・中連携して実施することが期待されている。

（大崎　貢）

〔参考文献〕
中央教育審議会，http://www.mext.go.jp/b_menu/shingi/chukyo/chukyo0/toushin/1212703.htm

105　学校統廃合　School Integration and Closure

「学校統廃合」の現状

学校統廃合とは，全国各地の公立小中学校及び高等学校が，国及び自治体の政策によって，複数の学校が一つに統合されることと学校そのものが廃校になることを意味する。

文部科学省は，2014年から2016年までに，1617校の小中学校が694校に統廃合されたことを公表している。統合の形態は，小学校同士が458件，中学校同士が164件，義務教育学校・施設一体型小中一貫校設置による統合が29件となっている。また廃校件数は，2002年から2015年までに，小中学校5796件，高等学校1015件の計6811件にのぼるという。

学校統廃合は，児童生徒数の全国的な減少が背景にある。事実，公立小中学校の児童生徒数は，1989年の1489万人から2016年の950万人に変化し，その28年間で約539万人が減少している。

「学校統廃合」に関する政策

学校統廃合は，国の経済・財政再生計画の中に位置づいている。2017年の改革工程表では，「少子化の進展を踏まえた予算の効率化」という観点から，2020年度に学校小規模化対策の検討に着手する自治体の割合を100％にするという達成目標を設定し，各自治体による「学校規模適正化」の取り組み強化を求めている。文部科学省は，自治体向けに『公立小学校・中学校の適正規模・適正配置等に関する手引』を作成し，この基準に従って学校統廃合を検討することを求めている。それを実行した場合，自治体が施設・設備費や教職員定数の加配措置等の財政的負担を負うが，国はそれに交付税や地方債をあてることで学校統廃合を誘導し，中長期的には財政的負担が削減される見通しを持っている。しかし同手引きでは，学校が地域の拠点とされる歴史的側面と，防災・保育・交流の場等の機能的側面を持つことを踏まえて，小規模校の存続及び統廃合は自治体の判断が尊重されるべきとの慎重な姿勢もとっている。

「学校統廃合」の影響

学校統廃合の影響は，地理的条件（都市圏と地方圏），歴史的条件（新設校と伝統校），自治体の人口動向，財政状況，住民感情等によって多様な形態をとる。

「統合」については，施設・設備の充実，教育課程の改善，教職員体制の整備等によって魅力ある学校が増加することが期待されている。しかし，児童生徒の通学条件の変化，教職員の業務量の増加，住民感情の悪化等も懸念される。「廃校」については，中山間地域や島嶼部の場合，若年層世帯の流出が加速するために，地域自体の存続が危うくなる。大都市圏の場合は，私立学校を選択した時の保護者の経済的負担，施設活用のあり方など，別の問題が起こることがある。

これらを踏まえれば，地域住民は学校統廃合の是非に関する問題だけでなく，統廃合した後（しなかった後）の問題も視野に入れて議論する必要がある。国及び自治体には，財政効率だけを追求するのではなく，児童生徒数の減少を好機と捉え，1学級当たりの基準人数を引き下げる等のきめ細やかな教育条件を整備する政策が求められる。

（小玉敏也）

〔参考文献〕

文部科学省，http://www.mext.go.jp/component/a_menu/education/micro_detail/__icsFiles/afieldfile/2015/07/24/1354768_1.pdf

106　環境教育等による環境保全の取組の促進に関する法律

Act on the Promotion of Environmental Conservation Activities through Environmental Education

日本の環境教育に関する法律

環境教育を促進するために，現在世界の中でアメリカ，ブラジル，フィリピン，日本，韓国，台湾，コロンビアが環境教育に関わる法律を制定している。

日本の場合，2003年に「環境の保全のための意欲の増進及び環境教育の推進に関する法律」(通称；環境教育推進法）が議員立法で制定された。８年後の2011年に改正され,「環境教育等による環境保全の取組の促進に関する法律」(通称；環境教育等促進法）と法律名も変更された。

改正された環境教育等促進法の特徴としては，大きく三つ挙げることができる。

一つ目は，環境教育の定義が拡充されたことである。改正法の２条では，「あらゆる場において，環境と社会，経済と文化のつながりや環境保全への理解を深めるために行われる教育及び学習」と，広く解釈している。持続可能な社会の構築を目指しながら，環境教育を自然保護学習と狭く捉えていた旧法に対する批判を受け，幅広い見方に改正したと考えられる。

特徴の二つ目は，国民・行政・民間・学校など多様な主体による「協働の取組」が強調されていることである。「協働の取組」の強調には，多様な主体による積極的な政策提言や環境教育の質的向上が期待された。しかし，残念ながら環境教育の推進のための「協働の取組」が活発化したという印象は薄い。

三つ目は，体験学習活動を支援する「認定・認証・指定登録事業」の制度が追加されたことである。「環境教育等支援団体の指定制度（10条)」「体験の機会の場の認定(20条)」「協働取組の申出制度，協定の届出制度(21条四・五)」が改正法で新たに追加されたのは，これらの制度を通して多様な主体が協力を強化し，環境教育が促進されることをねらったものである。旧法にも「人材認定等事業の登録（11条)」制度が存在したが，改正法では協働取組の促進に必要なファシリテーション能力や教材開発・提供能力を有する人材を登録するようになっている。

環境教育等促進法の波及効果と課題

政府は環境教育推進法を制定することで環境教育の体系的な制度化を図ってきた。「環境保全活動，環境保全の意欲の増進及び環境教育並びに協働取組の推進に関する基本的な方針」（以下，基本方針）が2012年に閣議決定され，各自治体では，これを勘案して行動計画の作成に努めるように定められている。基本方針では，特に，学校教育における環境教育の活性化の方針が盛り込まれた。

しかし，環境教育に関わる関係者の間でも，環境教育等促進法に対する関心が低いという課題がある。理由として，環境教育等促進法の成立以降，教材開発や情報公開・提供など，一定の成果を上げてきたが，法律に基づく施策実行に対するインセンティブやペナルティーが存在しないことが原因の一つである。環境教育等促進法の語尾の多くは，「～努めるものとする」という法的拘束力が弱い「訓示的」規定になっている。そのため本法８条に定める地方自治体による行動計画の作成は，都道府県では33団体，その他は政令指定都市５団体，中核都市５団体，市区町村でも６団体にとどまっている。さらに自治体が行動計画を作成するには，「環境教育等推進協議会（２条２項)」を設置して協議及び行動計画実施に係る連絡調整を行う必要があるが，都道府県では５団体しか協議会を組織していない。

また「人材認定等事業の登録（11条)」の

登録団体数は，現在も47件（環境省資料）で，法律制定初期からほとんど増えていない。法律に基づく施策を遂行することにインセンティブがあるわけでもないので，認定・認証・指定登録事業の活性化は期待し難い。

安定的な予算の確保は，持続的な環境教育事業を支える基盤となる。しかし，法律に基づく「環境教育強化総合対策事業」予算は，2017年の74百万円から2018年は64百万円へと減少している。環境教育推進のための予算の縮小は，民間団体の環境教育活性化の衰退を招くことにもつながる。民間団体の運営資金や人材が不足し，良質の教育活動や教材開発がしにくいという悪循環が生じるので，国や自治体による財政的なサポートは必要不可欠である。

韓国・台湾の環境教育法との比較

韓国の「環境教育振興法」は，2008年の国会において議員立法で制定された。環境教育振興法の試案は2001年に作成されたが，教育部と企画予算処の反対で一度廃棄された。しかし韓国環境教育学会の継続的な研究と議論に基づく要求によって，2008年に成立した。韓国の法律も「努力義務」規定ではあるが，環境教育振興法に基づく「環境教育総合計画」はすべての広域自治体（県や政令都市）で作成されており，国家環境教育センター，地域環境教育センターが指定運営されている。2018年時点で，10の市・道教育庁（県・市の教育委員会）で環境教育の条例が作成されている。自治体の条例の大きな注目点は，財政支援のための予算確保の規定である。

また，法律改正に合わせて韓国環境教育学会を中心に「国家レベルの環境教育推進体系構築方案」の研究が進められ，法律に基づく環境教育の体制づくりがなされている。その結果として環境部に環境教育を専門に担当する「環境教育課」が2018年１月に新設された。今後の目標としては，環境教育の体系的な運営や研究・教育を担当する「環境教育振興院」を設立し，これら運営を支える「環境教育振興基金」を設けることである。

台湾の「環境教育法」は2011年に制定された。日本や韓国の環境教育法に比べて強力な規制や処罰の規定が存在する。また環境教育法に基づいて，「国家環境教育綱領及び行動方案」を作成し，環境教育施策を実行している。

多くの環境教育専門家が注目している点は，19条の環境教育の「義務規定」である。政府及び公共機関の職員，学校の教師や生徒は，毎年４時間以上の環境教育を受けなければならないとされている。それに違反した場合は，罰金が課され，さらに１～８時間の環境教育を受講しなければならない。この義務規定は高い評価を得ている。また，同法の８条には環境教育基金の規定がある。環境保護基金の５％，廃棄物処理執行機関の廃棄物回収所得の10％，環境違反の罰金の５％が環境教育の基金にあてられることになっている。

課題とされているのは，義務対象者以外の人（例えば，民間企業の職員，一般国民，大学生など）への環境教育の実施拡大で，そのための民間団体による教育活動の質的向上，人材育成事業，民間支援団体の拡充が求められている。

このように韓国・台湾の環境教育法と比較してみると，日本の環境教育法は強制力が弱く，その役割を十分に発揮できていないように思われる。

（元　鍾彬）

〔参考文献〕

環境省，https://edu.env.go.jp/law.html

韓国環境教育学会（2017）『国家レベルの環境教育推進体系構築方案の研究』環境部.

Ⅷ　教育へのアプローチ

107　環境教育　Environmental Education

環境教育の歴史

環境汚染や自然破壊の深刻化をきっかけに環境教育は誕生し，時代とともに深化・変遷してきた。日本では1960年代から自然保護教育や公害教育が取り組まれてきた。国際的には，1972年に開催された人間環境会議（ストックホルム会議）において，環境教育の必要性が認識されるようになった。1977年の環境教育政府間会議（トビリシ会議）では，環境教育の目的や目標，指導原理が示された「トビリシ勧告」「トビリシ宣言」を採択した。ここにおいて環境教育は，環境とそれに関わる諸問題の解決や防止に向け，「知識，価値基準，態度，責任感，技能を身につける機会をあらゆる人々に与えること」を目的とし，「関心」「知識」「態度」「技能」「参加」を目標とすることが確認された。この考え方は，日本国内にも広く紹介され，1980年代以降の日本の環境教育に影響を与えた。

その後，1992年に開催された国連環境開発会議(地球サミット)で持続可能な開発の概念が広く示され，1997年の「環境と社会に関する国際会議(テサロニキ会議)」では，環境教育を「環境と持続可能性のための教育と表現しても構わない」とした。開発･人権･平和･民主主義といった諸課題が環境に関連した課題として認識されるようになり，環境教育はより総合的になった。2007年に開催された環境教育会議(アーメダバード)では，ESDの10年の枠組みを受けて実施された。採択された宣言では，持続可能な社会における教育の重要性が確認され，環境教育はESDを「支持・擁護」するものであるとされた。

環境教育の特徴

環境教育は，環境問題など，環境に「ついて」学ぶ教育だけではなく，自然体験など「中での」教育や，問題解決に向けた社会参画を伴う環境の「ための」教育のすべてを含む。学習内容も学習方法も多様で総合的で学際的なものである。

日本の学校における環境教育は，総合的な学習の時間を中心に生活科や理科・社会科などの教科で行われることが多い。学校外では，社会教育団体やNPO，社会教育施設（動物園や環境学習センターなど）で行われてきた。

環境教育では，知識を総合化する視点や基礎概念を習得することが重要である。具体的には，地球の生態系システムの理解（循環・閉鎖系・資源や環境容量の有限性）や相互性，多様性，環境的公正といった観点を具体的な事例や体験を通じて学習したい。

地球生態系システムと人間の相互性

健全な自然は，汚染を浄化し，植生や個体数を回復・調整する回復力を持っている。しかしながら人類の活動は，自然を破壊し生態系のバランスを崩し続けてきた。その結果，地球の回復力は著しく低下しつつある。同時に，二酸化炭素や様々な化学物質の排出や大量の廃棄物によって環境を汚染し続けている。こうしたダメージを受け続けて均衡の崩れた自然は，予想もしないような影響を各所に与えてしまう。

つまり，自然はある程度の回復力はあるがその範囲を超えると大きな取り返しのつかない事態を引き起こす臨界点がある。人間は環境に影響を与えるとともに人間も環境からの影響を受ける。生態系の複雑な相互性及び人間と自然の相互性への理解は重要である。

自然の多様性と人間と自然の関わり

体験的な学習・活動を通じて自然と関わる

ことは，自然への感性や関心を育み，理解を深めるために有効である。その際に留意したいことは，自然には比較的回復力が高い「強い自然」と人間の影響で大きなダメージを受ける回復力の低い「弱い自然」があることである。それぞれの生き物の生態を理解し，環境の質の違いによって，人間の関わり方を変える必要がある。ただ「いろいろなものがある」こととして多様性を捉えるのではなく，自然の「質の違い」が生物や環境の多様性と関連していることや，人間との関わりの多様性や文化の多様性の源になっていることも理解する必要がある。

環境的公正―「世代間の公平」「世代内の公平」

現代世代が資源を使い尽くしたり，環境を汚染したままにすると将来世代に大きな損失をもたらしてしまう。「世代間の公正」「世代間倫理」と呼ばれるこの課題は，環境問題を考える際にも重要な概念である。

しかし，「世代間の公正」は「世代内の公正」と併せて考えなければ，現在国内外で貧困層や開発を必要とする人々を見捨ててしまう議論になりかねないので注意が必要である。特に環境破壊や汚染による被害は，社会的弱者や生物的弱者（高齢者や幼い子どもなど）に集中する。環境教育では，このような環境問題と関わる社会的な概念についても理解を深めることが重要である。

環境教育をより充実させるために

韓国のように環境が独自の教科となっている国もあるが，日本では環境教育が教科になっていない。そのため，環境教育の取り組み状況には学校や地域によって差がある。特に，高等学校においては『環境教育指導資料』の刊行も停滞しており，中等教育の環境教育が十分に行われていないことを危惧する声もある。また，現状では教科になっていないために教員養成段階における扱いが不十分になっているという問題もある。環境教育で習得する内容（環境リテラシー）はすべての人が学ぶべきものであると考えると，学校教育における環境教育の教科化が検討される必要があろう。学校外の環境教育の機会もあるが，自然体験などは，経済的に余裕のある家庭に参加者層が偏る傾向も問題視されているので，学習機会を保障する社会的な制度化の必要性も検討すべきだろう。

環境教育の役割と成果

様々な制限があるものの，環境教育は総合的で学際的なものであるから，学校教育のどの教科でも扱うことができるし，行政・企業・民間団体などの幅広い主体が関与できる。高度で専門的な内容が必要だからこそ，様々な人々や組織と連携して質の高い教育を工夫することができる。また，環境教育は就学前から学齢期，成人以降の生涯にわたって行われ，すべての人を対象とする。そのため，親子や異年齢の交流を通じて学習を工夫することもできる。教師も大人も子どもも，学び，交流し行動する楽しさ，参画する喜びを満喫できるところに環境教育の魅力がある。

「環境教育」という用語そのものにはなじみがなくても，環境について学ぶ機会は増えつつある。地球上で起きている問題に多くの人が気づきはじめ，自分に関連するものだと理解しはじめている。これこそが環境教育の成果であり，また環境教育はこのような変化を促進する役割を果たすものとして今後も重要である。

（野田　恵）

〔参考文献〕

水山光春（2013）『よくわかる環境教育』ミネルヴァ書房．
ヨハン・ロックストロームら（2019）『小さな地球の大きな世界』丸善出版．
日本環境教育学会（2013）『環境教育辞典』教育出版．

108　国際理解教育　Education for International Understanding

国際理解教育の潮流

国際理解教育は，グローバル化した現代社会の中で生きていくために必要な資質や能力を育成する教育である。

現在の日本の国際理解教育には，①第二次世界大戦後のユネスコの国際理解教育，②日本社会の「国際化」「グローバル化」への対応という二つの流れが背景にある。

第一に，ユネスコの国際理解教育の流れである。第二次世界大戦という惨事への反省と平和な世界への希求を記したユネスコ憲章（前文）では，「戦争は人の心の中で生まれるものであるから，人の心の中に平和のとりでを築かなければならない」と述べられている。そこでは，「相互の風習と生活を知らない」という無知と偏見が，「世界の諸人民の間に疑惑と不信」を起こした原因であり，戦争にもつながったという。そのため，各国が「相互に理解し及び相互の生活を一層真実に一層完全に知る」教育が必要とされた。この理念は，1974年の「国際理解，国際協力，国際平和のための教育，並びに人権および基本的自由についての教育」（通称，ユネスコ国際教育勧告）に受け継がれている。ユネスコの国際理解教育は，日本では1970年初頭頃まで，ユネスコ国内委員会や，ユネスコ協同学校を通して積極的に推進された。

このようにユネスコの国際理解教育は，人類の普遍的価値としての平和や人権への信頼を基盤とし，国家の対立を招く偏狭なナショナリズムを排するものとして提唱された。

第二に，日本社会の「国際化」「グローバル化」への対応としての国際理解教育である。1970年代以降，日本の文教政策の転換により，ユネスコに沿った国際理解教育に代わり，日本人の「国際性」の育成や，帰国子女教育，留学生教育，外国語教育を中心とした，「日本型国際理解教育」が推進されてきた。

このような，国際化対応の教育政策の動きの一方，民間レベルでは，それとは距離を置いた国際理解教育の研究や実践も見られた。藤原孝章らによると，1970年代から1980年代にかけて，米国や英国のワールドスタディーズやグローバル教育などの実践教材が翻訳・紹介され，国際理解教育の理論や実践にも影響を与えた。また，1980年代のインドシナ難民定住受け入れや「ニューカマー」の外国人受け入れに伴い，学校現場は，外国にルーツのある子どもたちの日本語支援，学力保障，アイデンティティの保障，差別や偏見の克服など様々な課題に直面した。それに応えるかたちで，学校の国際理解教育でも内なる国際化を意識した実践への取り組みが行われるようになる。

近年では，国際競争・グローバル競争に打ち勝つ「グローバル人材」育成を重視する国際理解教育政策が優先されており，依然として「日本型国際理解教育」の路線は引き継がれている。一方，ESD10年の実施に伴う「ユネスコスクール」の復興拡大とネットワーク化の取り組みにおいては，ユネスコの教育の方向性と親和性が見られるようになっている。

国際理解教育のカリキュラム

国際理解教育が目指す人間像，目標，学習内容領域については，『国際理解教育ハンドブック』の中で以下のように整理されている。目指す人間像として，「人権の尊重を基盤として，現代世界の基本的な特質である文化的多様性および相互依存性への認識を深めるとともに，異なる文化に対する寛容な態度と，地域・国家・地球社会の一員としての自覚をもって，地球的課題の解決に向けてさまざまなレベルで社会に参加し，他者と協力しようとする意思を有する人間」であり，同時に，「情報化社会のなかで的確な判断をし，異なる文化をもつ他者ともコミュニケーションを行う技能を有する人間」が示される。

さらに嶺井明子は，複数の地理的次元におけるシティズンシップ育成の視点から，偏狭なナショナリズムを排した開かれた国民形成を提案している。

国際理解教育の目標は，次のように構造化されている。人と出会い・交流し，挑戦し，社会に参加・行動することで，気づき，発見，理解，納得，実感，共感を持つという「体験」が，「知識・理解」「技能」「態度」の獲得につながるというものである。

知識・理解目標として，「文化的多様性」「相互依存」「安全・平和・共生」が，技能（思考・判断・表現）目標として「コミュニケーション能力」「メディアリテラシー」「問題解決能力」が，態度（関心・意欲）目標として，「人間としての尊厳」「寛容・共感」「参加・協力」が設定されている。

国際理解教育で扱う学習領域として，「A 多文化社会」「B グローバル社会」「C 地球的課題」「D 未来への選択」の4つが示されている。各領域の下位領域を含めた学習領域の一覧が，表1のようにカリキュラム開発の視点として示されている。

表1　カリキュラム開発の視点

	1	2	3	4
多文化社会	文化理解	文化交流	多文化共生	
グローバル社会	相互依存	情報化		
地球的課題	人権	環境	平和	開発
未来への選択	歴史認識	市民意識	社会参加	

国際理解教育とESDの関わり

永田佳之は，国際理解教育とESDの関係，及び類似点と相違点を次のように整理している。ユネスコの国際理解教育は，他者（特に他国）理解が中心であった。しかし1990年代以降，民族間紛争，宗教間対立，テロ，国内の多文化化など，国家間の対立や理解といった枠組みでは，問題解決が見通せなくなっている。さらに，人間同士の紛争のみではなく，環境破壊や自然災害が注目されるようになっている。複雑化した世界の状況の中で，国際理解教育自体も多様化し，ESDなどの影響も受けつつ自らを刷新している。

内容面では，国際理解教育とESDはいずれも，人類の直面する諸々のテーマを傘下に置いているという点において包括的概念である。目標では，批判的思考，問題解決能力といった能力面に加えて，教育システムそのものの変革を目指す傾向性に類似点が見られる。

相違点として，国際理解教育では「相互理解可能性」が強調されてきたが，ESDではホリスティックアプローチが重視されている点がある。国際理解教育でも近年，言葉による対象理解から，感性や心と身体のつながりなど，言葉にならないものへと視点を転換する必要性が主張されている。自己や他者，そして自然との出会いにおいて，自身の理解を超えた場合でも，受容しようとしたり，折り合いをつけながら共に生きる社会を構築しようとする力の育成が期待されている。

（橋崎頼子）

〔参考文献〕
日本国際理解教育学会（2015）『国際理解教育ハンドブック』明石書店.
永田佳之（2012）「ESDの実践へと導く四つのアプローチ」『国際理解教育』18，44-51.
藤原孝章ら（2013）「国際理解教育・開発教育」上杉孝實ら『人権教育総合年表』明石書店，129-133.
嶺井明子（2011）「多元的シティズンシップによる国際理解教育概念の再構築」『国際理解教育』17，37-46.

109　開発教育　Development Education

歴史と展開

開発教育は，1960年代に欧米諸国の国際協力をする市民組織（NGO等）の活動展開の中で提唱され始めた。植民地からの独立を果たしたアジア，アフリカ諸国が「第三世界」「南」「低開発国」と呼ばれ，欧米のいわゆる「北」「先進工業国」との格差の問題に世界的な関心が高まった。そして「南」の国々への支援活動に対する理解と募金支援を求める中で展開された。

1960年代が第一次「国連開発の10年」と制定され，世界各国が開発問題に取り組むことの合意がなされた。その目的は，先進国をモデルとした途上国の近代化を早めることにあった。そして様々な開発政策がとられたが，一部の国には経済発展を促したものの「南北」の経済格差は拡大し，途上国内の貧富の格差も増大する結果となった。1970年に国連採択された「第二次国連開発の10年計画」では，開発問題について各国が国民の体系的な理解を深める努力をし，国内での開発教育の普及推進に従事するNGOや教育関係者に対する支援を強化することが合意された。

日本では，1970年代に中央青少年団体連絡協議会や青年海外協力隊事務局が，機関誌などにおいて国外で展開されている開発教育を紹介してきた。そして1979年に，国連広報センター，国連大学，ユニセフ駐日代表事務所の共催で開催された「開発教育シンポジウム」が日本での展開の契機となった。その後，青少年団体，国際協力NGO，国連機関に関わる有志によって研究会が組織され，その活動を基盤に1982年に開発教育協議会（現・開発教育協会）が発足した。開発教育協議会は，開発教育活動に従事する多様な実践者をネットワーク化し，理念や教育実践の具体化を促進していった。

1989年の学習指導要領改訂で，国際理解教育の推進や環境教育の強調がされたことから，開発教育に関心を持つ教員が増加した。また同年，日本の政府開発援助額が世界一になったことによって，国際協力への社会的関心も高まった。1990年代には，80年代後半からの外国人労働者の急増の背景もあり，地域の国際化による多文化共生が課題となった。自治体の外郭団体である地域国際化協会（国際交流協会）でも開発教育が取り組まれるようになった。

そして，2002年度から学校教育に導入された「総合的な学習の時間」において，開発教育への取り組みは進んでいった。また，2002年のヨハネスブルク・サミットにて提唱され，国連総会で採択された「持続可能な開発のための教育の10年」が2005年を起点に制定された。その後押しもあり，地域づくりや学校での活動として開発教育の展開が促進された。一方，2000年代から日本国内の貧困問題や格差の拡大が顕在化した。それらの要因は，グローバル経済をはじめとする地球的諸課題とも密接であり，自らの社会の開発問題と，世界の開発問題をより構造的に関連させながら捉えていく必要性に直面してきている。

目的

開発教育の目的は，開発概念とともに変化してきた。1960年代は，栄養不良，医療保健や教育制度の未整備による貧困の問題を，多くの人に知らせ，援助の必要性を訴えることにあった。それは，いわば遠い国の問題に手を差し伸べる，慈善的な関心喚起を目的としていた。1970年代半ばになると，「南北」の経済格差や「南」の問題の原因が，植民地政策以来の先進国側にあるという認識が広がった。よって低開発の状況を歴史的，構造的に捉え，問題解決に向けて相互に協力する行動を担うことを目標とするようになった。日本で開発教育協議会は発足時の入会案内で，開発教育を「これから21世紀にかけて早急に克服を必要としている人類社会に共通な課題，つまり低開発についてその様相と原因を理解し，地球社会構成国の相互依存性についての認識を深め，開発をすすめていこうとする多くの努力や試みを知り，そして開発のために積極的に参加しようという態度を養うことをねらいとする学校内外の学習・教育活動」とした。

1990年代には，環境と開発，ジェンダー，核，人口，人権といった地球的課題に関わる国際会議や国連会議が開催され，それら課題の関連性が認識された。開発教育協議会は1997年に開発教育を「私たち一人一人が開発をめぐるさまざまな問題を理解し，望ましい開発のあり方を考え，共に生きることのできる公正な地球社会づくりに参加することをねらいとした教育活動である」と再定義した。

内容と方法

開発教育の主要な内容は，子ども，文化，貧困，識字，難民，ジェンダー，食，環境，貿易，国際協力，在住外国人，まちづくり，が挙げられる。またそれらのテーマを捉えるアプローチとして，人間の尊厳性や世界の文化の多様性を理解するための文化理解，貧困といった地球的課題の原因や構造を発見する課題分析，身の回りのものと開発をめぐる問題や地球的課題との関わりを理解する関係理解，そして課題をどのように解決するか考えていく課題解決のアプローチが挙げられる。

実践では，ロールプレイ，ディベート，ランキング，フォト・ランゲージ，シミュレーションといったアクティビティを取り入れたワークショップやグループワークといった対話型の教育手法が用いられる。また，現場に足を運ぶフィールドワークやアクション・リサーチなどが，参加型学習の理念に基づいて行われる。

複雑で答えのない開発問題を身近な問題として捉えられるようにし，学習者それぞれ，またはコミュニティそれぞれの答えを見いだしていく過程を創るためである。参加型学習は，対話と協力によって「共に学ぶ」プロセスが不可分にある。その「学び」のプロセスが，開発教育の目的にある「共に生きることのできる公正な地球社会づくり」そのものを構成する。そして，そうした「学びづくり」には，指導者は学習者の経験や知識を尊重し，対話や学びあう過程を引き出す（ファシリテートする）ことが求められる。知識学習と経験学習を組み合わせながら，指導者の教育的意図をなぞらわせるのではなく，学習者自身の学習要求や社会参加への要求を追求していくことのできる学習の生成が重要となる。

課題と役割

グローバル化が加速する今日，世界の格差はますます広がりつつある。それらを是正し，公正な地球社会を目指して2030年にSDGsを達成する世界的合意がなされた。国や国際機関が連帯してこの目標に取り組むことは不可欠である。しかし，国や国際機関を動かしていくことを含めて，市民一人ひとりもまた，目標に向けた具体的行動が求められている。自らが生活する地域社会や地球社会への開発観を根本から問い直し，公正と共生の理念を実践的に学ぶことが課題となる。開発教育は学習者がその課題に取り組み，社会づくりに参加をしていくプロセスをつくる役割を担っている。

（近藤牧子）

〔参考文献〕

田中治彦(1994)『南北問題と開発教育』亜紀書房.
開発教育協会ESDカリキュラム研究会（2010）『開発教育で実践するESDカリキュラム』学文社.

110　公害教育　*Kogai* Education

公害教育とは何か

「公害教育」は日本固有の環境教育用語であるところに特徴がある。この用語には理念や理論が先にあったのではない。むしろ公害問題に関わる教育的アプローチが先に存在していて，そこに実践家や研究者たちが公害教育という名称を与えた，すなわち帰納的に定義を行ったのである。最も初期の公害教育研究文献の一冊である福島達夫『地域開発闘争と教師』（1968年）に出てくるのは，「公害教育」ではなく「本当の科学」あるいは「公害の科学」の学習という議論である。国民教育研究所編『公害と教育』（1970年）では，「公害と教育」ないし「公害学習」という表記が中心をなしており，「公害教育」はむしろ「公害対策」思想の具現化として批判的考察の対象となっている。その続編『公害学習の展開』（1975年）では，「公害学習」という表記が一貫して用いられている。そうした公害と教育・学習をつなぐ多様な用語が「公害教育」という用語に統一されていくのは，「環境教育」という用語が普及していく過程と連動していた。公害教育は，以上のような過程を経て，公害問題に関わるフォーマル，ノンフォーマル，インフォーマルな教育の総称として定着してきたのである。

公害教育の誕生

公害問題の歴史は，日本の工業化の歴史とともに古い。足尾鉱毒事件をはじめ，第二次世界大戦以前にも各地で多くの公害問題が発生していたことは公害史研究が明らかにしているとおりである。だが，それが社会教育や学校教育の課題としてせり上がり，時に住民運動における学習活動として，時に教室における授業として，実践されるに至るのは，1960年代半ば以降のことである。

静岡県の沼津市・三島市・清水町に計画された石油化学コンビナート計画に反対する住民運動（1962-63年）では，地元の教師や科学者たちが公害予測調査や四日市市等での公害被害実態調査に自ら取り組み，それを資料として用いる学習会を組織した。以後，全国各地の公害被害地域や大規模開発対象地域では，住民運動において公害や開発についての学習活動が幅広く展開されるとともに，それらの学習活動を支援する教師たちが公害問題の教材化に取り組み，学校における公害教育実践を展開していくことになった。熊本市の中学校社会科教師であった田中裕一の「日本の公害；水俣病」の授業（1968年）は，初期公害教育実践の代表的事例としてよく知られている。以後，1970年代にかけて，「公害列島」日本の各地の地域と学校において，極めて多様な取り組みが進められた。

藤岡貞彦は，こうした展開を踏まえ，1975年に京都で開かれた国際人間環境会議において「日本における環境教育は，1960年代半ばに環境破壊に抗する教育（education against environmental disruption），すなわち公害教育（kōgai education）として出発した」と指摘し，公害教育の定式化を行った。藤岡にとって，公害教育とは，教師の地域実践と教育実践とが土台となって住民運動と教育運動，さらには環境（都市）計画と教育計画とが総合され，公害のない社会の構築と市民の形成とが同時に達成される根源的な運動であった。

一方，同じ頃，中内敏夫は公害教育実践に取り組む教師たちの仕事を「参加し，記録し，発明する」プロセスであると指摘しているが，それは公害教育誕生の背景に住民運動と教育運動（とりわけ教育課程の自主編成運動）が存在していたことを示している。公害教育という視点から見れば，住民運動は公害問題を告発するエビデンス収集と論理構築と認識共有の社会的実践であったし，教育運動はその社会的実践を子どもたちの学習活動へと転換していくためのカリキュラムと教材を編集していく文化的実践であった。この時代の公害教育は戦前の生活綴方教育の思想を引き継ぐ批判的リアリズムの精神にその本質があった。

公害教育の現在

今日の公害教育の第一の特徴は「制度化」である。上述のように，公害教育は公害反対住民運動と教育運動との連動の中から誕生し，それらの担い手によって実践されてきた。だが，現在では，公害教育の担い手は，公害関連地域組織（公益法人やNPO等）や公害経験の記憶の継承をミッションとする公害資料館へと移ってきている。学校において公害教育が取り組まれる場合にも，こうした組織や施設との連携が重要になってきている。さらに，教育委員会で作成された環境教育指導計画や公害対策部局で編集された公害教育指導資料等をもとに学校において公害教育が実践される機会も増えてきている。これは，この半世紀あまりの間に公害教育をめぐる資源が多様な主体によって地域的に蓄積され，様々な利用可能性が拓かれてきていることを示している。同時に，カネミ油症，アスベスト問題，軍事基地や原子力発電所や巨大公共事業に関わる諸問題，さらには海外の公害問題のように，公害教育実践・研究としての蓄積がいまだ十分ではない問題も少なくない。とりわけ福島第一原発事故はしばしば「放射線教育」という枠組みに閉じ込められてしまい，その「原子力公害教育」としての実践が今後の課題である。

今日の公害教育をめぐるもう一つの特徴は，上述のような蓄積と連動した教育方法の多様な展開である。公害資料館では，文字資料ばかりでなく，モノや画像・映像，さらには被害者を中心とする関係者の語りによって，公害問題を多角的に学習できる機会が用意されている。また，教室においても，ディベートやロールプレイ等のゲームの活用など，公害問題に関わる知識の獲得ばかりでなく，当事者性をもって公害問題を考える実践が積み重ねられてきている。

このような半世紀あまりの間の実践と理論の展開を踏まえ，これからの公害教育を見据えていくことが喫緊の課題となっている。

これからの公害教育

21世紀の今日，公害教育を取り巻く状況は大きく変化してきている。環境政治をめぐるヘイワードの議論を援用すれば，公害問題を弱者に集中させ忘却ないし看過するアプローチや，もっぱら市場と技術革新によって解決可能とするアプローチが広がる中で，それが発生した社会の文脈に即してステークホルダー間の対話と参加，そして学習によって解決を図っていくというアプローチが不可欠である。その際，一人の人間が社会・他者・自然との相互多層的な関わりの中で，いかにして生きるのかを問う「自分事」としての視座を埋め込まれることが不可欠である。現代公害教育には，①公害をめぐる記憶の継承，②公害問題の意識化・問題化，③対話と環境再生，④公害防止，という4つの基本課題がある。学校をはじめ，公害資料館や公害に関わる地域組織など，多様なステークホルダーの主体的，協働的実践によってそれらの課題に関わる学習を重層的に組織していくことがこれからの公害教育に求められる。

（安藤聡彦・三木柚香）

〔参考文献〕

福島要一（1985）『環境教育の理論と実践』あゆみ出版.
福島達夫（1993）『環境教育の成立と発展』国土社.
井上有一ら（2013）『環境教育学』法律文化社.

111　防災教育　Disaster Education

防災教育における学習指導要領の変遷

学校における防災教育とは，安全に生活するために必要な事柄を理解することと，心身の発達段階に応じて，地震等の災害時に安全な行動をとろうとする態度を身につけることである。系統的な学問体系になじまない防災教育は学習指導要領では，関連事項や内容が限定的だった。しかし未曽有の自然災害のたびに見直され，変革されてきた。この指導要領の変遷がもたらした学校現場の実態を見つめ，これからの学校現場での防災教育の方向性を見極めていく。

阪神・淡路大震災（1995年）が防災教育の抜本的な変更をもたらした。３年後の平成10年度版学習指導要領での教育の方向性「生きる力の一端を担う」として防災教育が位置づけられた。積極的な防災態度を養うため防災教育は，各教科内容と関連づけて指導するものとして提示され，学校教育で重要視されていく。次の転換期が2013年の東日本大震災である。平成30年（2018年）告示学習指導要領では，防災教育のさらなる充実をうたっている。学校安全計画で自分の命は自分で守る自助を前提とした共助・公助を盛り込み，各教科・総合的な学習の時間・道徳・地域との連携など具体的な指導の充実を提起している。

防災教育の転換とこれからの学校現場

阪神淡路大震災以降，「おはし（おさない，はしらない，しゃべらない）」の合言葉が象徴するように，学齢の低い子どもにもわかりやすい避難訓練の形態が全国に広がった。また，公的な救済がなかなか届かなかった現状を踏まえ，自助・共助に着目し，子どもがバケツリレーの手伝いをしたり，消火器を使ったりする訓練を行う教育現場もあった。この時点では，防災教育＝避難訓練として扱うことが多かった。しかし，東日本大震災後は，教科内容と関連づけて防災教育を行っていた学校が経験したことのない自然災害の避難に活かすことができた実例（釜石の奇跡），教師の指示を待っていたために命を落とした実例，助けに戻って逃げ遅れた実例をもとに，地域の特色に合わせた防災教育のカリキュラム化も進んでいる。例えば，学校内での形骸的な避難訓練から具体的に災害を場合分けして地域，近隣学校との協力体制などをあらかじめ決めておく，校外にいた場合の避難の仕方などがある。地域・保護者の協力で地域の地形・地名・歴史を調査した防災マップ作り。避難経路の危険・安全箇所の確認が指導例として挙げられる。

特に小学校では，災害時の自助を共助につなげる子どもの育成を念頭に置く次のような防災教育の変化がある。有事の際，とっさに場所や状況を見極めて，「自分の命は自分で守る」という自助の部分の大切さが見直され，自分で適切に避難できる子どもを目指す。この自助行為が正常化のバイアスに陥りがちな大人をも動かし，多くの命を救える率先避難者になることで共助につながっていくという考え方である。さらに，東日本大震災での復興のさなか，避難所に漠然と取り残された子どもの姿から，災害後，進んで日常のコミュニティに参加できるように食事・排泄の工夫や簡単な止血法や多数の手を組み合わせてできる人間担架など，簡単な救急医療知識の習得で協力できることを共助と捉えていく。

不測の事態で最適な行動がとれ，復興に希望を持ち続ける子どもの育成を目指した，教科を横断するカリキュラムの変革が必要となる。

（横井成美）

112　消費者教育　Consumer Education

「消費者」への着目と消費者教育の必要性

私たちは子どもも含めてほとんどの人々が自給自足ではなく，市場から財・サービスを購入して日々の生活を営んでおり，消費者としての側面を持っている。

日本では高度経済成長期に，市場における消費者問題からの被害防止，あるいは新製品の普及啓発の手段として，消費者教育の必要性が認識されたが，今日では，地球市民として経済投票権を行使する市場の牽引役としての育成の必要性が再認識されている。

消費者教育推進法

2012年には消費者教育推進法が制定された。ここで消費者教育とは，「消費者の自立を支援するために行われる消費生活に関する教育」であると同時に，「消費者が主体的に消費者市民社会の形成に参画することの重要性について理解及び関心を高めるための教育を含む」（推進法2条1項）と定義されている。また同法では消費者教育の理念として，「消費者が消費者市民社会を構成する一員として主体的に消費者市民社会の形成に参画し，その発展に寄与することができるよう，その育成を積極的に支援する」（3条2項）ことや，「消費者の消費生活に関する行動が現在及び将来の世代にわたって内外の社会経済情勢及び地球環境に与える影響に関する情報を提供する」（同5項）ことを主旨として，消費者教育を行う必要があるとしている。

持続可能な消費の実現

消費者教育の体系化に寄与した米国のバニスターとモンスマによる『消費者教育の諸概念の分類』（1982年）では，消費者教育に関わる項目を網羅し，「意思決定」「資源管理」「市民参加」の三本柱に分類した。国際消費者機構（CI）は1982年に，消費者の「8つの権利」（その一つが消費者教育）と「5つの責任」（①批判的意識を持つ責任，②行動する責任，③社会的弱者に配慮する責任，④環境に配慮する責任，⑤連帯する責任）を発表した。1985年には国際連合が「消費者保護のためのガイドライン」を採択し，消費者にとって必要なものの一つに「消費者教育」を挙げ，その後，1992年の国連環境開発会議で採択された「アジェンダ21」4章「持続可能な消費形態への変更」を反映し，1999年の改正では，「持続可能な消費形態の促進」を追加した。2008年には，OECDとUNEP（国連環境計画）などによる国際消費者教育合同会議において，「持続可能な消費」が取り上げられた。

消費者教育推進法においても，「自らの消費生活に関する行動が現在及び将来の世代にわたって内外の社会経済情勢及び地球環境に影響するものと自覚して，公正かつ持続可能な社会の形成に積極的に参画する」ことを求めている（2条2項）。

エシカル消費

消費者市民社会の構築を目指す持続可能な消費のあり方として，エシカル消費が注目されている。エシカル消費とは，環境や人権，生産者の健康・安全，動物福祉などに配慮した消費行動を指し，特にフェアトレードはよく知られている。

（松葉口玲子）

⇨ 107 環境教育，108 国際理解教育

〔参考文献〕

西村隆男（2017）『消費者教育学の地平』慶應義塾大学出版会．

113　人権教育　Human Rights Education

社会的公正，存在の豊かさ

環境思想の研究者，井上有一によると環境問題の重要な課題は環境の持続可能性とともに社会的公正と存在の豊かさにあるという。言い換えれば「人間が人間として正当に扱われる社会」と「地球環境の持続可能性」は深く結びつき，その上に立って初めて私たちは存在の豊かさを実現できる。

人権教育とは「人権尊重の精神の涵養を目的とする教育活動」（人権教育及び人権啓発の推進に関する法律２条）である。つまり人権尊重＝人間として正当に扱われる教育と，環境教育は持続可能性のための両輪でなければならない。

同和教育から人権教育へ

日本の人権教育は被差別部落に対する差別解消つまり同和教育を原点とする。戦後間もない1948年の国連総会で，大戦の反省を踏まえて世界人権宣言が出された。日本では1952年に「同和教育について」という政府からの通達が出され，1953年には全国同和教育研究協議会（全同教）を結成。第１回大会が開かれた。その後，全同教は部落問題だけでなく，在日外国人問題など国内の人権問題に取り組んできた。

1965年，同和対策審議会答申によって，「国の責務であり国民的な課題」として明確化され，1969年には10年の時限立法として同和対策事業特別措置法が制定された。その後2002年にはすべての特別措置法が終了し，同和教育の呼称は終わるが部落差別がなくなったわけではない。

1995年から国連で始まった「人権教育のための国連10年」を契機に国内の部落問題，在日外国人問題への取り組みは開発教育などのグローバルな人権問題を扱う教育と連携し，参加型学習を積極的に取り入れるようになる。

2005年から始まった「国連持続可能な開発のための教育の10年」では環境教育との接点を持つ契機を得たが，ESDの理解が進まず連携の動きは鈍かった。

SDGsと人権教育

環境教育が「持続可能な開発のための教育（ESD）」と同じ意味で使われるようになったのは1997年の「テサロニキ宣言」である。この宣言では，環境の問題が社会に起因していることを踏まえて社会性抜きに語り得ないことを強調する。その10項には「貧困，人口，健康，食料安全保障，民主主義，人権，平和といった要素を内在させるものである」とあり，民主主義や人権の問題が環境教育の軸になることを明示している。

国連は2015年には2030年に向けて達成すべき17の具体的な目標SDGsを定め，その中で貧困や飢餓，平等，平和と公正など人権に関わる問題が環境問題の解決のために重要であることを具体的に掲げる。各国では目標達成のために国，企業も含めて動き始めた。

日本の環境問題の原点である公害問題は生存に関わる人権の問題である。1960年代に顕在化し，1970年代には訴訟を通じて経済構造から政治のあり方まで問い直されてきた。

1980年の環境省の第五次環境基本計画には「目指すべき社会の姿」としてその２－１に「公害を克服した歴史」を取り上げている。

（高田　研）

〔参考文献〕

井上有一（2012）「環境教育の「底抜き」を図る—ラディカルであることの意味」井上有一ら編『環境教育学』法律文化社，11-15.

114　基礎教育と識字　Basic Education and Literacy

なぜ識字が必要か

識字（リテラシー）とは，ユネスコ統計研究所の定義では「人々の日常生活に関連した簡単な文を理解し読み書く能力で，基礎的な計算も含まれる」とされる。識字の内容は，人々が暮らす状況により異なり，世界共通の識字能力を定めることは難しい。同様に基礎教育も「人々が生きるために必要な知識・技能を獲得するため」の初等・前期中等教育と学校外教育と定義されるが，国により修業年限やカリキュラムが異なっている。

2017年ユネスコ統計研究所の報告によると，世界で初等・前期中等教育を受けられない子どもの数は約１億２千万人，多くがアフリカと南アジアに住んでいる。世界の非識字者数は約７億５千万人，南アジアに半数が集中している。非識字者の多くが社会的弱者であり，教育を受けられず安定した職業，収入が得られない，健康に影響し，教育が受けられない，貧困の連鎖が世代を超えて悪循環している。

人々が教育を受け経済活動に参加し収入を得る大切さと同じかそれ以上に，識字獲得が個人の尊厳を守る点も重要である。日本で基礎教育を終えた人が海外に行き，地元の文字を理解できなくても不便を感じる程度であろう。しかし自分が生まれ育った国の文字の読み書きができないと，社会経済活動への参加が限られ，さらに自己に自信を持てない。国民の権利に関する情報を得て，自分の置かれた状況を理解し，権利主張するのも難しい。ブラジルの教育者パウロ・フレイレは，識字教育を単に読み書き技術習得ではなく，自らの抑圧された状況を理解する「意識化」とし，教育とは教師の一方的な知識伝達ではなく，対話を通じた相互の学び，実践であるとした。

持続可能な開発目標では，「誰一人取り残さない」社会を目指し，公正な質の高い教育の保障と生涯学習の機会が開発の基盤であり，個人の課題であるとともに社会全体で取り組む課題と認識されている。識字教育は，読み書きだけでなく，生活・地域課題を見つけ，学び行動し，その過程で格差や差別などの社会の矛盾に気づき行動する力を養うことといえる。すべての子どもが学校で基礎教育を修了することが理想であるが，学齢期に学校に通えず，学校外での教育機会が必要な人も少なくない。アジアやアフリカの国々では，識字と生活・職業技術も含めた学校外での学習を初等・中等教育と同等と認定する仕組みや，公民館のような学習施設を住民の参画により設置，運営する取り組みが行われている。

日本の識字課題

日本では長年，ほとんどの子どもは学校で基礎教育を修了し成人識字率はほぼ100％とされてきた。「万人のための教育」達成は途上国の課題で，日本は政府やNGOにより国際協力，支援事業を行う立場であった。しかし2014年文部科学省調査によれば，日本の小中学校での不登校生徒は約12万人にのぼる。成人非識字者は100万人以上と推計されるが，1948年の読み書き調査以外，全国的な調査は行われていない。2016年成立の教育機会確保法では，現在９都府県にしかない公立夜間中学を全国に設置するとしているが，その基礎となる実情把握は端緒についたばかりである。

持続可能な社会を目指す前提として，人々が，多様なニーズに応える柔軟なかたちの基礎教育を受けられ，身につけた識字能力により社会・環境・経済・文化の現状と課題を捉え，将来のあり方を議論し，主体的に行動することが先進国と途上国共通の課題である。

（大安喜一）

115　参加と参画　Participation in a Group・Participation in a Plan

「参加と参画」を紐解けば

「参加」と「参画」は，ともに英語のparticipationの訳語として用いられ，何かに「加わること」とほぼ同義に使用されることが多いが，厳密に「仲間になること，行事や会合などに加わること」（参加）と，「計画（の立案）に加わること」（参画）に分けて用いられる（広辞苑第五版）こともある。

「参画」という言葉が国レベルの法律に最初に表れたのは「男女共同参画社会基本法」（1999年）においてである。同法2条（定義）によれば，参画とは，「自らの意思によって積極的に活動に参加する機会が確保され，もって政治的，経済的，社会的及び文化的利益を均等に享受することができ，かつ共に責任を担うこと」と定義することができる。これ以前の行動計画（1987年）では「男女共同参加型システム」が提唱されていたものが，「参画」に置き換えられたことからも，参加と参画は法的にも意味が異なるといえる。

ちなみに，参加や参画によく似た意味を持つ言葉に，「協働」（同じ目的にために協力して働くこと），「共同」（一つの目的のために力を合わせること），「協同」（ともに心と力を合わせて助けあって仕事をすること），「関与」（物事に関わり携わること）などがある。

政治哲学においてはフランスのサルトル，J.P.の「アンガージュマン」engagementが有名である。サルトルは，人が現実から遊離して生きるのではなくて，むしろ現実そのものに積極的にアンガージュマンしていく（関わって生きる）ことが重要であると説いた。

市民的資質育成論においては，英国のクリック，B.のSocial Involvementやアメリカのボイト，H.のPublic Achievementの考え方が有名である。彼らは，人が市民としての資質を身につけるには，知識としてのcivicsだけでなく，実際に社会に参加することが重要であると主張する。その際，単に共同体に貢献や奉仕するだけでなく，批判的に物事を考えたり，政治的な判断を下す経験としての社会への参加や関与が欠かせないとも考えた。

子どもの参画と民主主義

上記の3人は若者や青年を念頭に参加を論じたが，より低年齢の子どもにも通用する参加・参画論にハート，R.の『子どもの参画』がある。ハートは子どもの参画形態を8段階に分けて示し，はしごの上段に行けば行くほど，子どもが主体的に関わる程度が大きいことを示した。しかしこれは子どもたちが必ずしもいつも彼らの能力を完全に出し切った状態で活動すべきであるということを意味するのではなく，子どもの発達や状況に応じて，大人との協働で達成されるものであると説いた。

同書において木下は，participationを「参画」と訳したが，そこには「計画段階から参画する」という意味が込められており，首尾一貫した語の用い方がされている。

また，ハートは著書の中で，「子どもたちは直接参画してみてはじめて，民主主義というものをしっかり理解し，自分の能力を自覚し，参画しなければいけないという責任感をもつことができるようになる」と述べ，子どもの参画と民主主義との関わりの重要性を論じているが，この「民主主義」democracyへの熱いまなざしは，サルトルにもクリックにもボイトにも共通している。（水山光春）

〔参考文献〕

ロジャー・ハート著，木下勇ら監修/IPA日本支部訳（2000）『子どもの参画―コミュニティづくりと身近な環境ケアへの参画のための理論と実際―』萌文社.

116　エンパワーメント　Empowerment

社会変革による抑圧からの解放

「power（力）」に「em-（〜の状態にする）」がつくエンパワーメント（エンパワメント）という言葉は，17世紀に「権限の付与」を意味する法律用語として生まれ，1950年代頃からアメリカの公民権運動や先住民運動，女性運動など，社会的に弱い立場に置かれた人々の地位向上運動の中で，権力構造に対する批判を込めて用いられるようになった。今日では，多様な定義や解釈を伴いつつ，社会開発，社会福祉，ジェンダー，ビジネス，教育など様々な文脈の中で用いられている。

フリードマンは，エンパワーメントを三つの側面から捉えた。まず，情報，知識，技術，社会組織への参加，財的資源といった「基盤」へのアクセスが増大し，経済能力も高まる状態が社会的なエンパワーメントである。次に，自らの将来に影響を及ぼす様々な決定過程に加わる力の獲得が政治的エンパワーメントである。そして，個人が自らの潜在力を感じられるようになることが心理的なエンパワーメントである。

このように，エンパワーメントとは，権力の基盤にアクセスする機会を阻まれ意思決定過程から排除されてきた人々が，その機会を得て，本来持っている力を発揮していく状態やそのための取り組みを表すために用いられてきた。日本語では「力の付与」等と訳されることもあるが，あえてカタカナで記される背景には，「無力な者に力を与える」のではなく，権力構造の中で抑圧された人々が解放され力を開花させる，そのための公正な社会への変革が必要なのだという認識の強調がある。

しかし，近年，エンパワーメントという言葉に込められてきた社会変革への志向がないがしろにされているという批判もある。権力者がエンパワーメントといいながら個人の能力向上を強調し，社会構造を問わず現状維持を志向する場合がある。また，力関係を単純化し，「弱い立場にある者」をひとからげに捉え，内部の多様性を無視する場合があることへの批判もある。

教育におけるエンパワーメント

教育の文脈においては，学習者に対する抑圧として，他者との比較，差別や偏見，暴力，そしてその結果生じる自尊心や有能感の欠如などが注目される。教育におけるエンパワーメントは，こうした外的・内的抑圧によって押さえつけられてきた力に学習者が気づき，生き生きと伸びていく状態とも捉えることができる。

かつてフレイレは，教師が学習者に一方的に知識を授けようとする教育は，既存の抑圧社会に人々を順応させ，創造力を摘み取ると批判した。一方，学習者が批判的共同探求者として教師と対話しながら主体的に課題を設定し，現実を変革しようと行動し省察する「課題提起教育」が人間を抑圧から解放するのだと論じた。今日推進される「主体的・対話的で深い学び」「アクティブ・ラーニング」が真に学習者のエンパワーメントを実現するには，自らの権力を批判的に捉え，学習者を抑圧から解放し，力の開花を支援しようとする教育者の姿勢が必要なのだといえる。

（二ノ宮リムさち）

〔参考文献〕

ジョン・フリードマン（1995）『市民・政府・NGO：「力の剥奪」からエンパワーメントへ』新評論.
パウロ・フレイレ（1979）『被抑圧者の教育学』亜紀書房.

117　シティズンシップ教育　Citizenship Education

シティズンシップとは？

シティズンシップ（citizenship）は「政治共同体の成員資格」を意味する概念である。現代において最も影響力のある政治共同体は，国民国家といえるだろう。ただし，政治共同体は国民国家にかぎられるわけではなく，欧州連合（EU）などの超国家機関も存在している。このようにシティズンシップの前提となる政治共同体は様々なレベルで構想することができる。

同様に，成員資格も様々に定義できる。このことが，シティズンシップにぴったり対応する日本語がない理由でもある。教育の文脈では「市民性（市民としての望ましい資質）」が用いられることが多いが，ほかにもいくつかの日本語があてはまる。

その一つは「国籍」である。このときシティズンシップは，政治共同体における法的地位を意味する。現代においては，国民国家の法的地位である国籍が最も重視されているといえる。すなわち，国籍を有するもの＝市民（国民）という考え方である。

また「市民権」と訳される場合もある。マーシャル（Marshall, T. H.）によれば，諸権利は，市民的権利，政治的権利，社会的権利と区別され，18世紀，19世紀，20世紀と時代を経るごとにその内容が確立してきたという。ここでのシティズンシップは，市民に与えられる一連の諸権利を意味する。

国籍や市民権を有すること，市民性を備えていることは，国民国家体制のもとで相互に強く結びついてきた。つまり，これまでは「国籍＝市民権＝市民性」という等式が成り立っており，しばしば「市民＝国民」と見なされてきた。しかし現在，この結びつきが問い直されるようになっている。

シティズンシップ教育への関心の高まり

シティズンシップ教育は，1990年代以降，世界各国で教育政策の一つの課題として取り上げられるようになった。シティズンシップ教育への関心が高まった背景には，いくつかの社会変化がある。それは，①福祉国家をめぐる問題，②若年層の政治的無関心への危機感，③東欧を中心とする国家再編，経済のボーダレス化による労働力の移動である。

まず①の文脈においては，新自由主義思想が台頭する中で，福祉国家の問題点が指摘されるようになった。人々が社会保障などの権利を享受するだけの受動的な存在になっているとし，自助努力や自己責任が強調されるようになる。つまり，国家に頼らず，人々がお互いに助けあうことを重視するシティズンシップである。このようなシティズンシップの育成においては，ボランティア活動などに重きが置かれることになる。

次に②の文脈では，若者の政治的無関心により，民主主義社会が維持できなくなることへの危機感が提起された。ここで重視されるのは，政治に関心を持ち，社会に参加するシティズンシップである。このようなシティズンシップの育成においては，政治や社会参加のために必要となる知識・スキルの獲得に重きが置かれることになる。

最後に③の文脈では，そもそも誰が市民なのか，市民であるとはどういうことかが問い直されることになる。国民国家の枠組みを超えたシティズンシップとして「トランスナショナル・シティズンシップ」や「コスモポリタン・シティズンシップ」が構想されてきた。これらのシティズンシップは，個人が複合的なアイデンティティを持つことを承認し，また，地域社会からグローバル社会まで多元的な参加が期待されることになる。

日本におけるシティズンシップの育成

日本におけるシティズンシップ教育への関心の高まりは，イングランドにおけるシティズンシップ教育の必修化の動向（後述）に大きな影響を受けている。近年では，2015年6月の公職選挙法改正を受けて選挙権年齢が18歳以上となり，いかに主権者を育成するのかという観点から再びシティズンシップ教育に注目が集まっている。総務省と文部科学省は同年に『私たちが拓く日本の未来』という主権者教育のための副教材と教師用指導資料を作成し，その充実を目指している。

加えて，高等学校学習指導要領（2018年3月告示，2022年4月から実施）において，公民科の現代社会に代わる新科目として「公共」が導入された。公共は必履修であり，高校生全員が学ぶ科目となる。学習内容の大項目として，「公共の扉」「自立した主体としてよりよい社会の形成に参画する私たち」「持続可能な社会づくりの主体となる私たち」が掲げられた。

諸外国におけるシティズンシップ教育

諸外国におけるシティズンシップ教育として，イングランドの事例を取り上げたい。イングランドでは中等教育段階（11～16歳）の必修教科として2002年から「シティズンシップ」が導入された。その背景には若者の政治的無関心への危機感があった。

シティズンシップ教育の導入を提起したのは，1998年に提出された『クリック報告』である。クリック報告では「行動的シティズンシップ（active citizenship）」の育成を目指し，シティズンシップ教育の三つの要素として「社会的・道徳的責任」「コミュニティへの参加」「政治的リテラシー」を提起した。その後，2005年のロンドン地下鉄・バス同時爆破事件を受けて，「アイデンティティと多様性：連合王国における共生」が第4の要素に加えられた。

国際機関によるシティズンシップ教育

2030年までの国際目標である「持続可能な開発目標（SDGs）」においては，グローバル・シティズンシップの育成が目指されている。SDGsの目標4.7においては「持続可能な開発のための教育及び持続可能なライフスタイル，人権，ジェンダーの平等，平和と非暴力の文化の推進，グローバル・シティズンシップ，文化的多様性と文化の持続可能な開発への貢献の理解を通して，すべての学習者が持続可能な開発を推進するために必要な知識及びスキルを身につけることができるようにする」ことが提起された。

このことを受けて，ユネスコが中心的な機関となり，グローバル・シティズンシップ教育（Global Citizenship Education: GCED）を推進している。グローバル・シティズンシップは「より広いコミュニティと共通の人間性への帰属の感覚」を意味しており，また「ローカル・ナショナル・グローバルの間での政治的・経済的・社会的・文化的な相互依存と相互関連を強調するもの」である。GCEDにおける三つの学習領域として「認知」「社会性と情動」「行動」が示されており，認知的な側面のみならず，社会性と情動及び行動的側面に着目する重要性が提起されている。

持続可能な社会の構築を目指す市民の育成に向けての取り組みがますます加速する中で，これまでの市民（国民）の境界や役割がどのように問い直されるのか，注視していく必要があるだろう。

（菊地かおり）

⇨ 3 グローバリゼーション，58 NPOと市民社会，83 SDGs 4.7

〔参考文献〕

嶺井明子（2007）『世界のシティズンシップ教育―グローバル時代の国民／市民形成』東信堂.
菊地かおり（2018）『イングランドのシティズンシップ教育政策の展開―カリキュラム改革にみる国民意識の形成に着目して』東信堂.

118　インクルーシブ教育　Inclusive Education

インクルーシブ教育の理念

1994年にスペインのサラマンカでUNESCOとスペイン教育・科学省の共催による「特別なニーズ教育に関する世界大会」で「インクルーシブ教育」の推進が提唱された。同大会では，かつてからUNESCOが進めていた「万人のための教育（Education for all)」の考えに基づき，障がい児を含み，すべての子どもたちの教育をうける権利を確認し，「特別な教育的ニーズに関するサラマンカ声明と行動大綱」が満場一致で採択された。

サラマンカ声明における「特別な教育的ニーズ」には，障がい児だけではなく，英才児，ストリート・チルドレンや労働している子どもたち，人里離れた地域の子どもたちや遊牧民の子どもたち，言語的・民族的・文化的マイノリティの子どもたち，ほかの恵まれていないもしくは辺境で生活している子どもたちが含まれるのが特徴である。サラマンカ声明は，こうした多様な教育的ニーズがある子どもたちを含めたすべての子どもたちを受け入れるインクルーシブな学校という概念を提唱したことで注目される。

現在，日本でインクルーシブ教育について語られる時，障がい児教育の問題として議論される傾向があるが，本来は障がい児にかぎらず，多様な教育的ニーズのある子どもたち全体の問題を意味する。日本では，障害者の権利に関する条約の批准にあたり，「障害のある子どもが居住する地域において一般的な教育制度から排除されないこと」に着目がなされた。このことが，障がい児教育の文脈においてインクルーシブ教育を捉える状況をつくり出したのではないかとされている。

ソーシャル・インクルージョン

インクルーシブ教育は，マイノリティーを含む多様な人々を包み込む，非差別，非排除，平等の社会形成を意味するソーシャル・インクルージョンの理念に基づく。ソーシャル・インクルージョンは，「誰もが相互に人格と個性を尊重し支えあい，人々の多様な在り方を相互に認めあえる全員参加型の社会」つまり共生社会を目指しており，そのための教育改革がインクルーシブ教育である。インクルーシブ教育は共生社会の形成において重要な役割を果たすと考えられており，多様な子どもたちが地域の学校で共に学ぶ仕組みづくりは学校教育の大きな課題の一つである。日本では，障害者の権利に関する条約の批准に伴い，特に障がいのある子どもが障がいのない子どもと共に学ぶ仕組みについて改革が進んでいる。

障害者の権利に関する条約

2006年12月３日，国連総会で「障害者の権利に関する条約」が採択された。この条約は，障がい者の人権及び基本的自由の享有を確保し，障がい者の固有の尊厳の尊重を促進することを目的として，障がい者の権利の実現のための措置を教育や労働等あらゆる領域について定めている。

教育に関しては，24条１項で，非差別と機会の均等を実現するため，あらゆる段階の教育制度と生涯学習の確保を定めている。２項では１項で掲げた権利の実現のために，締約国が確保すべき内容を下記のとおり示している（下線は筆者）。

(a) 障害者が障害に基づいて<u>一般的な教育制度から排除されないこと</u>及び無償のかつ義務的な初等教育から又は中等教育から排除

されないこと。

(b) 障害者が，他の者との平等を基礎として，自己の生活する地域社会で，障害者を包容し，質が高い，無償の初等教育及び中等教育を享受することができること。

(c) 個人に必要とされる合理的配慮が提供されること。

(d) 障害者が，その効果的な教育を容易にするために必要な支援を一般的な教育制度の下で受けること。

(e) 学問的及び社会的な発達を最大にする環境において，完全な包容という目標に合致する効果的で個別化された支援措置がとられること。

日本では，2014年に本条約が発効した。これに先立ち，中央教育審議会初等中等教育分科会の「共生社会の形成に向けたインクルーシブ教育システム構築のための特別支援教育の推進（報告）」(2012年）で，具体的な方針が示された。インクルーシブ教育の解釈には様々あるが，日本においては，これまで障がい児教育の中心的役割を担っていた特別支援学級や特別支援学校の存在を否定している訳ではなく，連続性のある多様な学びの場を用意しておく必要性が主張されている。

連続性のある多様な学びの場

同報告では，日本の義務教育段階における多様な学びの場の必要性を提起している。同じ場で学ぶことを追求するとともに，個別の教育的ニーズのある児童生徒の自立と社会参加を見据え，その時点で教育的ニーズに最も的確に応える指導が提供できる多様で柔軟な仕組みの整備の必要性を指摘し，小・中学校の通常の学級，通級による指導，特別支援学級，特別支援学校といった連続性のある多様な学びの場について提唱している。これは居住する地域における一般的な教育制度での学びを可能とするために，そこでの基礎的環境整備と合理的配慮の提供を強化しつつ，さらに一人ひとりの教育的ニーズに応じた個別化された支援を提供できる仕組みがあることで，障がいのある子どもが障がいのない子どもと共に学ぶ仕組みを柔軟なかたちで実現するものである。近年，基礎的環境整備の一環として，特別支援学校の分校，分教室を地域の小・中・高等学校内への設置や隣接・併設して設置する地域化の動きが推奨されており，特別支援学校のセンター的機能の充実化や障がい理解の推進につながっている。今後はより一層，それぞれの学びの場の連携が必要とされ，地域内の教育資源を相互に活用しあうスクールクラスターの取り組みが期待される。

学びの場づくりとともに重要なのが合理的配慮の提供だが，合理的配慮の判断は個々の事例により異なり，学校現場は対応に苦慮している。国立特別支援教育総合研究所は，合理的配慮の実践事例をデーターベース化して公開しており，各校の取り組みを参考にすることができる。今後はさらなるデータの充実化と専門家による相談体制の強化が課題である。

障がいのある子どもをはじめとした多様な子どもたちが共に学ぶ学校をつくるためには，施設設備の整備や専門性のある人材の確保といった環境面の整備はもちろん必要だが，教師，子ども，保護者等の関わる人々の人権尊重や支えあいの精神が何よりも必要とされる。日本では，学習指導要領に基づいた交流及び共同学習の推進により，障がいのある子どもと障がいのない子どもがお互いを理解しあう機会を積極的に設けている。今後は，障がい児にかぎらず，多様な教育的ニーズのある子どもにも視点を広げ，インクルーシブ教育の実現に向けた改革がさらに必要とされている。

（渡邉はるか）

〔参考文献〕

外務省，https://www.mofa.go.jp/mofaj/files/000018093.pdf

玉村公二彦ら（2015）『キーワード特別支援教育　インクルーシブ教育時代の障害児教育』クリエイツかもがわ.

119　オルタナティブ教育　Alternative Education

オルタナティブ教育

オルタナティブ教育といっても一つの教育理念や実践のかたちを示すものではない。その教育の理念や実践のあり方・性質などを示す一つの言葉ともいえる。

例えば，次のようなイラストが２枚ある。

「これは何か」との質問におそらく日本に住む多くの人が「学校」や「教室」と答えるだろう。その理由を聞けば，「あたりまえ」なこととしてこれまで思ってきたからというような答えが返ってくるかもしれない。

オルタナティブ教育はある意味，このような，多くの人に「あたりまえ」だと思われてきた教育や学習の場のイメージについて，本当にそれは「あたりまえ」のことなのか，なぜそれらを「あたりまえ」だと思っているのか，また，そのような「あたりまえ」が教育の選択肢のすべてだと思っていていいのだろうか，などの問いと深く関わっている。

オルタナティブとは何か

オルタナティブ教育の「オルタナティブ」という言葉について様々な辞書を見ていくとおおよそ次のような意味を持っていることが分かる。一つ目が二つかそれ以上のものから選択可能な（もう一つの）ものという意味であり，二つ目が代案や代替物などの代わりとなるものという意味であり，三つ目は既存の（支配的な）ものに対して取って代わるもの，新しいものという意味である。

これらの意味から，「オルタナティブ」とは複数のものから「選択可能」な状態とそれを可能にするための「多様性」が尊重されているといえる。また，既存のものに対しての疑問や批判的な視点から「革新性」や「刷新性」を含んだ概念であるといえる。

さらには，そのような疑問や批判的な視点がなぜ生まれるのか，その背景を見たときに社会の主流派や多数派（マジョリティ）に対して，「特殊」「特別」なニーズを求める視点でもあり，また，「少数派（マイノリティ）」という意味が込められていることもある。

オルタナティブ教育では特に従来の学校教育に見られるような教育観とその背景となっている近代化の考えや仕組みなどへの批判が共通して持たれていることが多い。また，分断・分離的，効率的，機械的などの近代化の要素への批判的な視座から，人間や社会，そして教育について，よりホリスティックに捉え直す「全体性（ホールネス）」という観点も見てとることができる。

オルタナティブ教育を実践する学校はオルタナティブスクールなどと呼ばれる。

オルタナティブ教育と社会

オルタナティブ教育は社会のあり方，つまりどのような社会を目指すのかということと深く関わっている。社会のあり方と教育のあり方が強く影響しあうことから，教育は目指すべき社会をつくるプロセスで常に重要な役割を持つとされてきた。その中でオルタナティブ教育は，今の社会と教育に疑問を持ち，あるべき社会を考えていく上で現在主流となっている教育を問い直し，既存のものとは異なる教育をつくる動きであるともいえる。

持続可能な社会づくりを考えるには，今の社会のままではいけないという意識と，そのような非持続的な社会や価値観をつくってきた教育を問い直す必要がある。そして，公正かつ共生可能な基盤とともに持続可能な社会を描くためのこれまでとは異なる教育のあり方が模索される必要があり，オルタナティブの意味とも重なることとなる。

オルタナティブ教育の代表例

「オルタナティブ教育」という一つのかたちがあるわけではなく，先ほど示した性質(のどれか)を持ちながらも，その中の具体的な実践を見ていくと実に多様なことがわかる。

代表的なものでは，モンテッソーリ教育，シュタイナー教育，フレネ教育，サドベリー（デモクラティック）スクールなどがある。

歴史的には，19世紀末からの欧州の新教育運動，アメリカの進歩主義教育運動，日本国内の大正自由教育・新教育運動などがあり，アメリカのジョン・デューイの子ども中心主義などが大きく影響を与えた。また，ブラジルのパウロ・フレイレなどに代表されるように，発展途上国といわれる地域でも，植民地支配の権威的な教育と人間観からの解放を目的としたオルタナティブな教育実践や運動が起こった。現在実践されているオルタナティブ教育の中には，これらの歴史的文脈から影響を受けているものが多いといえる。

加えて，オルタナティブ教育と関連してフリースクールやフリースペースと呼ばれる場とその実践がある。日本においては長年増加してきた不登校の子どもたちの学校外での学びや居場所として発展していった。東京シューレなどに代表される。このような場の多くでは，子どもは「学校に行けなくなった子ども」ではなく，一般的な学校教育での学習とは異なる「自身の個性に合わせた学びを主体的に実践する子ども」として尊重される。「不登校の子どもの権利宣言」などはその一つのかたちを示しているといえるだろう。

フリースクールやフリースペースの多くは，自らをオルタナティブ教育として名乗っていなくとも，オルタナティブ教育の性質と重なるような要素を多く見てとることができる。

オルタナティブ教育からの問いかけ

オルタナティブ教育が主流の教育に対する問い直しを特徴の一つとして持っているとすれば，その問いかけを受けて先ほどの「あたりまえ」について考えてみるきっかけになる。

例えばオルタナティブ教育の中には数学や国語といった教科とは別のかたちで，例えば１年間単位で一つのプロジェクトを行いながら学ぶための時間割を使っていたり，あらかじめ決められたものではなく，学習者自身が自分の興味関心に合わせて計画を立てたり，また,時間割を持たなかったりするところがある。

学年やクラスを持たず，異年齢の学習者が一つのテーマについて一緒に学びあっているところもある。また，小学校が６年間，中学校と高校が３年間となっていないところもある。例えばその教育理念や発達観にのっとって小中高等部で４年間ずつに分かれている学校もある。知識を教えるための教師とそれを学ぶための児童・生徒という関係性ではなく，教師のような立場にいる大人は学習者が自分自身で学ぶのを見守ったりサポートしたりする立場として関わるところも多い。

これらオルタナティブ教育に見る実践は，「あたりまえ」として受けることが多い教育と，それに関わる学校，教室，授業などについての考え方に対し，それらが必ずしも「あたりまえ」ではないことを示している。

さらに，オルタナティブ教育では，教育とは与えられるだけのものではなく，学習者の学びを中心に，子どもや大人が協働しながら自ら創っていくものであることを，具体的な実践を通して実現しているといえる。それは学習者が学びや教育，そしてそれらを通して社会を創る主体性を取り戻すことでもある。

持続可能な社会づくりのため，既存の社会のあり方を問うための学び，持続可能な社会を描くための学び，それらの学びを実現し展開していくためにも多様なオルタナティブ教育から学べることは多いだろう。（南雲勇多）

120　ノンフォーマル教育　Non-formal Education

ノンフォーマル教育の定義

学校教育制度の外で，大人と子どもを含む全世代を対象に展開するあらゆる教育活動のうち，一定程度組織され，計画的に実施される教育活動のことをいう。学校教育（フォーマル教育）が，年代別に高度に制度化され，発達段階に応じた体系性を有するのに対してノンフォーマル教育は，教育目的や教育の受益者が不明確な場合もあり，運営管理や資金提供の責任も一律ではなく多様な形式を持つ。また，学校教育が人生の限定した時期を扱うことに対して，ノンフォーマル教育は，生涯のあらゆる時期に生起し，学校教育と相互補完しあう教育の領域を指す。

ノンフォーマル教育が登場した経緯

ノンフォーマル教育は，先進国と発展途上国の双方において進行する世界の教育危機に対してCoombs, P. H.が1968年に発表した'The World Educational Crisis A system analysis'(『現代教育への挑戦』)の中で初めて提起したと見るのが通説である。Coombs, P. H.は，1974年に発表した共著書の中でinformal education, formal education, nonformal educationを定義した。Nonformal educationの例では，学校外で行われる農業普及，成人の識字，職業訓練などを挙げ，formal educationとnonformal educationの共通点は，いずれもinformal education（各自が生涯を通じて日々の経験から知識，技能，態度，洞察力を獲得する過程）における学習の増進と向上に寄与し，教授学的な型や方法においても類似することが多いと述べている。

Coombs, P. H.は，ノンフォーマル教育を必要とする理由や内容，優先順位などが先進国と発展途上国によって異なる点を強調し，一国の問題としてだけでなく国際社会の矛盾もあらわにした。また，ノンフォーマル教育への注目は，社会の急速な進歩と変容への対応として生涯教育の考え方が生成した時期と重なり，フォーマル教育の再定義や，フォーマル教育とノンフォーマル教育のより効果的な関係構築が問われ，その後ユネスコ成人教育会議などの場に課題は引き継がれていった。

日本への受容と環境教育

ノンフォーマル教育は，日本では社会教育法の中で規定される社会教育（学校教育の教育課程として行われる教育活動を除き，主に青少年及び成人対して行われる組織的な教育）と類似的に受け止められる傾向にあり，教育の目的や内容論にはほとんど触れられることなく，もっぱら学習の組織形態（型）として受容されている。

一方，環境教育の分野では，高度経済成長期の公害教育や自然保護教育に象徴されるように土着的なノンフォーマル教育の実践が生起している。特徴としては，住民運動や協同組合運動など自分たちの生活を守る活動の一貫として，学習する内容や方法を自主編成して，公民館などを使ってグループ学習や講演会などが組織された。90年代に入って環境教育が学校教育に導入された以降も，環境教育は学校の中よりも自然学校やビジターセンターなど学校外の環境教育施設において，また，NPO法人等の市民団体や行政，企業など様々な主体（単独もしくは連携）により多様な目的，内容，方法に基づき広く展開されている。

（小栗有子）

〔参考文献〕

Philip H. Coombs et al.（1974）*Attacking Rural Poverty: How Nonformal Education Can Help*, The Johns Hopkins University Press.

121　インフォーマル学習　Informal Learning

生涯学習の類型

生涯学習はフォーマル学習，ノンフォーマル学習，インフォーマル学習の三つの学習形態に分類される。OECD（経済協力開発機構）の定義によると，インフォーマル学習とは，「仕事，家庭，余暇に関連する日常の活動の結果として生起する学習であり，学習時間，対象，支援の観点から組織化されることも構造化されることもない学習」である。インフォーマル学習は日常の生活や行動を通して何かを学ぶという学習であり，「学習者の視点から意図的でない」という意味では偶発的学習とも呼ばれる。例えば，テレビのドキュメンタリーを見て環境問題について学んだり，博物館の音声ガイドを聞きながら文化・歴史や自然について学んだり，ボランティア活動への参加といった体験から知識やスキルを獲得する学びが該当する。

これに対し，フォーマル学習とは，「組織化され，構造化された環境において生起し，（学習目標，時間あるいは支援の観点から）学習として明確にデザインされている。学習者の視点から意図的に行われ，資格取得を前提とする学習」と定義され，学校教育や職業訓練はフォーマル学習である。ノンフォーマル学習は，フォーマル学習とインフォーマル学習の中間に位置し，「（学習目標，学習時間あるいは学習支援の観点から）学習としては明確にデザインされていないが，計画された活動に埋め込まれた学習。学習者の視点から意図的に行われる学習」である。

災害を通じたインフォーマル学習

1995年１月17日に発生した阪神淡路大震災では「ボランティア元年」として市民によるボランティア活動が注目を集めた。以来被災地には全国から多くの市民ボランティアが集まるようになった。東日本大震災では新たな取り組みとして，NPO法人エコツーリズムセンターが全国に3,000以上ある自然学校関係者に被災地支援を呼びかけて，ボランティア組織RQ市民災害救援センターが各地に結成された。自然体験活動や野外活動をメインに自然学校を運営してきた指導者らが宮城県南部の避難所を拠点に被災した家屋の清掃活動や避難所での炊き出し，避難者と直接接することで現地のニーズを把握し活動を展開した。これらの市民社会組織以外にも大学などに設置されたボランティアセンターや学生有志による団体がボランティア活動を担うようになっている。

災害を通じた学びは，支援活動を通じてボランティア仲間と助けあい，また長期の支援活動においては被災地の地域コミュニティに溶け込む努力が求められる。こうした学びは，1996年にユネスコ「21世紀教育国際委員会」が公表した『学習：秘められた宝』の「学習の４本柱」の「ともに生きることを学ぶ」「人間として生きることを学ぶ」である。

さらに，将来社会を担う若い世代がボランティア活動に参加し，偶発的に学ぶインフォーマル学習が地域社会のレジリエンスを高める可能性も考えられる。「学習の４本柱」から20年以上が経過し，持続可能性に向けた社会変革のための新しい枠組みが生涯学習に求められている。災害を通じたインフォーマル学習には，５本目の柱として示された「自らを変容し，社会を変革する学び」が期待できる。

（秦　範子）

〔参考文献〕

21世紀教育国際委員会（1997）『学習：秘められた宝―ユネスコ「21世紀教育国際委員会」報告書』ぎょうせい.

122　社会教育施設　Social Education Facility

学びの権利を保障する社会教育施設

国や地方自治体には，学校教育以外の場で人々の生涯にわたる学びの権利を保障する公民館・図書館・博物館・青少年教育施設・女性教育施設・社会体育施設・生涯学習関連施設など多様な社会教育施設が存在している。

文部科学省の2015年度社会教育統計によれば日本における社会教育施設は，公民館(類似施設も含む)14,841館，図書館3,331館，博物館1,256館，博物館類似施設4,434館，青少年教育施設941館，女性教育施設367館，社会体育施設47,536館，劇場・音楽堂等1,851館，生涯学習センター449館となっており，総数は74,557館である。またそこで働く指導系職員は，例えば公民館主事は13,275人，図書館司書は19,015人，博物館学芸員は7,821人，社会体育施設指導系職員は16,742人となっている。

それぞれの社会教育施設は，その歴史的背景や設置目的などは様々であるが，社会教育施設もまた教育施設であり，日本国憲法26条の「教育を受ける権利」を保障する施設であるという点が重要である。すなわち憲法26条は「すべて国民は，法律の定めるところにより，その能力に応じて，ひとしく教育を受ける権利を有する」と定めて，学校教育だけでなく生涯にわたって教育を受ける権利を規定している。また教育を受ける権利の基礎には「国民各自が，一個の人間として，また，一市民として，成長，発達し，自己の人格を完成，実現するために必要な学習をする固有の権利を有する」(1976年最高裁旭川学力テスト判決）として「国民の学習権」という考え方が確認されてきている。

憲法の精神にのっとり，1947年に制定された教育基本法は，２条で「教育の目的は，あらゆる機会に，あらゆる場所において，実現されなければならない」として７条に社会教育を定めていた。その後，同法は2006年に「全部改正」され，12条（社会教育）において「個人の要望や社会の要請にこたえ，社会において行われる教育は，国及び地方公共団体によって奨励されなければならない」，「国及び地方公共団体は，図書館，博物館，公民館その他の社会教育施設の設置，学校の施設の利用，学習の機会及び情報の提供その他の適当な方法によって社会教育の振興に努めなければならない」とされた。国と地方自治体の社会教育を奨励する公的責務とその具体的な方法としての「社会教育施設」の設置が定められているのである。1949年には，教育基本法の精神にのっとり社会教育法が制定され，その４章に公民館が規定された(現在は５章)。その後，1950年に図書館法，1951年に博物館法，1961年にスポーツ振興法（2011年に「全部改正」されスポーツ基本法として制定），1990年に生涯学習の振興のための施策の推進体制等の整備に関する法律等が，社会教育施設に関連する法律として制定されている。なお，地方教育行政法30条によって学校と並んで図書館，博物館，公民館は教育機関として規定されている。

学びの自由と社会教育施設

戦後社会教育は，戦前の超国家主義的軍国主義的教育の反省から出発した。社会教育法は，「国及び地方公共団体は，…すべての国民があらゆる機会，あらゆる場所を利用して，自ら実際生活に即する文化的教養を高め得るような環境を醸成するように努めなければならない。」(３条）とし，教育委員会事務局に置かれる専門的教育職員である社会教育主事については「社会教育主事は，社会教育を行う者に専門的技術的な助言と指導を与える。

ただし，命令及び監督をしてはならない」（９条の三），「この法律で「社会教育関係団体」とは，法人であると否とを問わず，公の支配に属しない団体で社会教育に関する事業を行うことを主たる目的とするものをいう」（10条），「国及び地方公共団体は，社会教育関係団体に対し，いかなる方法によっても，不当に統制的支配を及ぼし，又はその事業に干渉を加えてはならない」（12条）など，社会教育の自由，学びの自由を守るために幾重もの条文を有している。

2014年６月，さいたま市三橋公民館で起こった九条俳句不掲載事件は，同公民館で活動していた俳句会が今月の秀句として選んだ「梅雨空に『九条守れ』の女性デモ」という俳句が「集団的自衛権の問題で世論が二分されており，掲載にふさわしくない」という理由で不掲載にされた事件である。2018年12月20日最高裁は双方の上告を棄却し「思想，信条を理由に不公正な取扱いをしたことは違法である」とした東京高裁判決（2018年５月）が確定した。憲法に規定された基本的人権としての自由権と学習権は社会教育施設においても当然守られなければならない。

住民参加で学びを創る社会教育施設

社会教育施設としての公民館・図書館・博物館は住民参加で学びを創る豊かなシステムを有している。公民館には「館長の諮問に応じ，公民館における各種の事業の企画実施につき調査審議する」公民館運営審議会（社会教育法29条）が，図書館には「図書館の運営に関し館長の諮問に応ずるとともに，図書館の行う図書館奉仕につき，館長に対して意見を述べる機関」として図書館協議会（図書館法14条）が，博物館には「博物館の運営に関し館長の諮問に応ずるとともに，館長に対して意見を述べる機関」として博物館協議会（博物館法20条）が規定されている。いずれも任意設置の機関であるが（公民館運営審議会は1999年の地方分権一括法による社会教育法改正で必置制から任意設置に変更），このような法に定められた住民参加システムにとどまらず，ワークショップをはじめ，様々な住民参加型学習方法が展開されてきているのも特徴である。

なお，2003年の地方自治法改正によって指定管理者制度が導入され，導入率は2015年度文部科学省調査によれば，公民館（8.8％），図書館（15.6％），博物館（23.9％），博物館類似施設（31.1％）等となっている。また総務省は，2014年に公共施設等の老朽化・厳しい自治体財政状況・人口減少等を背景にPPP/PFI等を活用した「公共施設等総合管理計画」策定要請を各自治体に行っており，改めて施設の管理運営も含めて住民参加による社会教育施設づくりが課題となっている。

持続可能な地域づくりと社会教育施設の役割

2014年10月，岡山市で開催された「ESD推進のための公民館―CLC国際会議～地域で学び，共につくる持続可能な社会～」では，コミュニティに根ざした学びを通してESDを継続，拡大していくために15項目の「私たちの約束（コミットメント）」を採択している。そこでは「誰もが排除されない持続可能な社会を築くため，教育の在りようを見直すときには，コミュニティに根ざした学びにこそ，要となる役割が与えられるべきである。公民館・CLC，そしてこれらに類似する施設・機関において営まれるコミュニティに根ざした学びは，各国の教育および学習の制度におけるすべての教育機会の提供者，および関係者と協働した取組となることによって，ESDおよび持続可能な開発のより広汎な目標を達成することにつながるのである」と宣言している。同時に，次代を担う子ども・若者の学習を豊かに展開するために，学校教育と社会教育施設との連携及び協働によって「社会に開かれた教育課程の実現」（「学習指導要領」2017年版）を推進していく観点も求められている。

（長澤成次）

123　動物園・水族館　Zoo and Aquarium

定義

現代の動物園・水族館とは，生きた動物を収集し，動物福祉に配慮しながら，科学的な視点で飼育展示を行い，教育的配慮のもとに，一定期間，一般市民の利用に供し，調査研究，レクリエーション等に寄与するために必要な事業を行う施設である。併せて動物に関する調査研究を進め，種の保全に貢献することを目的としている。動物園はズー（zoo）と呼ばれる。これはzoological gardenあるいはzoological parkの略である。「動物学」に裏づけされた施設であることが原義である。現代の動物園に大きな影響を与えたのは，1828年に開園したロンドン動物園である。ロンドン動物学協会によって設立され，動物学の振興・発展を目的に掲げた最初の動物園でもあった。一方，水族館は英語ではaquariumと表現される。これは，卓上に置かれる小水槽を意味するものであったが，次第に複数の水槽を台上に並べて大勢の人に見せる場所ないし建物をもaquariumと呼ぶようになった。

現在，公益社団法人日本動物園水族館協会（JAZA）加盟の動物園は91施設，水族館は60施設を数える（2018年10月24日現在）。

動物園の役割

今日の動物園・水族館は①絶滅の恐れのある動物種の保全，ならびに②環境教育（環境学習）の推進を大きな目的としている。国際的な動物園・水族館組織である世界動物園水族館協会（WAZA）は，1993年に『世界動物園保全戦略』を，2005年には『世界動物園水族館保全戦略』（WAZACS）を刊行した。WAZACSでは絶滅の恐れのある種の生息域外保全，研究，社会教育，生物種や個体群を生息域内で支援することなど，幅広い活動を動物園・水族館が実施できると述べている。2015年には『野生生物への配慮～世界動物園水族館動物福祉戦略～』を打ち出し，保全活動に取り組む際には，動物福祉に配慮した計画を立てることを推奨している。動物が不自然な行動をするような展示や参加体験活動を企画・実施することを慎むよう勧告している。

環境教育・ESDの推進

現代の動物園・水族館は，環境学習プログラムを通じて環境保全に対する来園者や一般市民の態度・行動の変容を促そうとしている。国際動物園教育者協会（IZEA）は，隔年で国際会議を開き，世界各地で行われている動物園水族館教育の実践報告を交換しあうとともに，WAZAや国際自然保護連合（IUCN）と協力し，生物多様性の保全や持続可能な開発のための教育（ESD）の推進に力を注いでいる。種の保全といった活動は一つの動物園・水族館で完遂できるものではなく，また，環境保全に向けた動物園水族館教育も各国の動物園・水族館と協力・協働することで，より豊かで質の高いプログラムを開発することができる。JAZAでは，貴重な野生生物と共生・共存できる持続可能な社会の実現に寄与することを目的として2019年通常総会において，①動物園水族館で考える「動物福祉」，②「保全」のさらなる推進（「生物多様性保全の推進に関する基本協定書」をもとにさらなる生息域外保全活動に貢献する），③動物園水族館の明日に向けて（地球環境の変化，自然がもたらす脅威，人為的な圧力という課題に挑戦していく）という３点を決議した。

（髙橋宏之）

124　飼育教育・栽培教育　Learning through Keeping Animals and Cultivation Activities

園・学校における飼育・栽培活動の意義

日本の園や小学校では，古くから生き物の飼育・栽培が行われており，現在もその流れが続いている。飼育・栽培活動が重要視される背景として，近年，問題視されている子どもたちの自然体験不足や体験格差の広がりが挙げられ，生き物の世話や観察等の直接的な体験を通じて，子どもたちの自然への興味と関心を高め，他者に対する思いやりの心や命の尊さを感じる心，食の源である命に対する感謝の心の育みにつなげたいという期待がある。実際に，適切な飼育・栽培活動が子どもたちの心身の成長に望ましい影響をもたらすという報告は数多く見られ，この事実は多くの保育・教育関係者の認めるところであろう。また，幼少期における生き物との関わりは，大人になった際の自然観（自然に対する考え方や態度）にも影響を及ぼすことから，園や学校における飼育・栽培活動の持つ意味は大きい。

飼育・栽培活動における課題とその要因

子どもたちにとって重要な自然体験の一つとなる飼育・栽培活動だが，昨今では，保育者や教師の自然体験や知識の不足が課題となっており，現場関係者の業務が年々増加していることも相まって，飼育・栽培活動自体も困難になっている。実施している場合も，目的の形骸化や不適切な管理が見られるケースでは，生き物に対するネガティブな印象や生理・生態，扱い方等に関する誤った理解に結びつく可能性があり，改善が急務となっている。飼育・栽培に関する指導技術や知識が不足する要因としては，保育者や教師の豊かとはいえない自然体験歴や，両者の養成課程における体験的は学びの機会の不足，自然科学系出身である教員の減少等が挙げられる。

専門家との連携による実践デザイン

様々な課題が見られる一方で，動植物を扱う専門家らや関連施設，地域農家が教育機関と連携して，育てる動植物の選定や管理，触れ合いや収穫体験，実践プログラムや教材の提案，実践サポート等が多様なかたちで展開されている。また，現場の保育者や教員に向けた研修会も開催されており（例えば日本獣医師会による学校飼育動物に関する講習会や研修会等），飼育・栽培活動の意義を伝え，その時々の情勢に応じた活動のあり方についても専門家と現場関係者とで双方向のコミュニケーションが図られている。さらに近年では，保育者及び教員養成機関においても飼育・栽培教育の重要性が再認識されつつあり，農学系大学の動物飼育施設や附属農場等と連携するなど学習機会の確保の動きも見られる。

大切な「しなやかな感性」を育むために

飼育・栽培活動は，単に動植物の世話をして育てる活動と捉えられがちだが，現代におけるその活動の意義を考えると，認知能力（いわゆる学力）を高めていく以前の幼少期においては，自然に親しむ機会になると同時に，五感を通じた動植物との継続的なやり取りを通して，その場の状況を感じ取り反応する感性とスキルを育む活動として捉えて実践していくことが望ましい。そしてこの力は，持続的な社会を実現する際の様々な課題に対して，子どもたちが柔軟に対応しながら生きてゆくための力である「しなやかな感性」を育む重要な力の一つとなるものである。

（森元真理）

〔参考文献〕

森田茂紀（2019）『デザイン農学概論』朝倉書店.

125　自然観察　Nature Observation

日本における自然観察

自然観察が含まれる活動は古くから日本の日常に普通に見られ，短歌・俳句の会や古寺の庭づくり，あるいは個人の住宅建設などにおいても自然との親和性は重要なテーマであった。

また，1949年設立の尾瀬保存期成同盟を前身とする日本自然保護協会が，「“自然のしくみ”と“自然と人間のかかわりあい”を知り，自然を大切にしようとする価値観を持つようになる」ことを目的として実施してきた「自然観察会」や，日本野鳥の会東京支部が1947年に明治神宮探鳥会として開始した「探鳥会（後に野鳥観察会）」などには，日本における組織的な自然観察のルーツを見ることができる。

これらすべてが教育活動ではないにせよ，自然を観察することが「隠れたカリキュラム」として日本人の価値観形成に大きな影響を与えていることは想像に難くない。

教育における自然観察

自然観察を国民全体に対する教育活動という視座から見ると，1941（昭和16）年に施行された国民学校令施行規則で，初等科第１～３学年の理科の内容が「自然の観察」となっていたことが大きなポイントとして挙げられる。当時の文部省は同名の教師用書で，その意義について「対象は自然だけでなく，人の生活も制作物も含み，対象に対するはたらきかけも観察だけでなく，考え方・扱い方を含むことももちろんである」と解説し，「自然の中に，美しさ，おもしろさ，偉大さ，偽りのないまこと，すじみちを見いだし，無限の妙趣と真実とに触れようとする気持ち・態度のほう芽が養われるであろう。これが自然に対する眼を開くという意味である」という指導の要旨を述べている。なおこの教科においては，自然そのものを教材として自然の中で授業が行われるようにするため，児童用の教科書は作成しないこととしていた。このような自然観察の捉え方は，後にレイチェル・カーソンが『センス・オブ・ワンダー』によって示した「感性を涵養する自然体験を重要視する」という考え方と同じであり，感性的土壌をもたない科学的自然観は真の自然理解に導き得ないことを示していたといえる。

このように現代にも通じる先見性を持ってスタートした戦後の学校教育における自然観察は，その後学校の内外を問わず様々な教育実践の場に広がっていったものの，次第に知識偏重の流れにのみこまれ，「自然について学ぶ＝自然についての知識を得る」という構図の中で実施されるように変質していった。しかし，徐々に「自然についての知識を得る」ことだけでは持続可能な未来社会づくりの担い手の育成にはつながりづらいと考えられるようになり，自然との共生観や一体感を得るための「応答的体験を中心とするインタープリテーション型の自然観察」へとその活動内容は変化してきている。

主体的な学びにつなげる自然観察

自然を観察することは，科学的な学びの対象として自然を捉える場合にも重要視されるが，身の回りの事象への興味づけ，すなわち「環境への意識づけ」の意味でも重要である。そのため，自然観察には「発達段階に応じた自然や環境への理解と感性の涵養のための体験学習」としての意義も求められている。

しかし，目の前にライオンがいなくても，それがどういう生物でどのような生態なのかを学ぶことが可能なように，自然や周囲の環境に対する知識や理解・興味づけなどの学習は，必ずしも実体験（自然観察）を伴わない方法でも可能である。このように，実体験がなくても知識を得ることは可能であるが，そうして得られた自然に対する実感のない知識によって，自然との共生観や一体感が十分に養われるかといえば疑問を持たざるを得ない。逆に，せっかく自然観察を行なっても，実感のこもる学びや感性の涵養が行われなければ“費用対効果”が小さいという批判に抗することはできないだろう。したがって自然観察には，「実感のこもる学び」が得られる応答的体験が含まれることが重要といえる。

応答的体験とは「何らかのコミュニケーションが含まれる体験」という意味で，「観察者の主体的な働きかけや問いかけと，それに対する応答や意味の受容」というプロセスを含む体験を指す。このような応答的体験による「実感のこもる自然観察」が，主体的な学びのある自然体験にもつながるのである。

事象同士の関係と動的平衡

例えば教室でアサガオを栽培することでそれがどういう植物なのかという学びを得ることは可能であるが，アサガオ単体の観察は「切り取ってきた自然の一部」の観察にすぎず，そこからその自然物の生態や他の生物・非生物との関係性についての洞察を得ることは難しい。しかし自然の中でアサガオを見る時にはそうした洞察を得ることも可能であり，自然や生態系の全体像に関する理解や感性が涵養されることも期待できる。

また，自然の本質を理解するにあっては，「自然が安定状態に見えていたとしても，それは常に変化する現象の一瞬のつりあいにすぎない」という動的平衡の概念を獲得することが重要であるが，「切り取ってきた自然の一部」による学びからはそれも得づらい。したがって，事象同士の隠れた関係性や動的平衡に関する洞察が得られる「実感のこもった理解や感性を得るための体験学習」としてのインタープリテーション型の自然観察に大きな期待が寄せられるようになってきている。

持続可能な未来づくりのための自然観察

インタープリテーション型の自然観察は，応答的体験を織り交ぜつつ，観察できる自然の事象を入口としてその裏側にある「事象同士の隠れた関係性や動的自然観」の洞察に誘うものである。この洞察は，世代間の公平（未来のニーズを損なわない）・世代内の公平（現代世界における平等）・種間の公平（脱ヒト中心の自然観）という持続可能な未来づくりに不可欠な３概念を理解するためにも重要なものである。

持続可能な未来づくりには，環境・社会・経済の調和が必要とされているが，この三者は「環境が持続的でなければ人間社会も経済活動も成立しない」という関係にある。したがって，自然に関する深い理解に基づき，そのサイクルやシステムを撹乱しないことが最重要であり，自然共生型の持続可能な未来づくりのためには，「どこまで手をつけても大丈夫か／どこからは手をつけない方がよいか」，すなわち「回復可能なインパクトはどこまでか」を判断する理性と感性が求められる。そして，そのための人と自然をつなぐ教育の場として，自然観察には以前にも増して大きな期待が寄せられている。

（能條　歩）

〔参考文献〕

文部省（2009）『復刊 自然の観察』農山漁村文化協会.

レイチェル・カーソン（1996）『センス・オブ・ワンダー』新潮社.

日本自然保護協会（1984）『自然観察ハンドブック』思索社.

能條　歩（2015）『人と自然をつなぐ教育II』北海道自然体験活動サポートセンター.

明治神宮探鳥会ファンクラブ，http://www.asahi-net.or.jp/~EP3N-KIZM/naturewalk/jingu/history.htm

126　自然体験活動　Nature Experience Activities

自然体験活動とは

自然の中や自然を活用して行われる，自然や自分自身，他者，暮らしへの気づきや関心を得ること，自然を大切にする気持ちを育むことを目的とする教育活動の総称である。

「青少年の野外教育の充実について（報告）」（1996年）においては，「自然体験活動とは，自然の中で，自然を活用して行われる各種活動であり，具体的には，キャンプ，ハイキング，スキー，カヌーといった野外活動，動植物や星の観察といった自然・環境学習活動，自然物を使った工作や自然の中での音楽会といった文化・芸術活動などを含んだ総合的な活動である」と説明されており，単に自然のみを扱った活動ではないことがわかる。

自然体験活動が注目される背景

現代の青少年をめぐる課題として，基本的生活習慣が身についていないこと，基礎的な体力の低下，異年齢・異世代との交流がないことなどが指摘されており，それら課題の解決のためにも，自然体験，生活・文化体験，社会体験を通して生きる力を育むことが求められている。

さらには，変化し続ける地球環境や社会環境の中で，子どもたちには変化に対応し，生き抜く力を身につけ，持続可能な社会の担い手となることが期待されている。そのためにも自然体験をはじめとする体験活動の充実が不可欠なのである。

自然体験活動の展開

国内外における自然体験活動は，青少年教育や野外教育，環境教育，自然保護教育，レクリエーションなどの分野とリンクしながら実践されてきたが，発展の契機となったのは1987年に開催された「第１回清里フォーラム」と，1996年に開催された「自然学校宣言」といえるだろう。前者は主に自然体験型環境教育関係者が集ったミーティングで，後者は自然体験活動の担い手である自然学校をテーマにしたシンポジウムであった。

1997年からは，前述の「青少年の野外教育の充実について（報告）」に基づいて「野外教育企画担当者セミナー」が開催されるようになった。それまでは，各団体が自然体験活動の指導者養成を行ってきたが，本セミナーは文部省（当時）と民間事業者との連携だったことと多くの民間事業者が協働しての開催だったことが画期的といわれている。

また，2000年には文部省（当時）の協力を受けて，多くの民間事業者が参画して自然体験活動推進協議会（通称：CONE／コーン）が設立された。CONEでは，「自然体験活動憲章」を制定するとともに，指導者養成や安全対策の普及に取り組んでいる。

自然体験活動憲章
①自然体験活動は，自然のなかで遊び学び，感動するよろこびを伝えます。
②自然体験活動は，自然への理解を深め，自然を大切にする気持ちを育てます。
③自然体験活動は，ゆたかな人間性，心のかよった人と人のつながりを創ります。
④自然体験活動は，人と自然が共存する文化・社会を創造します。
⑤自然体験活動は，自然の力と活動にともなう危険性を理解し，安全への意識を高めます。

さらに，CONEと青少年教育振興機構は共に「全国体験活動指導者認定委員会　自然体験活動部会」を立ち上げ，新たな指導者養成の制度を創設した。

自然体験活動への期待

幼児期における自然体験活動の重要性は，森のようちえんに代表される保育や教育において大きく認識されるようになっている。また，前述の「生きる力」は2017年に改定された学習指導要領においても学校教育の大きなキーワードとなっているが，そのために自然体験活動が必要と述べられている。2014年に改定された「環境教育指導資料【幼稚園・小学校編】」においても，自然体験活動をはじめとする体験活動を通して，環境に対する感受性や思考力，実践力を育成することが期待されている。

さらに，自然体験活動は教育現場での大きなキーワードとなっている自己肯定感や自尊感情を得ることにつながると考えられている。このように，自然体験活動は様々な分野で期待されているのである。

なお，「全国体験活動指導者認定委員会自然体験活動部会」は，自然体験活動の意義として，以下の三つを挙げている。①自然体験活動は，自然のほか，自然と関わる人間の生活や他者への関心を高めること，②自然体験活動は，自然を大切にし，守る気持ちを育てること，③自然体験活動は，自己肯定感や自尊感情を高め，他者を尊重する気持ちを育てること。

多様な自然体験活動

自然体験活動は，直接的に自然とつながる活動はもちろん，人と自然との関わりによって生まれた文化や産業と関わる活動も含まれており，領域が広い教育活動である。

自然の中で遊ぶことや地域の文化や産業に触れることによって，自然や文化，他者への感性を育む自然体験活動には以下のようなものがある。

- 自然遊び，キャンプやハイキングなどの野外活動
- わらじ作り，食体験などの伝統文化体験
- 田植え，間伐などの一次産業体験

また，自然観察や地域の文化や歴史の調査を通して，自然や文化，産業についての知識や技術を学ぶ自然体験活動には以下のようなものがある。

- 動植物の調査，水質調査
- 地域のまちなかガイドマップ作り
- 地域の産業調査

さらに，環境保全活動や文化継承活動などを通して，地域の自然や文化，産業を守るきっかけを作る自然体験活動として，以下を挙げることができる。

- 枝打ちや間伐などの森林保全活動
- 町並み保存活動
- 地域の先達からの聞き書き活動

自然体験活動における留意点

自然体験活動はただやればよいというものではなく，何のために行うのか目的を明確にすることが大切である。また，実践するには安全対策も不可欠である。ただし，危険だからやらないというのではなく，自然体験活動＝安全教育であると認識して取り組む必要がある。さらに，自然体験活動自体が自然や地域に負の影響を与えないようにすることも肝要である。

（増田直広）

〔参考文献〕

国立青少年教育振興機構（2010）『学校で自然体験をすすめるために』国立青少年教育振興機構.
佐藤初雄ら（2001）『野外教育入門』小学館.
津村俊充ら（2014）『インタープリター・トレーニング』ナカニシヤ出版.

127　自然学校　Nature School

自然学校の経緯

日本において，自然学校というコンセプトが生まれたのは1980年代。民間の自律した自然体験活動から生まれた。「自然が先生」と呼び，自然が持つ優れた教育力を活かした活動をベースにしつつ，自然体験活動や青少年教育を行ってきた。

自然学校を日本国内の社会に認知させた転機は，日本環境教育フォーラム（現在は公益社団法人）が中心となって1996年に開催された「自然学校宣言シンポジウム」である。このシンポでは76校の自然学校の存在と活動が報告されている。

国内の自然学校の実態を把握するための全国調査は，1996年の第１回調査（文部省が実施主体）に始まりこれまで５回実施されている。各調査は，毎回，調査主体（環境省や民間団体）や対象数に違いがあるが，国内における自然学校の実態を俯瞰できるデータとして貴重である。

直近の第５回調査(2010年)では約3,700校の自然学校の存在が確認されている。この調査結果は2011年に報告され，日本では一般的に以下の三つの要素が揃っているものを自然学校と呼んでいる。

1．【理念・意義】活動を通して「人と自然」「人と人」「人と社会」を深くつなげ，自然と人間が共生する持続可能な社会づくりに貢献していること。
2．【活動】自然体験活動または，地域の生活文化に関わる地域づくり活動その他の教育的な体験活動を，専門家の指導のもとで組織的に安全に楽しく実施していること。
3．【組織形態】責任者，指導者，連絡先住所，活動プログラム，活動場所，参加者を有していること。

この要素にあてはまれば，例えば森のようちえんや学童クラブ，地域づくりセンターやエコツアーガイドなど，自然学校いう名称を使っていなくても自然学校とカウントできる。

自然学校の特質

自然学校が展開する地域や社会の様々な課題に対して取り組む活動は，2000年代に入ってからは社会的企業として育ち，運動体として発展してきた。この意味で，アメリカで発展した自然体験活動主体の自然学校とは性格を異にしている。

日本の自然学校の特質は，①高いコミュニケーションスキルを持っていること，②機動性のあるチームや全国的なネットワークを持っていること，③自然学校の仕事とスキルを通して，社会の課題に応え，貢献していくミッションを持っていること，の３点である。行政や企業など既存の組織やNPOにも見られないこれらの特質を持って，効果的に社会的な活動を広げてきた。

「地域の新しい担い手」「小さな産業」とも呼ばれるようになった自然学校は，今や持続可能な地域づくり，エコツーリズム，自然災害への救援と復興活動，企業のCSR，そしてESDの拠点など，多岐にわたる社会的起業としての役割を担っている。それはまさに，国連持続可能な開発目標（SGDs）の達成に，自然学校が大きな役割を担い始めているといえるだろう。　（辻　英之）

〔参考文献〕

阿部治ら（2012）『ESD拠点としての自然学校』みくに出版.
岡島成行（2001）『自然学校をつくろう』山と溪谷社.
佐々木豊志（2016）『環境社会の変化と自然学校の役割』みくに出版.

128　森のようちえん　Forest Kindergarten

定義と歴史

森などの自然豊かな場所で幼児（主として３～６歳児）を保育する自然保育のスタイルの総称である。認可園・無認可園にかかわらず園舎（建物）外での野外における自然体験活動を主たる幼児教育・保育の活動としている就学前教育施設及び団体の名称として用いられる。狭義には，園舎や園庭を持たず，一年を通してほぼ毎日，森などの野外で，数名の保育者が20人程度の幼児を保育するNPOや自然学校，自主保育の団体の名称を指す。広義には，幼稚園・保育所等で実践される定期的な野外での保育活動を，この名称を用いて指し示す場合がある。

別の表記方法として，森の幼稚園，森の保育園，野外保育，自然保育，里山保育などの多彩な用語もある。だが，昨今，この「森のようちえん」という名称で書物や論文が多数出版され，用語法として定着しつつある。なお，平仮名で「ようちえん」と表記するのは，国が定めた一学級の幼児数，施設や設備等の設置基準を満たし，都道府県知事に認可された幼稚園との混同を避けるためである。

このような団体と活動は，1950年代にデンマークで始まり，1990年代にドイツに広まった。日本では，2000年代に同業者の団体が集う場所やネットワークが構成され，全国に広まりつつある。

活動の特徴と意義

この活動とこの活動を保育の柱とする団体では，幼児の自然体験と子どもの自主性を大切にしている。無認可型の団体では，幼稚園教育要領や保育所保育指針等に従う必要がないため，保育者の自主性が保証され，保育内容の自由度が高い。また，森のようちえんの教育効果に関する研究では，体力，人間関係能力，集中力，卒園後の知力が向上するという報告がある。特別な支援を要する子どもたちの療育（治療）に効果があるとする報告もある。

認可型の就学前教育施設においては，保育者によって，意図的に整備された屋内の保育室や遊戯室において，あるいは，設計者と設置者，管理者と保育者たちが教育的配慮を込めて意図的計画的に丹精に作り出した園舎と園庭という人工的な「自然」の中で子どもは保育される。しかも，意図的計画的に子どもの成長・発達にとってよりよいものだけをよりよい時期に与える教育・保育がなされる。

反面，森のようちえんの子どもたちは，ある程度，むき出しのコントロールできない「自然」である森の中で保育される。また，ほとんどの幼稚園・保育所には柵や塀があり，区切られている。子どもたちはその区切りの内側で活動する。しかし，森のようちえんでは，そのような境界がない。子どもは，先生が見えないところへ行ってはいけないというルールなどを守らねばならないが，自由に森を探索できる。このように，森のようちえんには，意図的計画的によいものだけを子どもに与えるという従来の幼児教育の枠組みを超える点がある。

森のようちえん活動における課題は，安全管理と活動場所の確保である。対象児が幼児であるため，ケガや事故を防ぐ必要がある。加えて，安全に活動できる森を確保することも重要な課題である。

（今村光章）

Ⅸ　教育方法の革新

129　探究的な学習　Inquiry Studies

総合的な学習の時間における探究的な学習

教育の思潮を振り返ると，知識教授の考え方と知識獲得に必要な方法やプロセスを重視する考え方とに大別される。探究的な学習はこのプロセス重視の教育思潮の中から生まれた学習法であり，1950〜60年代に理科教育分野で多くの教育プログラムが開発された。

日本における探究的な学習は，1960年代半ばから1980年代半ばにかけて，主に理科と社会科教育の分野で実践されてきたが，再び脚光を浴びたのは，2008年の学習指導要領改訂時である。総合的な学習の時間の目標において,「横断的･総合的な学習」に加え,「探究的な学習」であることが求められてからである。2018年版『高等学校学習指導要領』では,「総合的な学習の時間」は「総合的な探究の時間」に名称が変更された。その意図は，「自己の在り方生き方と一体的で不可分な課題を自ら発見し，解決していくような学びを展開していく」ことで，高度化された自律的な探究学習へとリニューアルするところにある。この自己のあり方生き方と切り離せない課題を自ら見いだして課題解決を図る学習は，持続可能性教育の学びと重なるところが大きい。

総合的学習とESDの探究課題の共通性

総合的学習における探究課題は，学校段階が上がるほど横断的・総合的な課題として設定される傾向にある。この横断的・総合的な課題とは，国際，環境，資源エネルギー，福祉・健康，食，科学技術，経済・消費，安全・防災など，いわゆる現代的教育諸課題のことである。これら探究的な学習を通して学ぶべき価値のある学習事項とは，例えば,「省資源・省エネルギーと持続可能な社会の構築のための取組」や「科学技術の進展と持続可能な社会の構築との共存」,「持続可能な社会のための消費者市民社会，脱消費社会構築への取組」などが考えられている(文部科学省〈2013〉『今，求められる力を高める総合的な学習の時間の展開(高等学校編)』)。

他方，2016年に発効した持続可能な開発目標（SDGs）は，貧困，飢餓，ジェンダー，幼児死亡，エネルギー，児童労働，地球環境，生物多様性，格差是正など，17項目の現代的諸課題から成り立っている。このように，総合的学習と持続可能性教育のテーマとの間には，多くの共通性が見られる。

もともと,「国連持続可能な開発のための教育の10年」関係省庁連絡会議が決定した「ESD実施計画」（2011年６月改訂版）では,「育みたい力」を以下のように定めていた。

- 問題や現象の背景の理解，多面的かつ総合的なものの見方を重視した体系的な思考力（システムシンキング）を育むこと
- 批判力を重視した代替案の思考力（クリティカルシンキング）を育むこと
- データや情報を分析する能力，コミュニケーション能力，リーダーシップの向上を図ること

これらの育成の前提として,「人間の尊重，多様性の尊重，非排他性，機会均等，環境の尊重といった持続可能な開発に関する価値観を培う」ことを通し,「市民として参加する態度や技能を育むこと」が確認されていた。

上記の現代的教育諸課題に取り組む学習においては，例えば，エコノミー（経済成長）とエコロジー（自然保護）との関係がそうであるように，矛盾をはらんでいても両立させるべきコンセプトを立て，両コンセプトが牽引しあうぎりぎりの緊張関係の中で，現実の問題を打開する方策を探究するところに特徴があるといってよい。持続可能性教育は，安

直なトレードオフの考えとは距離を置くものであるし，足して二で割る発想で妥協を繰り返す折衷主義とも相容れないからこそ，探究して物事の本質を見極めようとするだけの価値があるといえる。

持続可能な社会づくりの問題には，地球温暖化や資源エネルギー問題など地球規模のグローバルな問題から，地域のごみ問題や環境保全，貧困や消費行動の問題など身近なものまで，環境・経済・社会・政治などの多様な要素が複雑に入り組んでいるものが多い。しかもこれらの問題は，唯一絶対の正答が見いだしにくいものばかりである。その意味で，多角的・多面的に物事を捉え，その問題の本質や性質を解き明かそうとする探究的な学習のアプローチは，持続可能性教育に効果的に機能すると考えられる。

持続可能性を探究する学習のプロセス

問題解決学習と探究的な学習との違いは，問題解決学習がステップを踏んでの問題の解決を目標とするのに対して，探究的な学習の過程はオープンエンドの目標を積極的に認めるところにある。持続可能な開発目標（SDGs）の諸課題は，一つの正答に収斂されにくく，オープンエンドでどのように授業を締めくくるのかを構想するところがポイントになる。

複雑な現代社会においては，いかなる問題であれ，一人だけの力で何かを成し遂げることは困難である。このことからすると，探究的な学習の特質である，「物事の本質を探って見極めようとする一連の知的な営み」を視座としながらも，社会参加への橋渡しとして，「他者と協働的に取り組み，異なる意見を生かして新たな知を創造しようとする態度」を育成することは重要である。自己の生き方や行動の仕方を問い続ける自己内対話の姿を基本として，自ら社会に関わり参画しようとする意志や自らの行動変容，持続可能な社会へと創造したり変革したりしようとする「社会の創り手」としての自覚が育まれてくる。

ESDは，持続可能な社会づくりに向け，地球的規模で広がる問題を自らの課題として引き寄せて受け止め，その解決に身近なところから取り組むことのできる人材の育成を目指してきた。これが，シンク・グローバリー，アクト・ローカリー（地球規模で考え，足元で行動せよ）のスローガンである。これを双方向的に考えることは，学びを探究的にするのに有効である。つまり，「シンク・ローカリー，アクト・グローバリー」という逆向きの構想を同時に取り入れることは，実感や切実感を伴う身近な問題から出発して，自分の価値観や行動様式の変容を超え，さらに社会の意識や仕組みの変容に向けて行動する社会参画につながっていくからである。

社会に開かれた教育課程の理念と持続可能性

近年の教育改革で文部科学省が示した資質・能力の三つの柱のうちの「学びに向かう力，人間性等」は，「どのように社会や世界と関わり，よりよい人生を送るか」に関わるものと説明された。これは，「自己の在り方生き方と一体的で不可分な課題を自ら発見し，解決していくような学びを展開していく」ことであるという。このように，「主体的・協働的（対話的）で社会参画的な教育」を通して参加・協働型の意思決定の学びを深めていくのが，持続可能性を探究する学習の特徴といえるだろう。

よりよい学校教育を通してよりよい社会を創るという理念を共有し，社会と連携・協働しながら未来の創り手を育てるのが「社会に開かれた教育課程」の趣旨だとすれば，その実現は持続可能性の理念と符合している。

（原田信之）

〔参考文献〕

佐藤真久・阿部治編著（2012）『持続可能な開発のための教育　ESD入門』筑波書房.
日本ユネスコ国内委員会，http://www.mext.go.jp/unesco/004/__icsFiles/afieldfile/2018/07/05/1405507_01_2.pdf

130　資質・能力　Competency

資質・能力の世界的な広まり

資質・能力は，OECD（経済協力開発機構）の「コンピテンシーの定義と選択：その理論的・概念的基礎」(通称DeSeCo)プロジェクトによる「キー・コンピテンシー（key competency)」や，P21（Partnership for 21 century skill）による「21世紀の学びのフレームワーク」や，ACT21（Assessment and Teaching of Twenty-First Century Skills Project）による「21世紀型スキル」として提案された，領域を越えて機能しうる汎用性の高い能力のことである。こうした資質・能力が，OECDの国際到達度調査(Programme for International Student Assessment：PISA）の広まりとともに，世界的に普及した。

資質・能力とは

資質・能力とは，例えばOECDのコンピテンシーでは，急速に社会が変化する中で，ライチェンらにより「固有の文脈に対して，複雑な要求にうまく対応する力」と定義されている。このコンピテンシーは，「異質な人々から成る集団のなかで相互に関わりあう力」「自律的に行動する力」「道具を相互作用的に用いる力」の3領域から成り，一体となって機能するものである（図1）。その他，21世紀型スキルや他国において新しい能力として提案された資質・能力も，大きく分けて，言語や数や情報を扱う「基礎的なリテラシー」，思考や学び方の学びを中心とする「認知スキル」，そして，社会や他者との関係やその中での自立に関わる「社会スキル」の三つの共通した汎用的な能力が見てとれる。特に，社会スキルの中で，協働することや，争いを処理し解決することや，シティズンシップや個人と社会的な責任などの世界の中で生きる方法といった，個人を超えて，社会の一員として生きる人間としてのあり方が示されていることが特徴的である。

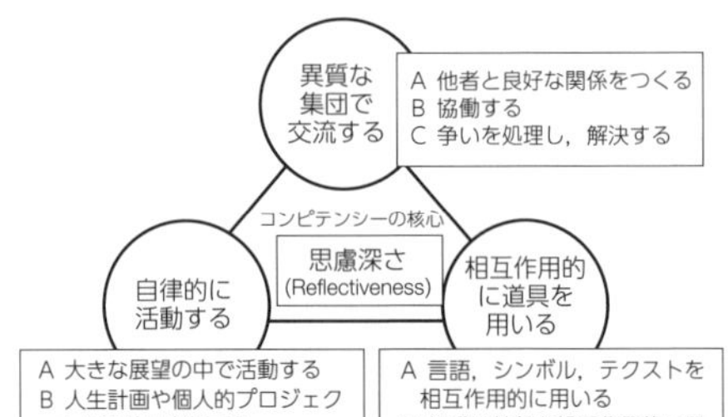

図1　キー・コンピテンシーの枠組みと構造
（ライチェン＆サルガニク『キー・コンピテンシー：国際標準の学力を目指して』（2006年）p.196より作成）

日本における資質・能力をめぐる議論

資質・能力をめぐる議論は各国で議論が進められ，教育政策に組み込まれた。日本においても，知識基盤社会の進展や急速に変化する社会に対応するために，議論が進められた。例えば，国立教育研究所は，資質・能力を，知識だけではなくスキルや態度を含んだ人間の能力であり，学びの手段や学ぶための力であるとして，「21世紀に求められる能力」を，道具や身体を使う「基礎力」と，深く考える「思考力」，そして，未来を創る「実践力」として示した。この三つの力を一体として働かせることで，「生きる力」の育成を実現していくことが目指されている。

ここでの実践力とは，自分自身と社会の未来を切り拓く「未来を創る力」を意味している。具体的には，周りの世界と関わりながら，自らの生き方や生活の仕方を主体的に選ぶ自律的活動，多様な人々との相互理解を深め協働して問題解決する関係形成，社会や自然の課題と向きあい新たな価値を創造する，持続可能な社会づくりが含まれていた。

学習指導要領における資質・能力の育成

2017・18年に改訂された学習指導要領（幼稚園・小学校・中学校・特別支援学校は2017年，高等学校は2018年告示）の議論の中で，学習指導要領の枠組み自体の位置づけを，「教員が何を教えるか」という学習内容の規定から，子どもが「何ができるようになるか」という資質・能力の育成へと，その視点を抜本的に変えた。知・徳・体にわたる「生きる力」を育むために，図２に示すように，資質・能力を，①何を理解しているか，何ができるか（生きて働く「知識・技能」の習得），②理解していること・できることをどう使うか（未知の状況にも対応できる「思考力・判断力・表現力等」の育成），③どのように社会・世界と関わり，よりよい人生を送るか（学びを人生や社会に生かそうとする「学びに向かう力・人間性等」の涵養）の三つの柱として提示した。そして，学習指導要領の総則において，生きる力を育むために，豊かな創造性を備え持続可能な社会の創り手となることが期待される児童・生徒に，三つの柱で示された資質・能力をすべての教育活動において明確にして，偏りなく実現できるようにすることが規定された。

この資質・能力は，新しい考え方であるものの，これまでの学習指導要領において，部分的にではあるが，示されてきた能力観である。例えば，主体的に学ぶ意思や態度としての「自己教育力」(1989年告示)や，自ら学び考える力や人間としての実践的な力の育成を目指す「生きる力」(幼稚園・小学校・中学校は1998年，盲学校，聾学校及び養護学校・高等学校は1999年告示）の考え方の中には，OECDの提示したコンピテンシー概念との関連性が見られる。つまり，連続性をもって育成が目指されてきた能力観であるといえよう。

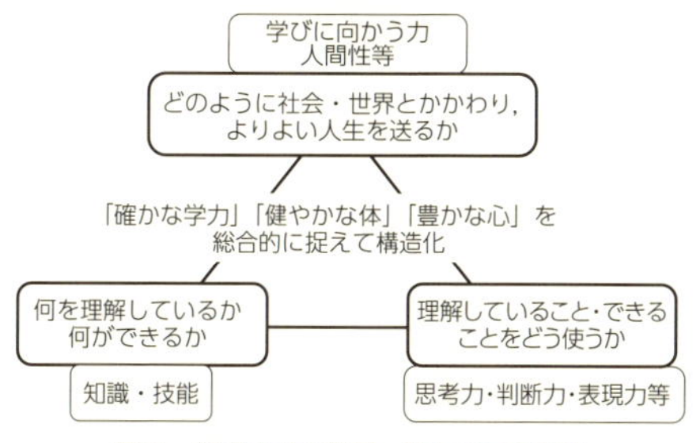

図２　育成すべき資質・能力の三つの柱
（文部科学省「新しい指導要領の考え方」〈2017年〉より作成）

持続可能な社会の創り手を育てる

今回の学習指導要領で初めて付された前文で，教育基本法２条の目標の達成を目指しつつ，「一人一人の児童・生徒が，自分のよさや可能性を認識するとともに，あらゆる他者を価値のある存在として尊重し，多様な人々と協働しながら様々な社会的変化を乗り越え，豊かな人生を切り拓き，持続可能な社会の創り手となることができるようにすること」を求め，持続可能な社会の構築が位置づけられている。そして，よりよい学校教育を通してよい社会を創るという理念を，学校と社会で共有し連携しながら，教育課程において児童生徒に資質・能力を身につけさせることが明記されている。

この持続可能な社会の創り手の育成のための教育の実現は，私たちが共通して追究するべき課題である。持続可能な社会と資質・能力を基盤とした教育を実現するためには，学びの主体である児童・生徒自身のそれぞれの文脈や状況に関連づけ，深く学ぶことができる授業や学びのデザインの絶えざる探究と研究が重要であろう。

（黒田友紀）

〔参考文献〕

国立教育政策研究所（2016）『資質・能力：理論編』東洋館出版社.

ドミニク・S. ライチェンら（2006）『キー・コンピテンシー―国際標準の学力を目指して』明石書店.

131　主体的・対話的で深い学び（アクティブ・ラーニング）

Proactive, Interactive, and Deep Learning (Active Learning)

アクティブ・ラーニングから主体的・対話的で深い学びへ

アクティブ・ラーニングは，2012年に中央教育審議会が大学の教育改革に向けて「能動的学修（アクティブ・ラーニング）への転換が必要である」と答申したのを契機に大学だけでなく教育界全体で注目されるようになった。文部科学省が公開している用語集では，アクティブ・ラーニングは「教員による一方向的な講義形式の教育とは異なり，学修者の能動的な学修への参加を取り入れた教授・学習法」と説明しており，例としてグループ・ディスカッションやディベート等が挙げられたため，あたかも特定の教授・学習法であると誤解されることもあった。

その後，その内容を小中高校の教育の実態に合わせてより具体的にするために，文部科学省は2014年に「課題の発見と解決に向けて主体的・協働的に学ぶ学習（いわゆる『アクティブ・ラーニング』）」としたが，主体的・協働的では十分に表現できず，2015年には「深い学びの過程」「対話的な学びの過程」「主体的な学びの過程」と整理され，2016年に「主体的・対話的で深い学び」になった。

「主体的・対話的で深い学び」は「アクティブ・ラーニング」とほぼ同義としてよいが，能動的な学びを目指すだけでなく，知識をつなげ，解釈・活用して考えを形成し，協働で新たな知を創造する深い学びの実現に主眼が置かれている。

主体的な学び

2016年の中央教育審議会の答申では，主体的な学びは「学ぶことに興味や関心を持ち，自己のキャリア形成の方向性と関連付けながら，見通しを持って粘り強く取り組み，自己の学習活動を振り返って次につなげる」学びとされている。

「主体的」は，与えられた宿題を親や教師からいわれる前に「自ら」「自主的に」やるといった，学習態度の主体性だけを示しているわけではない。学習内容を振り返り，過去や他教科の学習内容との関連性に気づくなど知識の習得状況を自覚したり，学習方法や姿勢，学習の意味や価値を問い直したりするなど，子どもが学習内容や学習過程を「自分ごと」として俯瞰的に思考する能力や態度のことを示しているのである。

これは，放任して任せれば育つものではない。学習内容が子どもにとって意味のあるものになるよう，既有知識や経験を生かす課題設定の工夫や，自分で課題を発見して解を見いだすまでに，成果やその過程をイメージできるような環境づくりなど，教師の積極的な関与が重要になる。

そして，その主体的な態度が自分本位な視点にとどまることがないよう，具体的な文脈を取り入れた現実味のある学習・実践を通して，自分と社会を結びつけさせることで，将来の社会の創り手としての主体性を養いたいのである。

対話的な学び

2016年の中央教育審議会の答申では，対話的な学びは「子ども同士の協働，教職員や地域の人との対話，先哲の考え方を手掛かりに考えること等を通じ，自己の考えを広げ深める」学びとされている。

多様な他者との学びあいを通して，様々な情報を収集できる上に，子どもたち一人ひとりの個別で特殊で具体的な体験を共有して，多面的な視点を得ることで考えを広めたり深めたりできるなど，学習過程を質的に高めることができる。

また，考えを説明する際には，得た知識を処理して構造化した上で外化しないと適切に伝えることができない。したがって「対話的」は声に出す「会話」や質疑応答的な「対話」が必須なのではなく，相手を意識して考える行為に意義があり，「対話的」な学びを通して知識を構造化すること，構造化された知識を定着させて活用することが大切になる。

対話的な学びを促進するためには，ピラミッドチャートやジグソー法等の情報を可視化して共有するための思考ツールが活躍する。しかし，対話が活発に行われているものの表面的な活動に終始してしまうことがないように，授業の意図を明確にし，整理，共有，比較，関係づけ，振り返ることを通して多面的な理解が促進されるよう，教師の指導が重要である。

深い学び

深い学びについて，文部科学省は「習得・活用・探究という学びの過程の中で，各教科等の特質に応じた『見方・考え方』を働かせながら，知識を相互に関連付けてより深く理解したり，情報を精査して考えを形成したり，問題を見いだして解決策を考えたり，思いや考えをもとに創造したりすることに向かう」学びと説明している。

深い学びは，各教科での学習や生活や経験から得た知識や情報を，主体的で対話的な学びを通して緊密に関連づけて構造化し，納得のいく理解をすることである。さらに，社会的な文脈を含む問題を解決する過程で，これまでの学習で得た知識や獲得した各教科特有の見方・考え方を活用すること，知識や考えを整理して意味づけ再構成した上で価値観を形成すること，考えを共有して協働で新たな知を創造することをも含むのである。

「主体的・対話的で深い学び」の目標は問題の解決ではなく，獲得した知識・見方・考え方を問題解決の過程で何度も繰り返し使いこなすことで身体化させることである。そして，社会の形成者としての価値観を形成し，協働で新たな知を創造し続けることである。

主体的・対話的で深い学びの実現に向けて

「主体的・対話的で深い学び」がいわれるようになった背景には，OECDのキーコンピテンシーをはじめとする「何を知っているか」から「どのように活用できるか」への学力論の拡張や，PISA・全国学力・学習状況調査などで子どもたちに必要または不足している資質能力が顕在化したことなどがある。

その実現のためには，特別な取り組みを新たに始めるのではなく，教師がしっかりと教えることに関わりながら「主体的・対話的で深い学び」の視点で授業や授業計画を改善することや，その対象を教室・学校内だけでなく地域や社会に広げることから始め，これを継続する必要がある。

そして，共創する将来社会は，「産業社会」「経済発展」だけを志向するのではなく「持続可能な社会」の視点が重要である。これまでの学校・教師中心の教育では「持続可能な社会」を実現するために教えるべき正解がないので扱うことが難しい。子どもたちが正解のない将来社会の主体的な創り手となるためには，自分で問題を設定し，最適解を自力で，時には他者と協働で探すことができる能力や態度が必要であり「主体的・対話的で深い学び」の実現が欠かせない。「主体的・対話的で深い学び」の実現は，持続可能な社会を創る原動力となる。

（内田　隆）

〔参考文献〕

奈須正裕（2017）『「資質・能力」と学びのメカニズム』東洋館出版社.
田村学（2018）『深い学び』東洋館出版社.

132　共創型対話　Inventive Dialogue

対話の概念・型

対話は，自己及び多様な他者・事象と交流し，差異を生かしつつ，新たな智慧や価値，解決策などを共に創り，その過程で良好で創造的な関係を構築していくための言語・非言語による，継続・発展・深化する表現活動，と定義づけられる。

その対話は，目的，参加者相互の関係などにより，４つの型に分類できる。すなわち，ソクラテスと弟子との問答が産婆法と呼ばれるように，「生きる意味とは何か」「自然との共生はどうあるべきか」といった，真理を希求していく対話である真理探究型，会社における上司と部下，集団スポーツにおける監督と選手との間で交わされる指示・伝達型対話，様々な軋轢や対立が起こってきた時，それを解消するための交渉，契約，依頼，謝罪，要求，説得などを目的とした対応型対話，そして共創型の対話である。

共創型対話の理念と生起させる要件

共創型対話の基本理念は，相互理解を基調に置く多様性の容認と尊重・活用による叡智の共創にある。価値観や文化的背景が違う人々と，心の襞までの共感や，完全な理解をすることは不可能であるかもしれない。しかし，互いに英知を出しあい語りあえば，むしろ異質なものとの出合いによってこそ新たな知的世界が拓かれる，共創型対話はこの考えに立っている。

以下に，共創型対話を生起させる要件を示す。

・創造的な関係性の構築

共創型対話では，相手は利害損得を争う相手ではない。自分の提言，感想，意見等を率直に述べ，相手のそれを傾聴しつつ共に課題の解決を目指す仲間であり，プロセスを通して参加者たちが創造的な人間関係を構築することに目的がある。

・少数者の意見・異見の尊重

多数決ですべてが決められていては，共創型対話は成り立たない。少数者の意見であっても，その意見を尊重すること，また，様々な異見を活用することにより，同質なものだけでは到達し得ない論議の深まりと広まりが求められる。

・当事者意識・主体的参加意識

人は，様々な課題を自分の課題として捉えないかぎり，考えないし，行動もしない。一人ひとりが，自己が課題とつながりを持った当事者であるとの意識を持って参加することにより真剣かつ率直な対話が展開され，納得，共感できる結論に至ることができる。

・変化への対応力

対話における変化への対応力とは，当初持った自説に固執することなく，相手の発言内容に納得・共感ができたら，自己の見解を再組織していける力である。変化への対応力は傾聴，分析・整理・考察，再組織化，発話のプロセスを通して培われる。

・沈黙・混沌・混乱

対話における，沈黙・混沌・混乱は，共創への基盤となる。対話の間（はざま）に自己との対話の時間である沈黙の時間を担保し，また多様や異見や感覚のぶつかりあう混沌・混乱の時空を重視することにより，新たな知見や知恵が共創されていく。

・共感・イメージ・推察力

対話においては，言語表現だけでなく，曖昧な感情や雰囲気，ニュアンスも大事にしながら，相手が真に伝えたいことを共感・イメージしようとする姿勢を持つことを重視したい。また，相手の立場や文化について推察することも相互理解を深めていく。これにより，相互信頼が醸成され共創への意識が共有できる。

社会との関わりに対応した対話

グローバル時代，多文化共生社会の現実化は，共創型対話の基本的な考え方を基盤に置きつつ，社会の変化に対応した対話の必要性を高めている。

社会の変化に対応する対話の役割については先達の言説に示されている。ロシアの思想家・哲学者のミハイル・ミハイロビッチ・バフチンは「一つの意味は，別の〈他者の〉意味と出会い，触れ合うことで，深みを増す。両者の間でいわば対話がはじまるのであり，対話はこれらの意味や文化の閉鎖性と一面性を克服するのである」と述べ，社会改革の視点から対話研究に取り組んだ教育者パウロ・フレイレは，「対話とは出あいであり，対話者同士の省察と行動がそこでひとつに結びついて，世界の変革に向かうもの」であり，「創造的行為」であると述べている。

グローバル時代，多文化共生社会における共創型対話では下記の点が重要となる。

- 相互理解の難しさを自覚しつつ，臆せず反論したり，批判したりし，相手の伝えたいことを把握し，また，自らの考えを，わかりやすく伝え，相手を共感，納得させ，理解を深めることができる。
- 対立，批判や異見に傷つくことなくむしろそれらを生かし，調整し，新たな解決策や智慧を共創していける。
- 予想外の状況や内容の変化に応じて，臨機応変に対応していける。
- 十分な情報がなくても，様々な情報を紡ぎ合わせ，統合し，判断し，対話できる。
- 相手の心情，文化や立場への響感力やイメージ力を持つ。
- 完全にはわかりあえないかもしれない相手とも，できるかぎり合意形成を求めての話し合いを継続していく粘り強さを持つ。
- 論議の流れを把握しつつ，新たな視点や発想が出せる。
- ユーモアやアイロジー（上質の冗談），印象的なエピソードの挿入により聴き手を引きつけることができる。

対話の技法の習得とともに，知的教養をもち，信頼される人格を育むことが，相互理解や相互信頼の要諦であり共創の源泉となる。

脱システムの思想と共創型対話

現代は先行き不透明でダイナミックに変化する人類史上の大変革期を迎えている。その現実を直視し，共創型対話が持続可能な社会の実現に向けて，有効に機能するために次の点が重要であることを提起したい。

その要諦は「脱システムの思想」を持つことである。人間は，自己の所属する集団の行動様式，思惟方式，倫理観などの制約を受け，システムの中で生きている。しかし，システムの内側にのみとどまっていては，世界の多様性は実感できない。世界の現実は，自分の属する集団での常識や価値観では，理解できない多様性に満ちている。システムの外に飛び出して異なる視点を獲得すること，あるいは，意図的に自明とされる自己の常識や価値観を見直す姿勢を持つことが，多様な人々と希望ある持続可能な社会を構築するためには必須である。対象を外から見る視点を持ち，しかも，不思議，戸惑い，疑問，理解の難解さなどをも巻き込むアプローチのための共創型対話が必要となる。

（多田孝志）

〔参考文献〕

多田孝志（2017）『グローバル時代の対話型授業の研究』東信堂.
多田孝志（2018）『対話型授業の理論と実践』教育出版.

133　体験学習　Experimental Learning

体験学習とは

教育の場面で行われる，自然や人，事物との直接的な経験の機会，観察・調査・見学・飼育・勤労などを取り入れた学習全般のことを指す。「体験教育」とも呼ばれる。学校教育の場合，体験を子どもの能力の発展のために，ある企図を持って行われる教育活動のことである。

用語的にはドイツ語の「経験」(Erfahrung)と同意義で「体験」という言葉を使用している。ボルノー（Bollnow, O. F.）によれば，「経験」や「体験」は旅（Fahren）・遍歴・彷徨することが語源であり，erは到達目標まで耐え抜くことを意味しており，故郷を去って見知らぬ異郷に「旅をする」状況のことであるという。そして「経験は決して安全な場所からは生じない。予想しないものに自分をさらさなければならない」とする。

体験学習の推進

1997年５月に起こった神戸連続児童殺害事件を受け，その後，全省庁あげて子どもたちの「心の教育」を問い直そうという動きが始まる。

中教審生涯学習審議会は1999年に発表した中間報告『生活体験，自然体験が日本の子どものこころを育む』の中で，体験を重視する論拠として1998年に行った「子どもの体験活動等に関するアンケート調査」の結果を挙げている。そこでは子どもたちが「生活体験」「お手伝い」「自然体験」をしていることと，「道徳観・正義感」が身についていることとの間に高い相関の傾向が見られることが示されている。その中で「子どもたちの生きる力は，さまざまな体験や活動を通して，子どもたちが主体的に考え，試行錯誤しながら自ら解決策を見いだして行くプロセスにおいてこそはぐくまれるもの」と答申している。それは体験がプラモデルを組み立てるように順序立てられたものであってはならず，そこには失敗や挫折による失望や発見の喜び，達成感など様々な感動が求められている。

文部省では緊急に取り組むべき対策として，①自然体験の機会を広げる対策として「自然体験活動推進協議会（CONE）」の全国組織，②体験の場を広げるために，「子どもの居場所」や「子どもの長期自然体験」，③体験の場づくり支援のために「子ども夢基金」を設立した。また「野外活動」と呼ばれていたものを，教育としての自覚を持った施設での受け皿づくりをするため，全国の国公立青少年教育施設職員，民間教育事業者に「体験学習法」の考え方と教育方法を広げた。

体験学習法という循環型学習法

体験学習法とは，体験したことを振り返り，自分にとって意味あるものとして知識を形成していく過程を持った学習方法のこと。グループでの協働関係を通してこれを達成するために考えられた以下の４つのステップからなる循環型の学習方法のことを指している。

①DO 経験（Experiencing）
②LOOK 指摘（Identifying）
③THINK 分析（Analyzing）
④PLAN 仮説化（Hypothesizing）

①「経験」とはグループの中で起こったことで，全員が共有し得る学習素材すべてのこと。②「指摘」とはプロセス（関係的過程）を省みること，そして主要な学習素材として焦点化すること。③「分析」とはその背景に流れるものを考察すること。④「仮説化」とは今後どのようなことが起こりうるか，どのような変革が可能なのかを一般化することで，

新たな状況に適用され，再び検証されていく。

体験学習法の起点となるグループダイナミクスの研究は，教育者，教育学者等によって1930年代に始まった。それはフロイト（Freud, S.）の集団心理学やモレノ（Moreno, J.）のロールプレイング，教育におけるデューイの教育方法を具体化することにあった。その後1945年，社会心理学者であるレヴィン（Kurt, L.）によってグループセッションによる人間関係の再教育をする研究が行われた。1947年にはNTL（National Training Laboratory）がアメリカで設立され，その人間関係トレーニングのプログラム「Ｔグループ（Training groups）」が生まれる。1950年代に入るとこの考え方は産業界におけるリーダーシップのトレーニングとして世界的に拡大して行き，学校をはじめ，社会の様々な教育の場面でその考え方が浸透して行く。1960年代以後はグループカウンセリング（エンカウンターグループ）の可能性に注目していたロジャーズ（Rogers,　C.）も加わり，セラピー的アプローチも加味されていく。この「Ｔグループ」において柳原光が日本に紹介したのが「体験学習の過程」である。

この「体験学習の過程」と呼ばれていたものを自然体験活動の推進のために，文部省からの委託で学者，専門家で体験学習法調査研究会をつくり，『自然体験活動における体験学習法の調査研究報告書』（2000年）の中で「体験学習法」と言い換えた。

学校教育における体験学習

2001（平成13）年改正の学校教育法31条で「教育指導を行うに当たり，児童の体験的な学習活動，特にボランティア活動など社会奉仕体験活動，自然体験活動その他の体験活動の充実に努める」と記し，学校教育における体験学習の重視を打ち出している。

2002（平成14）年の学習指導要領改定では「豊かな体験活動の推進」が取り上げられ，集団宿泊体験においては，先に述べた施設指導者や民間教育事業者の力を借りてその実施が進められた。

2017（平成29）年３月に告示された小中学校の新指導要領改訂の３点目のポイントとして特別教科化される道徳教育の充実と体験活動の重視，体育・健康に関する指導の充実により，豊かな心や健やかな体を育成することが述べられている。そして総則には「生命の有限性や自然の大切さ，挑戦や他者との協働の重要性を実感するための体験活動の充実」を図ることが記され，小学校中学校の特別活動においては自然の中での集団宿泊体験活動や職場体験を重視することが示されている。高等学校の特別活動においては，ボランティア活動などの社会奉仕や就業体験の充実，職業教育においての産業現場等における長期間実習を取り入れることとされ，小学校から高等学校まで，体験学習の重要性が今回の改訂の一つの柱となっている。

持続可能な社会と体験学習

コンピューターやスマホを通して世界と関わる環境の中で，子どもたちの実体験の不足が加速度的に進んでいる。それ故，自然，人間，そしてリアリティのある社会と直接関わることから受ける感動や原体験がますます重要であると指摘されてきた。

原体験にとどまらず，持続可能な社会を実現するための教育として重要なことは，自分を取り巻く自然や社会の課題を明確化し，解決に向けて自らアクションを起こす（体験）することにある。身近な地域の河川や廃棄物の問題に，世界で起こっている飢餓の問題に「子どもたちが主体的に考え，試行錯誤しながら自ら解決策を見いだして行くプロセス」によって，態度やスキルを身につけることが体験学習としての要点であり，またSDGsの目標に照らして重要である。

（高田　研）

134　参加型学習　Participatory Learning

参加型学習とその源流

参加型学習とは「社会の変革への創造的な参画（participate）をねらいとする学習であり，学習者が対話や体験のなかで学びの主体となる学習である」と定義することができる。狭義には知識伝達型の学習ではなく，学習者が体験によって学ぶ学習手法の意味であり，参加体験型学習という用語が使われる場合もある。

参加型学習の源流をジョン・デューイに見る識者は多い。デューイは，学校を民主主義の基礎となる学びの共同体を形成する場所と考えた。教師中心の知識の詰め込みであった従来の学校から子ども中心の生活の場への転換を，その実験学校において試みた。同時に学校を地域に開かれたものとし，民主的社会に参画する学校のあり方を追究した。

デューイの影響もあるパウロ・フレイレは，生徒を空虚な入れ物とする教育を「預金型（銀行型）教育」と批判し，それに代わる，対話を基本とする「問題化型（課題提起）教育」を提唱した。フレイレは抑圧された人々が社会に参画し社会変革の主体となるすべを教育に見た。彼の思想と実践の影響は識字教育にとどまらない。彼が抑圧された人々を世界の変革の中心にすえたことは，ロバート・チェンバースを理論的な中核とするPRA（参加型農村調査法）やPLA（参加型学習行動法）などの参加型農村開発プロジェクトに影響を与えた。また，教育における対話と教師のファシリテーター的なあり方を重視するフレイレの理論は，参加型学習への教師の関わり方に関する思想と実践の基礎を創り上げた。

日本における参加型学習の系譜

デューイの影響は日本にも及んだ。1920年代には子ども中心の教育である大正自由教育が行われた。アジア太平洋戦争の敗北後は，学習者の主体的な問題意識をもとにした問題解決学習が登場した。代表的な実践として無着成恭の『山びこ学校』の実践が挙げられる。無着は，今でいうところのファシリテーターであった。彼の実践では，中学生たちが議論の中で地域の問題を捉え文集でそれをアウトプットし，地域社会の変革を訴えた。これは狭義の参加型学習を超える創造的社会参画のレベルの実践であった。しかし，このような参加型学習重視の動きは長くは続かなかった。系統主義へのカリキュラムシフトが行われ，高度成長期には学力や学歴を重視する社会的な風潮や教育政策が強まり，参加型学習の衰退を決定づけた。

このような参加型学習の冬の時代に変化が起こるのは1990年代であった。1970年代前後，欧米では，デューイ，チェンバース，フレイレ等の影響のもとに参加型学習としてのワールドスタディーズやグローバル教育，開発教育等の動きが現れ，この動きが日本に紹介されたのが1990年代であった。その時点では，大正自由教育や戦後の問題解決学習との継続性への教育界の意識は薄く，参加型学習は「黒船」として立ち現れたのだった。参加型学習が一般の授業に広がるきっかけは総合的学習の時間であった。2017年に公表された新学習指導要領の作成過程で「アクティブ・ラーニング」の言葉が使用され，実際の学習指導要領では，これが「主体的・対話的で深い学び」と言い換えられた。学習者が対話や体験の中で学びの主体となる参加型学習は，これまで以上に学校現場で実践されていくだろう。参加型学習におけるアウトプットの側面や社会の変革に創造的に参画する側面をどう実現していくかが今後の課題である。

参加型学習づくりの方法

参加型学習では対話や体験をつくり出すプログラムの作成が必要である。プログラムによって獲得した学びを論理的ないし直感的に外化し学びを自分のものとする省察・観想（振り返り）の時間を持つことも大切となる。

①創造的社会参画プログラム

学校という固定的・閉鎖的な空間を超え，学習者の自発性に依拠して実社会との多様な関係性を創り出すボランティア活動は，究極の創造的社会参加プログラムである。その他，地方公共団体や国に対して政策提言や請願・陳情活動を行うこと，情報公開を求めること，地域住民と学校がタイアップすること，模擬投票を行うことなどの社会参画も，自律的な市民を育む参加型学習として重要である。また，NGO・NPOに協力して各種キャンペーンに関わったり，実習を行ったりすることも社会参画の一つと考えられる。

②アウトプット・提案・発信

ポスター作成は一般的になっているだろう。これを地域の区役所や図書館，駅などに掲示し主張を提言すれば，学びの社会化になっていく。学んだことをウェブサイトで発信することや出版することも，学びのアウトプットとして重要である。授業内でも，印象的な本を紹介しペアで対話することやメッセージソングづくり，詩づくり，一文字で事象を表すなど，多様なアウトプットの方法がある。

③国境を越えたリアルタイムの出会いと対話

海外フィールドワークは，異なる文化的な背景を持つ者同士や，歴史的社会的コンフリクトを内在するもの同士（例えば，ドイツとポーランド，日本と韓国）が対話をすることもでき，対話の中で世界と他者に出会う参加型学習の重要なプログラムになる。海外へ行かずにLineやSkypeで対話をすることも考えられる。手紙やビデオレター，インターネット上の掲示板ではリアルタイムではないが，出会いと対話による学びを実現できる。

④フィールドワークによる学び

地域調査・地図づくりや様々なアクターへのインタビューも効果的である。アクションリサーチとして課題解決の実践をするならば創造的な社会参画プログラムとなる。

⑤対話の場づくり

ワールドカフェ，学びあい，ディベート，ジグソー法，パターン・ランゲージなど様々な方法が対話の場づくりを可能にする。

⑥イメージ・想像力を拡大させる方法

フォト・ランゲージ，ロールプレイ，寸劇，シミュレーション，物との出会いなどは，テキストに依存せず，イメージ・想像力を拡大させていく参加型学習の方法である。

⑦意見を出しあい価値観を交差させる方法

付箋紙を使ったブレインストーミング，そこで出てきた意見をKJ法でまとめ，そこにタイトルをつける。また，何が一番重要かを話し合うために，重要なことの例を事前に作成しておき，それを順位づけする。ダイヤモンドランキングといって，順位づけをダイヤモンドの形に置くように指定する場合もある。過去／未来，個人／社会などのマトリクスを作成し，そこに意見を入れ込んでもよい。

参加型学習を可能にする教師のあり方

参加型学習で教師はファシリテーターとして学習を組み立てる。ファシリテーターは対話の場づくりのためのチェックイン，アイスブレイキングを行う。学習者との並び見の関係でその学びを促し，外部との関係やプログラムをコーディネートし，学習者の気づきと創造的社会参画が最大限になるようにプロデュースする。自らも社会の変革に創造的に参画する意欲的な教師によって，真の参加型学習が成立していく。

（風巻　浩）

〔参考文献〕

風巻浩（2016）『社会科アクティブ・ラーニングへの挑戦―社会参画をめざす参加型学習』明石書店.

135　プロジェクト学習　Project-based Learning

プロジェクト学習とは何か

「プロジェクト学習」という言葉から，具体的にどのような学習の様子を思い浮かべるだろうか。おそらく，一斉教授の対極にある実践というイメージを抱いている人は多いだろう。例えば，子どもたちがグループをつくり，自発的に課題の探究や解決に取り組み，カリキュラムやスケジュールは柔軟に構想され，教科や教科書の枠にとらわれない学習，といったイメージである。

こうしたイメージが想起されるプロジェクト学習は，「持続可能性の教育」と親和性の高い教育方法だと考えられている。確かに，プロジェクト学習は，「持続可能性の教育」の実現に寄与する大きな可能性を有している。しかしそれは，プロジェクト学習が一斉教授よりも子どもたちの興味関心を喚起しやすい効果的な教育方法であるといった単純な理由によるものではない。そもそもプロジェクト学習は，単なる教育方法に回収されない倫理的で哲学的な営みである。この理解が不十分なまま，たとえ熱心にプロジェクト学習による「持続可能性の教育」を推進しても，形骸化した活動に終始することになりかねない。

倫理的・哲学的な営みとしての起源

プロジェクト学習が，倫理的で哲学的な営みであるというのはどういう意味だろうか。このことを確認するには，まずこの学習の起源に遡る必要がある。

プロジェクト学習の起源は，20世紀初頭のアメリカで展開した進歩主義教育におけるデューイの思想と実践にある。当時，デューイは，産業革命によって劇的に変容した社会において，子どもにとって「なぜ学ぶのか」という学びの意味や，「誰とどう学ぶのか」といった学びの文脈が急激に失われつつあるにもかかわらず，学校が旧態依然の教育を続けていることを痛烈に批判した。旧態依然の教育とは，すなわち，子どもが一斉教授を受動的に聴講し，教科書の情報をいかに多く暗記できるかを競うような教育である。デューイはこのような受動的で競争的な旧来の教育では，子どもたちがこれからの社会を共に創り上げていく担い手になることはできないと考え，協同的で探究的な作業に取り組むプロジェクトをカリキュラムの中心にすえた新しい教育のあり方を構想したのである。

このプロジェクト学習の元始ともいえるデューイの取り組みは，単に一斉教授に対抗する教育方法として採用されたものではなく，また，当時の社会変化に子どもを適応させるための手段として導入されたわけでもないことに留意したい。デューイの試みは，近代の学校教育が喪失した学びの意味と学びの文脈を子どもたちの手に取り戻すための活動であり，さらにそれは，子どもにとっては「なぜ学ぶのか」「誰とどう学ぶのか」といった自らの生き方に直結する倫理的で哲学的な問いに接近する意義を持つ営みであった。

日本に導入されたプロジェクト学習

日本においても，大正期から昭和初期にかけて大正自由教育と呼ばれる運動が展開し，アメリカの進歩主義教育に基づくプロジェクト学習が移入された。この動きは，当時，日本でも形式化・画一化していた一斉教授を変革する動きとして評価された一方，教科の系統性や教師の指導性を軽視するものとして厳しい批判を浴び，結局，プロジェクト学習は当時の日本の教育界に定着しなかった。この要因について田中智志らは，プロジェクト学習が本来有している意義が十分理解されていなかったからであろうと指摘している。

さらに田中らは，日本では現代においてもなお，プロジェクト学習の倫理的で哲学的な側面は十分理解されていないことを憂慮している。例えば，プロジェクト学習は座学より子どもたちの興味関心を喚起しやすいという理由から，既存の教科の知識・技能を効率的に習得するための方法として利用されるケース。あるいは，プロジェクト学習はグローバル人材に必要な知識・技能を獲得する手段として有用性があるとし導入されるケースなどがある。これらのケースにおいて，プロジェクト学習は単なる教育方法としか見なされておらず，子ども自身が自らの生き方に直結した倫理的で哲学的な問いに接近する学びとして理解されているとはいいがたい。

プロジェクト学習が，倫理的・哲学的な営みではなく，効率性・有用性のあるメソッドとして導入されてしまうと，学習は「交換的思考」に支配されると田中らは警鐘を鳴らしている。「交換的思考」とは，「『やむをえない』行為を『もっともな』行為にすりかえる思考」であり，「やむをえない」行為に対して「人が感じる苦しさは，薄れたり消えたりする」と田中らにより指摘されている。

持続可能性の教育とプロジェクト学習

「持続可能性の教育」が取り組む課題，例えば，環境破壊や格差社会や地域崩壊などは，ある意味，「交換的思考」に支配された営みの帰結であり，この思考から脱却するためには，倫理的・哲学的営みとしてのプロジェクト学習への理解が一層必要になる。

佐藤学は，「持続可能性の教育は，他の教育内容に比べて，いっそう直接的に生き方の選択に関わり，より直接的に倫理的実践として展開している。その意味で，（中略）何よりも哲学的実践である」と述べている。つまり「持続可能性の教育」とプロジェクト学習は，共に学び手である子どもたちの生き方に直結する倫理的で哲学的な営みであるという重要な共通の特徴があり，ここにこそ，この二つの教育実践が結びつく最大の意義が見いだされなければならない。

デューイの時代から１世紀以上が経ち，我々は現在，AIやロボットに代表される第４次産業革命に直面している。かつて経験したことのないレベルの社会変容はすでに始まっており，様々な分野で深刻な問題が勃発している。これからの社会の担い手となる子どもたちにとって，効率性や有用性が最優先される「交換的思考」から脱却し，学びの意味と文脈を取り戻すことによって自らの生き方に直結する倫理的で哲学的な問いに向きあう営みは，これまで以上に必要となる。なぜなら，人間が「やむをえない行為」を「もっともな行為」に転換し，自らの行為に対して本来有すべき苦痛を伴う責任を放棄するようなことになれば，そして，人間が「なぜ学ぶのか」「誰とどう学ぶのか」といった重要な問いに向きあう機会を失うことになれば，持続可能な社会をつくる担い手は，高度に発達したテクノロジーに取って代わられることになるからである。

プロジェクト学習は，単なる効率的で有用な教育方法としてではなく，倫理的で哲学的な営みとして理解され実践された時にはじめて，「持続可能性の教育」に大きく寄与する活動となり得ることを忘れてはならない。

（北田佳子）

〔参考文献〕

佐藤学ら（2015）『持続可能性の教育:新たなビジョンへ』教育出版.

田中智志ら（2012）『プロジェクト活動:知と生を結ぶ学び』東京大学出版会.

ジョン・デューイ（1957）『学校と社会』岩波書店.

136　PBL　Problem-based Learning

PBL（問題基盤型学習）とは

PBLは，解く手順が決まっておらず答えが一つではない問題をはらむ状況の中で，学習者がその問題に何らかの利害関係者の役割を担う当事者の立場に立ち，協調しながら探究し解決に取り組む学びである。PBLは，カリキュラム編成と指導法が補いあって，活発な認知活動をもたらすようデザインされた学びのモデルと定義される。

PBLの独自性はその学習プロセスにあり，①問題との出合い→②既有知識の活性化と仮説の設定→③知識のギャップの同定と学ぶべき事項の確認→④自己主導型学習→⑤新しい知識の応用→⑥解決策の創出と選択→⑦評価→⑧振り返り，という一連の活動で構成される。PBLではグループ活動によって②～⑤を共有し何度か繰り返すことによって，問題を捉え直し問題の本質に迫りながら探究を進めていく。学びのプロセスに，パフォーマンス評価と，学習者がよりよく学べるようになるための形成的評価を埋め込む。

PBLは，学校の学びを社会生活へ応用する成功モデルとされている。

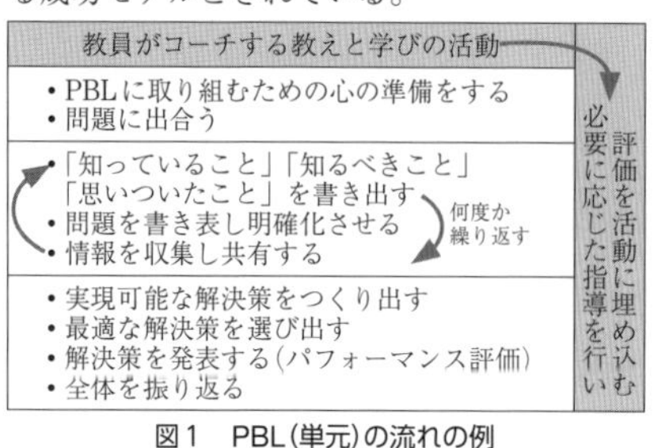

図1　PBL（単元）の流れの例
（出典：リンダ・トープ，サラ・セージ〈2017〉）

PBLの目的と教員の役割

教員は，学習者自らが学ぶ価値を実感し意欲を持続させ，学んでほしいことを広く網羅しているような「問題」を中心にすえて，カリキュラム編成を行う。また，学習者が自分と問題とのつながりを感じながら「協調的な問題解決」や「自己主導型学習」に取り組むよう，学びの環境を整え適切な指導方略を用いて足場かけを行う。教員は，思考のコーチングやモデリング，探究活動のガイドとして，学習者の既有知識を活性化し，新しい知識との統合や構造化を支援する。それにより学習者の「知識転移」や「理解深化」を目指す。

PBLがもたらすもの

一般的に教員は，知識が増えれば，例えば複雑な相互関係などは，学習者自身が見つけ出すはずだと考える傾向にある。しかし，地域の河川をテーマに環境問題を学ぶ場合，まず地理や化学の知識から始めて環境問題へとつなげていくやり方では，地元の文化や経済，あるいは社会が河川の生態系に与える影響などを見落としてしまう可能性が高い。PBLでは問題が内在する全体的な状況に立つことから始め，本物の問題の解決に求められる知識やスキル，態度などの能力の獲得の機会を見いだしていく。学習で獲得したいそれらの能力を活用して目的を達成できたことが，それらを身につけたことの根拠になる。

このようにPBLでは豊かな学びの機会が提供されると同時に，学習者はその状況にある人々や成果に関与する当事者の立場に置かれる。学習者は，自分の文脈と，問題が内在する状況との間を行き来しながら探究することにより，「知る」を超えて「理解する」に至り，自分自身の学び方を学ぶのである。

PBLの歴史と今日的意義

PBLは，1960年代にカナダの医学教育で，

70年代にはデンマークの工学教育で，経緯や目的が異なるものとして始まり，1990年以降他分野へ，さらに世界中の様々な学校種へと広がった。その過程でPBLは，知識及び深いレベルの理解，学び方を身につける学習という側面が強調されていった。PBLは，学習者が，学んだことを統合することによって自らの中に知識を構築し，活用して実践し，深く思考する人へと成長する学びを提供する。

社会が急速に激変する現代，地球や人類にとって未曽有の問題解決に挑む力を育むために世界中で教育が見直される中，PBLは幼稚園から大学までの教育に広く取り入れられている。北米では，社会変化に対応するための個々の資質・能力向上を第一義とする側面が，北欧では，社会変革や技術革新を起こす協調的学びの側面が重視されていった。

Project-Based Learningとの関係

混同されがちなProject-Based Learning（課題解決型学習，プロジェクト学習）は，専門家が取り組むような有意味な問題解決のプロセスを体験して何らかの成果物を生み出すことを重視した学習法であり，科学的リテラシーの獲得に有効な学び方とされる。

目的や進め方が異なる二つのPBLは，カリキュラム設計において，ほかの様々な手法も併せ戦略的かつ適切に組み合わせ配置することにより相乗効果が得られ，教育効果が高まる。Problem-Based Learningは，学習者にとって必要な学びを得るために学問分野の境界を越える前提で，コースの初めからでも使われる。一方，Project-Based Learningは，コースの最後の総合的な活動として複数の科目範囲を統合する仕組みとして用いられる。

PBLの効果

世界中の多くの研究により，PBLで学んだ者と伝統的な方法で学んだ者とを比べると，言葉で説明できるような知識の獲得に差異はないが以下の能力習得でPBLが勝るとされる。

PBLでは，問題をはらむ状況への知的な取り組み方を身につける。理解は高度に統合されており，現実の世界の多様な状況や視点，分野などと結びつく。また，メタ認知的スキルや企画立案のスキル，観察と記録によるモニタリングスキルを獲得する。学習の進め方においては，ある仮説を事前に設定し，その仮説に対する探究的な検証を進め，学習の進展に応じて必要となる新しい情報や，自分にとって有意味で多様な学習技法を見つけて利用する傾向にある。

PBLは，問題解決能力に加え，推論や意思決定の発達を支援することも確認されている。

多くの学習者にとって，PBLのプロセスは困難を伴うが，ほかの学び方より魅力的で有効だと感じ，学んだことに自信を持つ。

PBLの基礎となる理論

PBLはデューイやピアジェらによる構成主義理論を基礎とする。デューイは，学びは単に仕事への準備ではなく人生の準備であり，学習者が，自身に関連する現実的問題を解決しようと積極的に努力する過程で学びの意義を見いだし学びが深まるとした。また，ピアジェは，混乱や困惑によって認知に変化が起こり適応と新しい平衡感覚が生じるとした。

PBLでは社会的活動と認知的活動の相互作用が知識構築を支えるとされる。すなわち，矛盾した情報を扱う経験や，協調的な探究過程での理解の仕方が異なる他者との相互作用により知識の統合や内化が起こることで，「わかる」道筋が個々に提供される。

また，成人の自己主導型学習の原理が働き，対等性，公正性，開放性，敬意，信頼の環境のもとに学習者中心の学びが展開される。

（伊藤通子）

〔参考文献〕

リンダ・トープ，サラ・セージ／伊藤通子ほか訳（2017）『PBL 学びの可能性をひらく授業づくり』北大路書房．

R. K. ソーヤー（2016）『学習科学ハンドブック 第２巻』北大路書房．

137　インタープリテーション　Interpretation

インタープリテーションとは

インタープリテーションとは本来異言語間の「通訳」や，物事の「解釈」を意味する。100年ほど前，米国の国立公園において公園に遊びに来た人に自然の素晴らしさを伝える行為を，インタープリテーションと呼ぶようになった。それ以前は彼らをネイチャーガイド，あるいはナチュラリストと呼んでいたが，より深く自然の意味を伝えることの専門性や大切さを明確にするために「インタープリテーション」，つまり「自然と人間の間の通訳」という言い方をするようになったと考えられる。インタープリターは，インタープリテーションを行う人の呼称で，米国の国立公園では職種の一つにもなっている。

日本では1980年代後半から，民間や公設のネイチャーセンターや，自然学校等環境教育の現場で働くスタッフに対してこの呼称を使うようになった。2005年の愛・地球博「森の自然学校・里の自然学校」では，約100人のインタープリターが54万人の来訪者を迎えた。「自然学校」という言葉とともに「インタープリター／インタープリテーション」という言葉が広く知られるきっかけとなった。

インタープリテーションについて，初めて体系的に整理したフリーマン・チルデンは，インタープリテーションを「単に事実や情報を伝えるというよりは，直接体験や教材を活用して，事物や事象の背後にある意味や相互関係を解き明かすことを目的とする教育活動」であると定義している。「事物や事象」とは，木，草，鳥，星，歴史的建物などであり，「意味や相互関係」とは，時間の流れや価値，生物同士のつながりなどを指す。

インタープリターが関わることによって，参加者は目の前の樹木に触れたり，葉っぱの匂いを嗅いだりするような体験を促され，その場所の価値に気づいたり，未来や過去に思いをはせることができる。

インタープリテーションの様々な題材

インタープリテーションは地域（あるいは施設等）が有する資源を扱った社会教育であり，題材は自然だけにとどまらず，様々な場所で行われている。以下に主だった場面や題材を挙げる。

①自然

- 自然観察系：動物，植物，天体など自然に関する観察や解説。日本では古くから自然観察会などのかたちで行われてきた。
- 地球・大地系：地層，地形，火山など地質学的な題材のインタープリテーション。ジオパークの普及とともに，観光（ジオツーリズム）と関連しながら急速に拡がっている。
- 天文系：街の明かりに邪魔されない場所の晴れた夜であれば，星の解説は人気抜群である。またプラネタリウムの中では時間や天候に関係なく行われている。
- 気象系：誰もが関心を示すお天気。その場で感じる微気象の解説から，地球的長期的な気候変動まで。
- ミュージアム系：博物館，動物園，水族館，科学館などの展示を活用したインタープリテーション。展示そのものやパネル，印刷物，音声ガイドやスタッフによるガイドツアーなど様々な形態がある。

②人文

- 歴史系：史跡や歴史上の人物などに関するインタープリテーション。世界（文化）遺産の認定においても，インタープリテーション計画の立案が要件になっている。インタープリターが，古い時代の服装を身に着けたり，歴史上の人物に扮する「リビングヒストリー」と呼ばれる手法もある。

- 建築遺産系：歴史系の派生ともいえる。各地域には地域の歴史や文化を知ることができる古い建造物がたくさんあるだろう。また，建築遺産とまで行かなくても，古い建物を通じて昭和の香りをたどるだけでもおもしろい。建築に関するインタープリテーションはこれからの開拓が期待される。
- 街歩き系：街歩きを楽しみながら，地域に固有の歴史，文化，自然，産業，景観等を総合的に伝えるプログラムが地域振興やエコツーリズムの文脈で取り組まれている。
- 宗教系：神社仏閣，教会などは，歴史，文化，地域の風習，思想などを伝えるコンテンツとして，観光においても教育においても重要な題材となっている。
- 食べ物系：「食」は幅広い人の関心を得やすい題材であろう。地域産の食材を使った食品の加工体験などは参加型のプログラムとして好評である。自然観察会でも自然物が食べることができるかどうかや，食べ方に特化したプログラムがある。

インタープリテーションの手法

インタープリテーションは，前述のチルデンの定義にもあるように，言葉での説明だけでなく，教材の活用や，参加者の直接体験が重視されている。

「聞いたことは忘れる，見たことは覚える，体験したことはわかる」は中国の古い諺で，プログラムを計画する際，参加者自身の体験の大切さをいう時によく用いられる言葉だ。主体性を引き出し，参加者を直接体験に導くための技法が開発・整理され，参加型アクティビティ集としても資料化されている。

典型的な伝え方の手法を以下に挙げる。

- トーク（口頭で話す）：最も一般的な手法。解説対象の前で話したり，標本やレプリカ，地図などを手に取りながら解説する。聴衆を引き込む話の構成，長さ，巧妙な表現力など奥が深い。参加者からの質問に答えたり，逆に参加者に質問するなどのやりとり型もある。
- 探してもらう：インタープリターが観察の視点や，探し物の題を提示し，参加者自身に探してもらうようなアプローチ。森の中に落ちている生き物の痕跡を探すなど，ガイドプログラムの中に設定されることも多い。自分で見つけたものは強い印象で記憶に残る。
- 創作・アート系：その時のテーマに沿って見聞きして感じたことを，造形物や俳句，短い詩などで表現する。科学的な視点だけでなく，アート的なアプローチによって，参加者が自然の中で感性を研ぎ澄ませる時間を創り出したり，参加者同士の交流を促進することも可能になる。グループワークとして課題が設定される場合もある。
- 参加者同士で話し合ってもらう：インタープリターが投げかけた「問い」について参加者数人で意見交換してもらうスタイル。このような手法では，インタープリターには，表現力だけでなくファシリテーション能力も求めれられることになる。

インタープリテーションはもともと，楽しみを求めて（勉強ではなく）国立公園やミュージアムを訪れる人を対象に発達してきた。それ故，教育的なプログラムに主体的に参加してもらうために様々な工夫が必要であった。インタープリターたちが試行錯誤の中で作り上げてきた「伝え方の工夫」の数々は，学校等におけるアクティブ・ラーニングなど，様々な教育の場面で応用できるものが多い。

（川嶋直・古瀬浩史）

〔参考文献〕

Tilden, F.（1957）*Interpreting our heritage*. The University of North Carolina Press.
キャサリン・レニエら（1994）『インタープリテーション入門』小学館.
津村俊充ら（2014）『インタープリター・トレーニング』ナカニシヤ出版.

138　ファシリテーション　Facilitation

ファシリテーションとは

英語の動詞である「facilitate」は，「容易にする」「促進する」という意味を持つ。この意味に着目すると，ファシリテーションは理解しやすくなる。教育現場におけるファシリテーションであれば，学習者の学びや目標達成を容易にすることや促進することが役割となる。会議におけるファシリテーションであれば，出席者の意見を引き出し，合意形成を図ることを通してよりよい会議となることを容易にし，促進することが役割となる。ワークショップにおけるファシリテーションであれば，参加者が主体的に活動し，新たなモノや価値を生み出すことを容易にし，促進することが役割となる。

ファシリテーションの応用分野

現在，ファシリテーションは多様な分野で活用されている。学校教育や青少年教育，環境教育などの教育現場をはじめ，会議や研修会の運営，地域づくりやまちづくりに関するワークショップ，さらにはスポーツ，国際協力，医療や看護，企業内教育などますます応用される場が広がってきている。

堀は，ファシリテーションの応用分野を，①問題解決型，②合意形成型，③教育研修型，④体験学習型，⑤自己表現型，⑥自己変革型の６つに分類した。なお，環境教育や自然体験活動は，体験学習型に位置づけられている。

現代社会において重要なスキルとなっていることから，全国各地でファシリテーションを学ぶ講座が開催されており，関連授業を開設する大学なども見られるようになっている。

持続可能な社会づくりとファシリテーター

持続可能な社会実現に向けて，主体的に行動できる人を育成する環境教育において，学習者の学びを促進するファシリテーションは欠かせない。体験学習を通して学習者の気づきを促し，持続可能な社会実現のためにどんな行動をすべきか考えるきっかけをつくるという役割である。

また，環境教育等による環境保全の取組の促進に関する法律（環境教育等促進法）やSDGs（持続可能な開発目標）においては，パートナーシップ（協働取り組み）が重視されている。一つの主体だけでなく，多くの主体が得意分野を発揮しながら関わることで，環境保全や持続可能な開発目標に取り組もうというものである。パートナーシップを進めるにあたっては，コーディネーターの存在が不可欠といえ，そのコーディネーターの役割の一つがファシリテーションである。協働での取り組みが進むように，合意形成をしたり，問題解決を促したりしていくこととなる。

つまり，持続可能な社会を実現するためには，目的を明確化し，多様な考えを引き出し，協働を促すファシリテーションが不可欠といえるだろう。

教育ファシリテーターの役割

持続可能な社会つくりのための教育に応用されている考え方に「ラボラトリー方式の体験学習」があり，津村は「特別に設計された人と人とが関わる場において，“今ここ”での学習者の体験を素材（データ）として，人間や人間関係を学習者とファシリテーターがともに探求する学習」と定義している。行動変容を促していく学習であることから，よりよい社会を目指す持続可能な社会つくりのための教育に導入されている。

ラボラトリー方式の体験学習の柱となる概念の一つに「体験学習の循環過程」（図１）

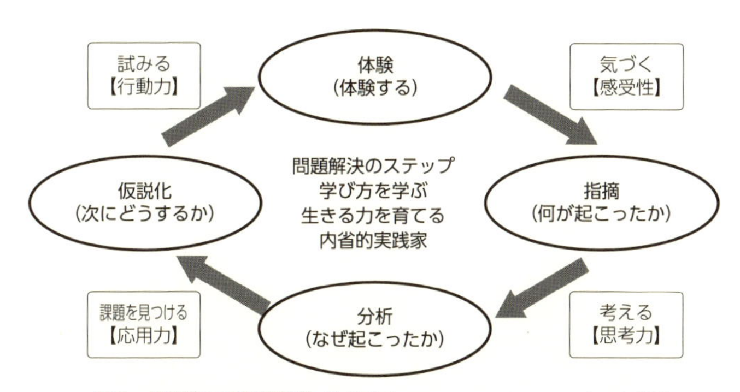

図１　体験学習の循環過程（津村『プロセス・エデュケーション』より引用）

がある。学習者は「体験」することから始まり，その体験を通して気づきが生まれる（「指摘」の段階）。さらに，気づきを踏まえて「分析」し，物事を一般化したり，自身の行動を考えたりする「仮説化」へ進み，新たな体験へとつながる一連の流れを体験学習の循環過程という。この学びができる人のことを「内省的実践家」と呼び，問題解決能力や生きる力の獲得につながると考えられている。

持続可能な社会づくりの教育におけるファシリテーターの役割は，学習者の循環を促進することである。すなわち，「体験」から「指摘」へ，「指摘」から「分析」へ，「分析」から「仮説化」へ，「仮説化」から「次の体験」に進むために，学習者を支援していくこと，さらには，学習者が内省的実践家となるように支援することが，教育ファシリテーターの役割といえるだろう。

ファシリテーションにおける留意点

ファシリテーションにおける留意点としては，一つ目に「プロセスを大切にする」ことが挙げられる。学習や会議においては，課題や話題はコンテントと呼ばれ，その中で生じている関係や感情はプロセス（関係的過程）と呼ばれる。ファシリテーターは，見えにくいプロセスに目を向ける必要がある。

二つ目に「学習者の主体性を大切にする」ことが挙げられる。学習者や参加者の行動変容は自らの体験や気づきからもたらされるものであり，その支援をするのがファシリテーターであることを自覚することが必要である。

三つ目に「ファシリテーター自身が内省的実践家となる」ことが挙げられる。自らが体験学習の循環過程を意識し，プロセスから学ぶことを実践していること，つまりファシリテーターとしてのあり方が大切なのである。

（増田直広）

〔参考文献〕

堀公俊（2004）『ファシリテーション入門』日本経済新聞社.
津村俊充ら（2003）『ファシリテーター・トレーニング』ナカニシヤ出版.
津村俊充（2012）『プロセス・エデュケーション』金子書房.

139　ワークショップ　Workshop

ワークショップの概要及び歴史

参加や体験等の能動的な活動を通して，何かを学んだり，創造したりする場をワークショップと呼ぶ。また，その反対の場として，教師や指導者等が一方的に情報を伝える知識伝達型の場がある。英語の"Workshop"には，もともと「工房」や「作業場」の意味がある。「工場」から創り出される均質性ではなく，多様性に富んだ発想や価値観，そこに至る過程が重視される。

ワークショップでは，主に話し合いの中の対話やロールプレイ，グループワーク等の手法を用いることが多い。学習者は話を聞くだけではなく，自ら体験し，考え，発表等をすることで，問いや課題を自分ごととして捉えるため，当事者意識が高まり，主体性が育まれる。ワークショップの進行役は「ファシリテーター」と呼ばれ，「先生」としてではなく，学習者の学びを促進する役割を担う。

日本では，1990年頃からまちづくりや演劇，社員研修等の多方面において盛んに導入されるようになった。また，この頃から公教育においても，環境教育や開発教育，人権教育等の多岐にわたる領域で導入されはじめた。その背景として，知識伝達型の学びの場では，知識や技術を習得することに重きが置かれてしまい，環境や人権等の多様な問題解決に向けた行動につながりにくいことが挙げられる。そのため，学習者の主体性が育まれるワークショップは，習得した知識や技術を活かし，その後の行動に移すための最適な手段として考えられた。また，最近では「主体的・対話的で深い学び（アクティブ・ラーニング）」が公教育に広がっていることを受け，ワークショップへの注目がより一層高まり，授業や課外/特別活動等での導入事例が増えている。

安心・安全の場のつくり方

ワークショップを進める上では，学習者が感じたことや思いついたことを気軽に言える安心・安全な場を設けることが大切である。そのため，プログラム・デザインと呼ばれる，与えられた時間の中で，個々の活動を組み合わせ，計画することがプログラムの準備段階で求められる。ここでは，オリエンテーション，アイスブレイク等の「つかみ」やグループワーク，ロールプレイ等の「本体」，発表や振り返り等の「まとめ」の活動を組み合わせることが望ましい。また，①物理的なデザイン，②心理的なデザインの両方にも留意すると学習者の学びをさらに深めることができる。

物理的なデザインとは，主に机や椅子の配置である。劇場型やアイランド型，サークル型など，様々な配置方法がある。そのほかに，温度や風向き，照明の当たり具合，掲示物や音楽の有無についても検討することで，学習者にとって心地よい空間を提供できる。

心理的なデザインとは，初対面等の関係性が築けていない学習者同士の緊張を解くことから始まる。アイスブレイクの時間を設けることや学習者の知識量，性別，年齢，参加動機等を考慮してグループを編成することで，緊張感を緩和できる。

持続可能な開発目標（SDGs）が採択されたことを受け，近年「誰一人取り残さない社会」の実現が強く求められている。ワークショップは，これらの社会を実現するための学びのあり方の基盤となる。

（加藤超大）

⇨ 138 ファシリテーション

140　MOOCsと反転授業　MOOCs and Flipped Classroom

学習方法の変革

学校をはじめとする従来型の集団学習・集合学習は，学習者を同じ時間・同じ場所に集め，主に教師から学習者への知識や技能の伝達が行われるというのが当然のこととして行われてきた。ところがインターネットやタブレット端末，ビデオ教材などいわゆるICTの普及によって，学びの形態には大きな変革が起こり始めている。学習者が地理的，物理的あるいは経済的な事情等で修学が困難なケースであっても，こうした環境さえあれば「いつでも，どこでも」学ぶことが可能になった。

一方，このことによって「学習者を同時に一か所に集めること」の意義が改めて問い直されることとなる。つまり知識や技能の伝達が集合しなくても可能だということなら，集団学習・集合学習の機会はもっと別のことに力点を置くことが可能になる。このような背景からMOOCs，そして反転授業が生まれてきた。

MOOCs

MOOCsは「Massive Open Online Courses」（大規模公開オンライン講座）の略で，インターネット上で，誰もが無料もしくは安価で受講できる公開講座システムのことである。動画やデジタル資料によるビデオ講義にとどまらず，受講生登録や受講者のオンライン・コミュニティへの参加，さらに希望者には提出課題への個別指導，対面で行われる反転授業，修了証や単位の授与も行われる。

MOOCsの先駆けとしては米国のサルマン・カーンが自身の家庭教師での授業をビデオ教材化し，そこから大規模講座に独自に発展してきた「Khan Academy」の例があるが，その後複数の大学や企業がコンテンツや指導態勢を提供して参加し，プラットフォームを形成するケースが世界中に生まれてきている。マサチューセッツ工科大やスタンフォード大，プリンストン大などアメリカの大学が参加する「Academic　Earth」，世界各国の大学が参加している「Future　Learn」，「Coursera」などが代表的な例である。日本でも多くの大学，企業が参加し，一般社団法人日本オープンオンライン教育推進協議会公認のMOOCsが複数運営されている。

反転授業

従来型の授業では，教師が教壇に立ち，学習者である学生・生徒はその講義や解説を聞いて理解し，その後宿題が出て家庭での復習が求められる。つまり教室内では基礎を習い，難易度の高い応用問題には学習者単独で取り組まざるを得ない。一方，反転授業では学習者は教室での授業に先だって，教師から提示されたビデオ教材や文字資料などを用いて自宅や図書館等で自習してくることが求められる。ビデオ教材は途中で一時停止することや繰り返し視聴することもできるため，学習者が自分のペースに合わせて学習できるので「落ちこぼれ」を生み出さないといわれている。そして教室内では教師は一斉講義を行わず，問題演習や実験，個別指導，学習者同士の意見交換や協働学習を行う。そのため事前に基礎を理解した上で，教室内ではより難しいことに挑戦するといったことが可能になる。また教室内の集団学習では他者とのコミュニケーションや協力する姿勢を養うといった役割をこれまで以上に求めることができる。反転授業はICT環境や教材の整備，教員のスキルアップ，保護者の理解や協力など課題はあるものの，今後の発展が期待される。

（西村仁志）

141　AIと仮想現実　Artificial Intelligence and Virtual Reality

情報通信技術の急速な発展と教育

昨今，情報通信技術（ICT：Information and Communication Technology）の発展は，もはやとどまるところを知らない。ここでは，その中でも特に教育分野への影響が今後大きくなるであろう，AIと仮想現実を取り上げる。

AI(Artificial Intelligence)は人工知能と訳されるが，ごく簡明にいえば，コンピュータが「知能」と呼ぶに十分なほど複雑な処理を行うことを指す。近年，囲碁AIのAlphaGoが世界最強クラスの棋士に圧勝するなど，その発展のほどは，AIが人間の仕事をどこまで代替するのかという議論にまでも至っている。

仮想現実は，Virtual Reality（VR）の訳語であり，コンピュータが作った映像や音などを，あたかもそれが実世界の出来事であるかのように体験させる技術を指す。これまで主にエンターテインメント分野で活用されており，近年では家庭用ゲーム機向けにもデバイスやソフトウェアが発売されるなど，身近な存在となりつつある。

これらの技術革新は，教育にどのような影響をもたらすだろうか。まず，AIや仮想現実を教育にどう活かすかという，教育方法の観点がある。これまでにも例えば，学校におけるインターネットの普及が調べ学習のあり方を一変させたが，より多くの情報を手軽に収集できる一方でその情報の質が問題視されるように，功罪両面から考える必要がある。

さらに，この教育方法の変化に付随して，学校のあり方，ひいては教育のあり方にも，影響をもたらす可能性が考えられる。高度経済成長時代の社会が安定性や均質性を重視したのに対して，昨今のグローバル化・複雑化する社会では柔軟性や多様性が重視されるようになった。こういった変化も念頭に置いて，教育のあり方を再考する必要があるだろう。

AIや仮想現実がもたらす教育方法の変化

教育方法という点では，特に仮想現実の技術がすでに世界各国で試験的に導入されている。国内でも，例えば3D偏光グラスと専用ペンを用いて現実空間上で3Dモデルを複数人が同時に閲覧・操作できる学習用VRディスプレイの導入例がある。高校における地球の構造に関する学習で，地球の3Dモデルからプレートを１枚ずつ剝がしてプレートテクトニクスを直感的に学ぶ事例が報告されている。こうした直接の体験が困難なものを対象とする場合は，仮想現実の長所が存分に活かされる。

一方で，自然体験をはじめ直接体験が可能なものについては，できるだけ仮想現実だけで済ませない配慮も必要である。特に，VRが主に視覚と聴覚に限定され，直接体験の完全な代替ではない点に留意すべきである。人間は，五感を別個に働かせているわけではなく，嗅覚や味覚も含めて総合的に体験している。裏を返せば，直接体験の際には，五感を総合的に働かせることに，より重きを置くべき時代になったともいえる。その上で，直接体験を補完するものとして仮想現実を位置づけることが有効であろう。なお，仮想現実の活用にあたっては，VRの長時間視聴が目や脳に悪影響を及ぼす可能性が議論されていることも，併せて踏まえたい。

AIの活用については，学習者一人ひとりの学習過程をAIが収集して分析することで，個々人の状況に合わせた学習支援を行うことが可能になる。実際に国内でも，AI型教材が中山間地域の高校に導入され，生徒間の学力差への対応を支援するなどの事例がある。

ただし，ここでAIの役割はあくまでも支援であって，教員の完全な代替ではない。従来の教員が抱えていた，ともすると多すぎる仕事の一部をAIが担うことで，教員が子どもたちと本当に“向きあう”余力が生まれるような，教員とAIの協働というかたちが理想的だろう。

AI・仮想現実時代の学校と教育のあり方

2013年にオックスフォード大学の研究者が発表した「The Future of Employment（雇用の未来）」という論文は，既存の各職業がコンピュータに置き換わる可能性を示し，大きな反響を呼んだ。その信憑性は別としても，その中で学校教員は置き換わる可能性が低いものの代表例に挙げられている。

しかし，単に知識を継承・伝達するだけなら，AIのほうが優れていることは明白である。例えばスマートフォンでも，植物の花や葉などあらゆるものにカメラを向ければ即座に名前などを検索する機能が標準搭載されている機種が，国内でも一般向けに発売されている。今後の教員に求められる役割は，児童生徒の個々の学びをAIとの協働でサポートするとともに，学級，学校，さらには地域も含めたコミュニティを活性化させる，コーディネーターやファシリテーターなどと表現される類のものが重視されるだろう。さらに，AIをはじめとする情報通信技術を適切に活用するための，高い情報リテラシーが望まれることも，併せて強調しておきたい。

学びの内容もまた，見直す必要があるだろう。人間の仕事がAIに取って代わられるかを考えた時，当面は人間が優位に立つと考えられる能力として，読解力，コミュニケーション力，創造力などが挙げられている。しかし，近年の子どもの読解力などはむしろ低下傾向が示唆されている。AIの進化は我々が人間の本質や“らしさ”のようなものに向きあう機会である，と前向きに捉えつつ，いま一度，従来の教育内容が時代に即しているかを精査すべきではなかろうか。仮想現実の技術革新についても同様に，直接体験でしか得られない学びは何かという観点から，従来の体験学習のあり方を見直すことができるだろう。

技術革新とともに歩む持続可能な社会づくり

今後の持続可能な社会づくりにおいては，例えば気候変動や生物多様性保全といった環境問題にしても，国境を越えた貧困や飢餓といった社会問題にしても，人間の処理能力を超えるような大規模かつ複雑な事象に対して，一層適切な対応が求められる。ただし，AIや仮想現実などの技術は，完全な解決策そのものを提示しない。それを無理矢理に求めると我々の存在を否定するような解にもなりかねない。あくまでも，大規模で複雑な問題を人間が把握するためのヒントを提示してくれる存在と捉えることが望ましい。

冒頭に挙げた囲碁でも，AIが人間より強いことが囲碁の終焉を意味するのではなく，棋士たちはAIに学ぶことで自身のさらなる棋力向上を図っている。持続可能な社会づくりにおいても，技術を“万能”や“脅威”などと漠然と捉えるのではなく，AIと対話し，AIに学んでその力を借りつつ，仮想と現実を適切に往来する，といった思考と実践が求められるだろう。

（中村和彦）

⇨ 54 情報化と知識基盤社会

〔参考文献〕

Shibata, T. et al. (2018) Encouraging Collaborative Learning in Classrooms Using Virtual Reality Techniques, *EdMedia*, 2018, 1577-1582.

Frey, C. B. et al., http://www.oxfordmartin.ox.ac.uk/publications/view/1314

新井紀子（2018）『AI vs. 教科書が読めない子どもたち』東洋経済新報社.

索　引

（ページ表示はすべてを網羅したものではない。編集委員が参照してほしいと考えるページを，抜粋して表示している。）

〈あ行〉

〈か行〉

〈さ行〉

〈た行〉

〈な行〉

〈は行〉

〈ま行－わ行〉

〈A－Z〉

未来の教育──編集後記に代えて

100年後の世界ではどのような教育が展開されているであろうか。変化が激しく未来の姿を描きにくい中で，100年後の教育の姿を描こうというのは無謀な試みかもしれない。

AI（人工知脳）の発展によって，現在ある職業の多くが数十年後にはロボットに取って代わられるといわれている。教育の分野でも，オンライン講座MOOCsの普及によって，ロボットの講師が講義から評価まで行うようになるのは遠い未来のことではないかもしれない。それでも，AIに代替されない職種の上位に教師がランクされている。子どもたちの行動や会話から文脈を読み取って個別に対応することは，AIにはまだまだ困難なようである。

しかし，現代の学校教育を中核とする教育体系が100年後に大きく変わっていることは容易に想像できる。例えば新学習指導要領で強調されている「教科横断的なカリキュラムマネジメント」という言葉からは，既存の教科に分断された現代の教育が限界を迎えており，将来的に教科の枠組みを超えた学びへ移行しているであろうことは推定できる。「生涯学習社会」や「チームとしての学校」という言葉からは，単に学校と地域を隔てていた障壁が低くなるだけでなく，学校という空間の中で地域の様々な年齢の人々が学びあっているという新たな学校のイメージを描くことも可能であろう。そこに「多文化共生社会」という要素が加われば，学校は多様な文化的な背景を持った人々が交流する場になっているかもしれない。そのような空間では指導者と学習者という固定されたタテの関係に基づく学習ではなく，学習者相互の協働による学びが展開されている姿が思い浮かぶ。

それでは，「持続可能な社会の構築」という新学習指導要領のキー・フレーズからは，どのような「未来の教育」の姿を描くことができるであろうか。

生態的・社会的な持続可能性を脅かしている様々な課題を克服できていなければ，100年後の世界が正常に機能している可能性は低い。逆に，100年後の未来社会が正常に機能しているとすると，近未来のどこかの時点で，何らかの決定的に重要な大転換が生じる可能性が大きい。

どのような課題の克服についてもあてはまることであるが，結局は，個人の利益を追求する以上に，持続可能な社会の構築を重要と考え，それに参画しようという人々が多数派を占めるようになっていることが前提となるのではないだろうか。そのためには，競争を基調とする教育から持続可能な社会の構築に取り組む共創型の教育への転換，ほかの学習者を競争の相手と捉えるのではなく，課題解決に一緒に取り組む仲間という意識を育む教育への転換がなされている必要があるであろう。

編集委員という立場から，この『事典　持続可能な社会と教育』の全項目を熟読した上で強く感じていることは，このような「競争型の教育から共創型の教育への大転換」が今強く求められているということである。この事典を手にした多くの読者が，この感想を共有してもらえることを願っている。

諏訪 哲郎

事典 持続可能な社会と教育

2019年7月8日　第1刷発行

編　者©　日本環境教育学会
日本国際理解教育学会
日本社会教育学会
日本学校教育学会
SDGs市民社会ネットワーク
グローバル・コンパクト・
ネットワーク・ジャパン

発行者　伊 東 千 尋
発行所　教 育 出 版 株 式 会 社

〒101-0051　東京都千代田区神田神保町2-10
電 話　03-3238-6965　振 替　00190-1-107340

Printed in Japan
落丁・乱丁はお取替いたします。

組版　ピーアンドエー
印刷　神谷印刷
製本　上島製本

ISBN978-4-316-80484-2　C3537